HERMANN ARNOLD – WIR SIND CHEF

HERMANN ARNOLD

Wir sind CHEF

Wie eine unsichtbare Revolution
Unternehmen verändert

Bibliografische Information der Deutschen Nationalbibliothek

Die Deutsche Nationalbibliothek verzeichnet diese Publikation
in der Deutschen Nationalbibliografie; detaillierte bibliografische Daten
sind im Internet über http://dnb.dnb.de abrufbar.

Print: ISBN 978-3-648-08205-8   Bestell-Nr. 10159-0001
ePub: ISBN 978-3-648-08206-5   Bestell-Nr. 10159-0100
ePDF: ISBN 978-3-648-08207-2   Bestell-Nr. 10159-0150

Hermann Arnold
Wir sind Chef
1. Auflage 2016 / Version 0.9

© 2016 Haufe-Lexware GmbH & Co. KG, Freiburg
www.haufe.de
info@haufe.de

Produktmanagement: Anne Rathgeber
Lektorat: Christiane Engel-Haas, Social Science & Publishing, Starnberg
Satz und Layoutgestaltung: Katharina Triebe, Leipzig
Illustration, Grafik- und Covergestaltung: Jakob Hinrichs, Berlin
Umschlag: RED GmbH, Krailling
Druck: BELTZ Bad Langensalza GmbH, Bad Langensalza

Alle Angaben/Daten nach bestem Wissen, jedoch ohne Gewähr für
Vollständigkeit und Richtigkeit. Alle Rechte, auch die des auszugsweisen
Nachdrucks, der fotomechanischen Wiedergabe (einschließlich
Mikrokopie) sowie der Auswertung durch Datenbanken oder ähnliche
Einrichtungen, vorbehalten.

DANKE

Erkenntnisse benötigen Menschen mit Mut. Mut, Neues zu denken. Mut, Neues auszuprobieren. Auch gegen Widerstände. Trotz der Möglichkeit des Scheiterns. Dieses Buch basiert auf den Erkenntnissen aus vielen Jahrzehnten Führungserfahrung verschiedener Menschen und fasst die Erfahrungen aus der Begleitung von über tausend Unternehmen zusammen. Dankbar bin ich für das gemeinsame Lernen mit Nicole Herzog, Marc Stoffel, Joachim Rotzinger, Markus Reithwiesner, Randolf Jessl und vielen anderen in der großen Haufe-Familie. Dankbar vor allem für das gemeinsame Lernen mit den zahlreichen Kolleginnen und Kollegen bei Haufe-umantis, die uns viel Vertrauen, Mut, Vorschläge, Geduld, Nachsicht und Kritik schenken. Stellvertretend für alle: Martin Arnold, Romeo Arpagaus, Christian Bless, Markus Bolt, Juliane Bürkle, Verena Dönni, Kelly Elsässer, Bastian Färber, Helmut Fink-Neuböck, Stephan Grabmeier, Manuel Grassler, Uwe Habicher, Laila Horsten, Cornelia Huber, Rade Kolbas, Stephan Richter, Thorsten Schaar, Axel Singler, Emilija Thürlemann. Auch für die vielen großartigen Menschen in Kundenunternehmen, die mit uns mutig und vertrauensvoll neue Wege beschreiten – und uns freundschaftlich fordern, laufend besser zu werden. Vielen Dank für die zahlreichen Erkenntnisse von Pionieren und die lehrreichen Bücher von Erforschern neuer Formen der Zusammenarbeit. Die Revolution ist bereits viel weiter fortgeschritten als wir gemeinhin wahrnehmen. Zahlreiche Freunde und Geschäftspartner haben mit Engagement, Erfahrung und Weisheit zu diesem Buch beigetragen, deren Nennung die Länge eines Vorwortes sprengen würde. Dennoch namentlich danken möchte ich Daniel Borel, Heike Bruch, Gerhard Fehr, Les Hayman, Martin Hilb, Ghislaine Rogers, Hans Schlegel, Peter Schmid, Paul Sevinç, Marcus Veit. Redaktionell und inhaltlich haben uns Christiane Engel-Haas und Aylin Ispaylar unterstützt. Konzeptionell und verlagstechnisch bedanke ich mich bei einem großen Team, insbesondere bei Anne Rathgeber und Bernhard Münster. Die Illustrationen von Jakob Hinrichs und der Satz von Katharina Triebe machen das Buch zu einem Kunstwerk. Herzlichen Dank euch allen!

Meiner Familie

INHALT

EINFÜHRUNG
Weshalb Sie dieses Buch lesen   11
Die Verblendung (13)

BEOBACHTUNGEN
Was häufig schief läuft in Unternehmen   17
Die Lehmschicht (19), Die Verschanzung (20), Die Agilitätsfalle (22),
Die Innovationslücke (24)

SICHTWEISEN
Wie man auf die Unternehmensrealität blicken kann   27
Mitarbeiter in einer komplexen Wissensgesellschaft (29),
Organisationen im wirtschaftlichen Umbruch (33),
Napoleon auf der Brücke (38), Freiheitskämpfer und Terroristen (41),
Die Freiheit, die keiner wollte (45), Die Zukunft, die schon
lange da ist (49), Die Landkarte (56), Im Chaos sind wir alle gleich (57)

ERKLÄRUNGEN
Wie wir die Herausforderungen begreifen können   59
Die Vielfalt in Organisationen (61), Das Management-Dilemma (66),
Der blinde Fleck des Managements (68)

ERKENNTNISSE
Was wir daraus lernen können   73
Ein Betriebssystem für Unternehmen (75), Die Dimension
Mitarbeiter (78), Die Dimension Organisation (83),
Die Dimension Infrastruktur (85), Die Definition Betriebssystem (93),
Die wissenschaftliche Perspektive (95)

ANREGUNGEN
Wie Sie Ihr Betriebssystem aktualisieren

TEIL 1: ÜBERBLICK   103
Einordnung der Anregungen (105), Veranschaulichungen (108)

TEIL 2: ANLEITUNGEN   117
Eigenverantwortete Stellenprofile und Ziele (119),
Teamverantwortete Mitarbeitergewinnung (137),
Demokratische Wahlen (159), Spiralförmige Karriere (179),
Gemeinsame Strategieentwicklung (201)

TEIL 3: INSPIRATIONEN 217

Schwarmfinanzierung von Innovationen (219),
Voneinander Lernen (223), Geteilte Verantwortung (229),
Selbstbestimmte Reorganisation (235), Selbstorganisierte
Leistungsentwicklung (241), Leistungsgerechte Entlohnung (247),
Weitere Themen (253)

ERMUTIGUNGEN
Wie Sie den ersten Schritt wagen 255

Die Architekten (257), Das Vorhaben (267), Die Analyse (272),
Der Plan (275), Der Bau (276), Der Spatenstich (283)

PERSPEKTIVEN
Wie es weitergeht 285

Die Perspektive des Buches (287),
Die Perspektive des Betriebssystems (288)

ANHANG: ARBEITSHILFEN
Welche Werkzeuge Sie nutzen können 291

Die Standortbestimmung im Quadranten (293),
Der Quadranten-Check (299), Das BEA-Verhaltensmodell (304),
Lego Serious Play (308), Metro Mapping (315),
Die HIFI-Methode (319)

QUELLENVERZEICHNIS UND WEITERFÜHRENDE LITERATUR
Wo Sie weiterlesen können 323

IN DER ZEICHNUNG WIE AM ARBEITSPLATZ STELLT SICH DIE FRAGE NACH AUSGEWOGENEM GESCHLECHTERVERHÄLTNIS. BIN ICH MANN, BIN ICH FRAU? ICH MÖCHTE KEINEN UNTERSCHIED MACHEN UND HABE MICH ENTSCHLOSSEN, MEINE BLAUEN FIGUREN MÖGLICHST GESCHLECHTSNEUTRAL DARZUSTELLEN. DER CHEF ALS CHEFIN, DIE MITARBEITERIN ALS MITARBEITER, ALLES SOLLTE MÖGLICH SEIN. MACHT ES ALSO SINN IN DER ZEICHNUNG, GESCHLECHT ÜBER KLEIDUNG ZU DEFINIEREN? FIGUREN MIT RÖCKEN GLEICH FRAUEN, FIGUREN MIT HOSEN GLEICH MÄNNER? SO EINFACH SOLLTEN WIR ES UNS NICHT MACHEN. EGAL OB CHEF ODER CHEFIN, MITARBEITERIN ODER MITARBEITER, EGAL OB GRÜN, GELB ODER ROT, IN DIESEM BUCH GILT **FIGUR GLEICH MENSCH!**

J.H.

EINFÜHRUNG
Weshalb Sie dieses Buch lesen

DIE VERBLENDUNG
Wenn Chefs an ihre persönlichen Grenzen stoßen

Die Aufgabe von Vorgesetzten verändert sich und wird zunehmend anspruchsvoller. Die aktuelle Managementliteratur vermittelt den Eindruck, Vorgesetzte müssten vielfältige Eigenschaften und Kompetenzen geradezu übermenschlich in sich vereinen:

- Es wird erwartet, dass sie visionär sind und ihre Mitarbeiter begeistern können. Gleichzeitig sollen sie gut organisiert sein, klare Strukturen schaffen und eine hohe Umsetzungskompetenz besitzen.

- Sie sollen fachlich versiert sein und zugleich gut mit Menschen umgehen können.

- Sie sollen ihren Blick nach außen richten, Markt und Kunden fundiert verstehen sowie Trends vorhersehen. Parallel sollen sie nach innen wirken, das Team gut organisieren, Prozesse optimal gestalten, sich für Mitarbeiter und deren Probleme interessieren und sie in ihrer persönlichen und fachlichen Entwicklung unterstützen.

- Sie sollen beidhändig führen können, sowohl transaktional als auch transformational.

- Sie sollen innovativ sein und dennoch keine Fehler machen.

- Sie sollen allen Mitarbeitern gegenüber fair sein und trotzdem individuelle Talente besonders fördern.

Welche Vorgesetzten können all diesen überzogenen Ansprüchen auch nur annähernd gerecht werden?

> Wir sind es gewohnt, die Lösung unternehmerischer Herausforderungen von Führungskräften zu erwarten. Der fundamentale Wandel auf wirtschaftlicher, gesellschaftlicher, technologischer und politischer Ebene macht Führung ungenügend, die vor wenigen Jahrzehnten noch hervorragende Ergebnisse erzielte. Es genügt nicht, lediglich mehr oder Besseres desgleichen zu fordern.

Diese falschen Erwartungen führen dazu, dass Vorgesetzte sich selbst massiv unter Druck setzen. Weil allgemein bekannt scheint, welche Eigenschaften Vorgesetzte mitbringen sollen, haben Mitarbeiter immer weniger Toleranz für Fehler und Schwächen von Vorgesetzten. Bei Schwierigkeiten wandert der Fokus alleinig auf die Defizite bei einzelnen Kompetenzen – ohne die Gesamtleistung der Vorgesetzten zu würdigen. Die obere Unternehmensführung leidet selbst unter diesen überzogenen Ansprüchen – und erwartet dennoch deren Erfüllung von den ihr unterstellten Führungskräften. Dieses idealisierte Bild von Führungskräften hat uns alle in eine Sackgasse manövriert.

Bei allen anderen Aufgaben im Unternehmen gibt es heute Arbeitsteilung. Von keinem Buchhalter wird erwartet, dass er zugleich Marketingexperte ist. Kein Verkäufer muss auch gleichzeitig ein guter Produktentwickler sein. Warum lässt sich nicht auch Führung arbeitsteilig verstehen? Warum können die unterschiedlichen Führungsaufgaben nicht auf mehrere Schultern im gesamten Team verteilt werden? Warum können wir nicht die Mystik von Vorgesetzten nehmen, die sie zu Heilsbringern stilisiert und dabei alle anderen aus der Verantwortung nimmt?

Wenn wir Führung entmystifizieren und teilen, werden wir eine positive Wirkung und große Vorteile für alle Beteiligten entdecken.

- Wir befreien Vorgesetzte von der Erwartung, ein Zauberer sein zu müssen, der alles alleine mit einem Fingerschnipp lösen kann.

- Wir verändern die Erwartung von Mitarbeitern an ihre Vorgesetzten – und zeigen deren eigene Verantwortung für gute Führung und gute Ergebnisse auf.

- Wir erlauben Vorgesetzten, von ihrem erhöhten Podest herabzusteigen, und fordern Mitarbeiter, sich den Herausforderungen gewachsen zu zeigen. Dies führt zu einem anderen Selbst- und Fremdbild von Vorgesetzten und Mitarbeitern.

- Wir geben Mitarbeitern mehr Verantwortung und Gestaltungsmöglichkeiten – eine Gelegenheit, aber auch eine Verpflichtung.

Diese Entwicklung birgt viele Chancen. Zugleich erfordert sie ein Umdenken aller Beteiligten. Macht muss neu gedacht werden, sowohl von den formell Mächtigen als auch von den formell Machtlosen. Jeder übernimmt Verantwortung und führt sich selbst und andere in eine neue Realität. Gleichzeitig muss auch jeder der Führung anderer folgen können und wissen, wann Führung und wann Folgen angebracht ist.

Dieses Buch zeigt auf, dass die Revolution innerhalb von Unternehmen bereits in vollem Gange ist – wir sehen sie meist nur noch nicht. Dieses Buch möchte Sie, werte Leserinnen und Leser, dabei unterstützen, die Veränderungen zu erkennen, ihre Ursachen zu verstehen und Sie ermutigen, Neues auszuprobieren. So können Sie die Revolution positiv nutzen und große Vorteile daraus ziehen – für Vorgesetzte, Mitarbeiter und Ihr Unternehmen als Ganzes.

Die schrittweise Entzauberung des Chefs –
und die damit einhergehende Entfesselung der Mitarbeiter

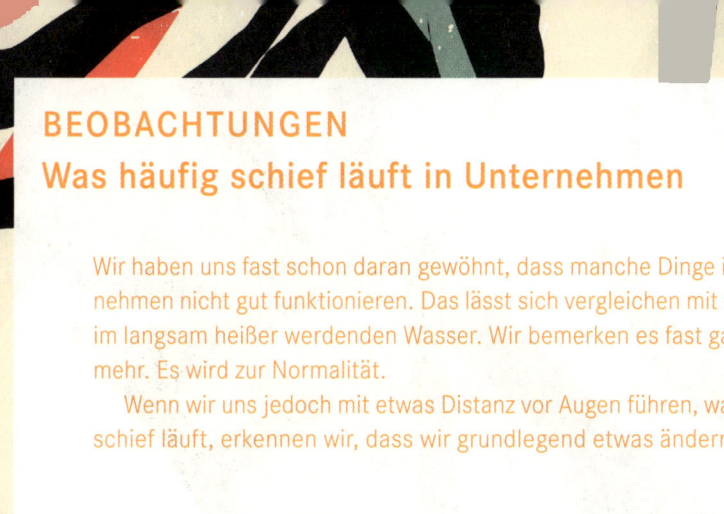

BEOBACHTUNGEN
Was häufig schief läuft in Unternehmen

Wir haben uns fast schon daran gewöhnt, dass manche Dinge in Unternehmen nicht gut funktionieren. Das lässt sich vergleichen mit dem Frosch im langsam heißer werdenden Wasser. Wir bemerken es fast gar nicht mehr. Es wird zur Normalität.

Wenn wir uns jedoch mit etwas Distanz vor Augen führen, was alles schief läuft, erkennen wir, dass wir grundlegend etwas ändern müssen.

DIE LEHMSCHICHT
Wenn die Unternehmensführung nicht führen kann

Der Vorstandsvorsitzende eines der weltgrößten Technologieunternehmen beklagte kürzlich in einem persönlichen Gespräch, dass seine Anweisungen im besten Fall als interessante Gedankenanregungen aufgenommen werden. Er fühlt sich manchmal ohnmächtig, sein Unternehmen tatsächlich zu lenken. Die Lehmschicht zwischen ihm und den mehreren hunderttausend Mitarbeitern ist einfach zu dick und kaum durchdringbar. Es gibt – wenn überhaupt – kaum Instrumente, um Veränderungen tatsächlich herbeizuführen. Insgesamt dauern Veränderungen viel zu lange. Maßnahmen entfalten erst dann ihre praktische Wirkung, wenn sie bereits wieder überholt sind.

Viele seiner Mitarbeiter beklagen dieselbe Situation aus entgegengesetzter Perspektive. Die Lehmschicht verhindert, dass ihre Vorschläge und berechtigte Kritik Gehör finden. Die Geschäftsleitung ist viel zu weit vom Tagesgeschäft und den aktuellen Problemen entfernt. Viele der Entscheidungen von oben behindern ihre Arbeit, statt diese zu vereinfachen und zu unterstützen. Die wichtigen Tätigkeiten müssen irgendwie fast nebenher erledigt werden – neben den ständigen Umorganisationen und zahlreichen strategischen Initiativen. Viel Energie wird in interne Dinge investiert, die keinerlei Mehrwert schaffen.

Genau in dieser Lehmschicht befindet sich das mittlere Management. Es ist lähmend umgeben von organisatorischer Schlacke. Zu viele Sachzwänge, starre Vorgaben und unnötige Prozesse verhindern gute Führung. Die Handlungsmöglichkeiten sind eingeschränkt. Nicht wenige Führungskräfte brennen darin aus – angefeuert durch immer stärkeren Druck von oben und immer höheren Erwartungen von unten. Alle anderen wissen besser, wie und wohin man führen soll. Statt Anerkennung für das immense zeitliche und aufreibende Engagement hagelt es von allen Seiten Kritik. Viele in dieser Lehmschicht fragen sich zu Recht, ob sie ihr Herzblut richtig einsetzen – oder ob es nicht besser wäre, sich einfach treiben zu lassen.

Wie kann das sein? Warum fühlen sich alle Beteiligten machtlos, die Zukunft des Unternehmens tatsächlich aktiv zu gestalten? Jeder Einzelne fühlt sich behindert durch ein System, das den tatsächlichen Anforderungen nicht (mehr) gerecht wird.

Wie kann man dieses System nachhaltig verändern, um wieder handlungsfähig zu werden? Wie kann man der Begeisterung für die Sache, Kreativität und Innovation wieder gebührenden Raum verschaffen? Der Großteil der Beteiligten hat das Beste für das Unternehmen im Sinn, solange dies eigenen Bedürfnissen nicht entgegensteht. Es mangelt keineswegs an guten Absichten, an tatsächlichem Willen oder an der notwendigen Energie. Dennoch ist diese Lehmschicht eine Realität, angesichts derer engagierte Mitarbeiter und Führungskräfte zunehmend resignieren.

DIE VERSCHANZUNG
Wenn Silos verstärkt statt aufgebrochen werden

Die Beschleunigung und Komplexität der Veränderungen stellt Unternehmen und Menschen in Unternehmen vor beträchtliche Herausforderungen. Obwohl allen klar ist, dass diese nur durch vermehrte Zusammenarbeit im Unternehmen und darüber hinaus zu bewältigen sind, geschieht in Unternehmen das genaue Gegenteil: Silos werden befestigt, verstärkt und Gräben darum gezogen.

Dies ist damit erklärbar, dass der Druck auf jedes einzelne Team zunimmt. Wir müssen noch produktiver werden, um die Herausforderungen des Marktes, des Wettbewerbes und der Kunden zu meistern. Wir definieren unsere Produktivität dahingehend, dass wir *unsere* Arbeit erledigen. Daran werden wir gemessen, daran messen wir uns auch selbst. Nach dieser Einschätzung ist es am besten für das Unternehmen, wenn jeder seine Arbeit professionell und wie vereinbart erledigt. Wir meinen, dass es für *unsere* Tätigkeit ideal ist, wenn wir uns ungestört darauf fokussieren können. Anfragen von anderen und die vielen Sitzungen stören uns. Ebenso empfinden wir Projekte, bei denen wir die Probleme anderer lösen sollen, oder manchmal sogar Kundenanfragen als Ablenkung von unserer Arbeit. Bereits Henry Ford wusste ja, dass der Kunde eigentlich nur schnellere Pferde wünscht. Wenn man uns nur ließe, könnten wir richtige Autos bauen – und damit die Kunden weit glücklicher machen als sie selbst es sich vorstellen. Der Druck von außen führt so dazu, dass wir uns im Team einigeln. Wir versuchen dem Arbeitsalltag möglichst viel Zeit ungestörter Arbeit abzuringen. In einigen Unternehmen erkennt man dies an Schildern an Bürotüren, zu welchen Zeiten Störungen akzeptabel sind.

Ein weiterer Grund für die Verschanzung liegt darin, dass sich die Spezialisierungen in Unternehmen immer stärker ausprägen. Die jeweiligen Experten verstehen einander nicht mehr und vermuten, dass das Gegenüber sie nicht ernst nimmt. Wie soll der Verkäufer verstehen, dass Qualität und Sicherheit wichtiger sind als ein kurzfristig gewonnener Neukunde? Wie sollen umgekehrt die Kollegen von der Qualitätssicherung verstehen, wie schwierig es heutzutage ist, Kunden für sich zu gewinnen? Wie sollen die Buchhaltung und die Rechnungsprüfung verstehen, dass agile Produktentwicklung nicht minuziös planbar ist? Wie sollen umgekehrt die Kollegen von Forschung und Entwicklung verstehen, dass Ressourcen nicht unbeschränkt und ungeplant zur Verfügung stehen? Um unseren eigenen Überzeugungen mehr Gewicht zu verleihen, schließen wir uns mit Gleichgesinnten zusammen. Wir bilden Allianzen gegen diejenigen, die unsere Anliegen nicht verstehen oder nicht ernst genug nehmen. Dies erfolgt nicht zwingend als bewusster Entscheidungsprozess. Es geschieht, weil wir uns mit Gleichgesinnten besser verstehen, wir uns von ihnen besser verstanden fühlen – und insgesamt besser zusammenarbeiten können. Wir sind davon überzeugt, dass unsere eigenen Anliegen mehr Aufmerksamkeit, Ressourcen und Unterstützung bedürfen als andere, die uns weniger nahe stehen.

Parallel dazu nimmt die Unsicherheit und Vieldeutigkeit unserer Umwelt zu. Wir verlieren an Sicherheit, die Resultate unserer Arbeit unter Kontrolle zu haben und vollständig beeinflussen zu können. Es gibt nicht mehr nur den einen Königsweg zum Ziel. Was gestern zu einem guten Ergebnis führte, funktioniert schon heute nicht mehr – und wird morgen womöglich wieder in Erwägung gezogen werden müssen. In einem solchen Umfeld ist nachvollziehbar, dass wir uns zurückziehen in Bereiche, in denen wir möglichst viel Kontrolle behalten. Dies ist im engen Bereich unserer eigenen Arbeit der Fall, hier können uns andere kaum hineinreden. Wenn sie dies dennoch tun, wissen wir zumindest, dass sie über keinerlei Berechtigung oder fachliche Kompetenz dazu verfügen.

Die Verschanzung und das Aufrüsten der Silos sind somit absolut nachvollziehbar. Dennoch ist dies angesichts der komplexen Herausforderungen nachteilig für das Unternehmen insgesamt – und auch für die einzelnen Teams. Doch wie ist dieser Teufelskreis zu durchbrechen? Wie können wir lernen, Silos nachhaltig und wirksam aufzubrechen?

DIE AGILITÄTSFALLE
Wenn die Organisation zu langsam ist für das Marktumfeld

Neidisch bis angsterfüllt verfolgen Führungskräfte und Mitarbeiter das Geschehen im Silicon Valley – dem Mekka der Innovation. Dort gedeihen Jungunternehmen, die scheinbar mühelos ganze Branchen revolutionieren. Verglichen damit befinden sich die großen, etablierten Unternehmen diesseits und jenseits des Atlantiks in einer Art Schockstarre. Sie scheinen keine Antwort zu finden, wie sie diesen Herausforderungen begegnen. Das betriebliche Vorschlagswesen wirkt angesichts des rasanten Wandels nahezu lächerlich. In den Vorstandsetagen wird über Maßnahmen diskutiert, um die eigenen Reihen innovativer und schneller zu machen. Die Existenz und Dringlichkeit des Veränderungsbedarfs ist allen Beteiligten klar. Doch weder stetige Appelle noch die Verstärkung des Drucks führen zu spürbaren Fortschritten.

Geschäftsführer pilgern zur Gruppentherapie ins Silicon Valley und lassen sich von erfolgreichen Grünschnäbeln die neue Welt erklären. Einhörner sind dort keine Fabelwesen für Kinder, sondern das Ziel jeden Gründers: Es sind junge Unternehmen, die schon nach kurzer Zeit mit über einer Milliarde US-Dollar bewertet werden. Aber auch die arrivierten Internet-Titanen fehlen nicht auf der Erkundungsreise. Zurück kommen die Geschäftsführer mit Schlagworten wie *agile, scrum, kanban, design thinking, lean start-up, self organization, pivoting, co-creation* und vielen anderen mehr. Der anschließende Versuch, diese Konzepte im eigenen Unternehmen umzusetzen, ist ernüchternd und führt direkt in die Agilitätsfalle.

Der Geschäftsführer eines mittelständischen Unternehmens beschreibt diese so: „Die Tiger liefen im Käfig im Kreis und brüllten: *Lass uns hier raus! Lass uns endlich hier raus!* Dann öffnete ich den Käfig. Rate, was passierte? Die Tiger kreisten trotz des sperrangelweit geöffneten Tores weiterhin im Käfig und brüllten: *Wer füttert uns nun? Wer füttert uns?* Statt dass sie endlich selbst auf die Jagd gehen." Die Mitarbeiter beklagen sich aus ihrer Perspektive: „Da werden neue Organisationskonzepte eingeführt. Danach weiß niemand mehr, wer was zu sagen hat und wie man Dinge nach vorne bringt. Jeder kann *Nein* sagen, niemand *Ja*. Wir drehen auf hohen Touren im Leerlauf. Ein totales Chaos." Das mittlere Management wird durch das Diktat der Selbstorganisation entmachtet – und dennoch für Resultate verantwortlich gemacht.

Die neuen Organisationskonzepte funktionieren bei jungen Unternehmen offenbar gut. Für etablierte Unternehmen eröffnen sie kaum eine erfolgreiche Perspektive. Die Trägheit der Organisation und die Notwendigkeiten des laufenden Tagesgeschäftes behindern eine flächendeckende Umsetzung – sofern diese überhaupt sinnvoll ist. Auch Ausgründungen von schicken Innovationszellen in vibrierenden Unternehmerszenen im Silicon Valley oder in Berlin funktionieren nicht. Diese Zellen werden als Fremdkörper von der Organisation abgestoßen. Wegen ihrer Nähe zum etablierten Unternehmen und begrenzter unternehmerischer Chancen ziehen sie auch kaum hungrige, brillante und selbstausbeutende Unternehmer an. Risikokapitalgeber erklären zudem, dass agile Konzepte im Silicon Valley einfacher umsetzbar sind, da nicht jede Managemententscheidung hinterfragt wird. Die Verantwortlichen können Strategiewechsel dort von heute auf morgen effizient umsetzen und verlieren keine Zeit mit mühsamer Überzeugungsarbeit. Selbst straffe Führung von oben scheint dort besser zu funktionieren.

„Und wer ein Schöpfer sein muss im Guten und Bösen:
wahrlich, der muss ein Vernichter erst sein und Werte zerbrechen."

Sind Unternehmen der schöpferischen Zerstörung hilflos ausgeliefert, die Joseph Schumpeter in seiner Theorie der wirtschaftlichen Entwicklung so treffend beschrieb? Oder lyrischer Friedrich Nietzsche in Zarathustra.

Die Agilitätsfalle schnappt zu, wenn die Tore geöffnet werden

DIE INNOVATIONSLÜCKE
Wenn Unternehmen abgehängt werden

Vergleicht man die Unbeweglichkeit in Unternehmen und die Veränderungen außerhalb von Unternehmen, stellt man eine große Diskrepanz fest. Noch nie in der Geschichte der Wirtschaft war der Unterschied so groß. Auf der einen Seite erfolgen Innovationen außerhalb von Unternehmen mit atemberaubender Geschwindigkeit und Taktfrequenz. Es entstehen neue Geschäftsmodelle, neue Werkzeuge, neue Formen der Zusammenarbeit. Kunden gewöhnen sich an diese Möglichkeiten der Selbstbestimmung im Markt – und wundern sich als Mitarbeiter über die noch immer vorherrschende Bevormundung. Im Vergleich zum Marktgeschehen gibt es erschreckend wenig bahnbrechende Innovationen innerhalb von Unternehmen im Hinblick darauf, wie sich Unternehmen organisieren. Unternehmen werden weitgehend noch so geführt wie vor fast zweihundert Jahren – zur Zeit der industriellen Revolution. Die damaligen Innovationen in der Zusammenarbeit führten zu enormen Produktivitätsfortschritten. Ohne diese seinerzeit neuen Ansätze des wissenschaftlichen Managements wäre es nie zu dem historischen Wohlstandsgewinn breiter Gesellschaftsschichten gekommen.

Heute verfügen Menschen zum ersten Mal in der Wirtschaftsgeschichte in ihrem privaten Umfeld über professionellere Werkzeuge und modernere Organisationsformen als in Unternehmen. Vorherige Generationen waren beim Eintritt ins Berufsleben fasziniert von den professionellen Arbeitsgeräten in Unternehmen – und wenn es nur der große Locher, der schnelle Kopierer oder die beeindruckende Kaffeemaschine war. Die heutige Generation ärgert sich über schlechte Kommunikationsmittel, fehlende oder nicht gut eingeführte Kooperationsplattformen, beschränkte Speicherkapazitäten, fehlende technische Austauschmöglichkeiten, starre und langsame Prozesse. Wir sprechen erst gar nicht von 3D-Druckern, virtuellen Realitäten und künstlicher Intelligenz.

Dies betrifft keineswegs nur den technologischen Fortschritt. Die Internetrevolution hat dank neuer Werkzeuge auch völlig neue Formen und Möglichkeiten der Zusammenarbeit geschaffen. Wer hätte vor 20 Jahren auch nur geahnt, dass Kunden einmal ohne Reisebüros Flüge buchen können? Oder hervorragende Hotels in Regionen finden, in denen sie noch nie zuvor waren? Wer hätte vorausgesehen, dass die qualitativ hochwertigen und aufwendig produzierten Enzyklopädien durch eine Vielzahl normaler Menschen und deren kollektiven Wissens zu Fall gebracht würden? Und dass eine globale Zusammenarbeit vieler Freiwilliger das erfolgreichste Server-Betriebssystem konzeptionieren, programmieren und nachhaltig weiterentwickeln kann?

Vielen dieser Entwicklungen ist gemeinsam, dass sie Zwischenstufen ausschalten und Ressourcen teilen. Sie bringen Kunden und Lieferanten direkt und ohne professionelle Vermittler zusammen. Reisebüros, Bankschalter, Medienhäuser, Büchereien, Musikläden mussten sich bereits neu erfinden und wurden zahlenmäßig deutlich dezimiert. Aktuell geschieht dies ebenso bei Taxiunternehmen, Finanzdienstleistern und Fernsehsendern. Demnächst wird es Transportfirmen, Produktionsunternehmen und Ausbildungsstätten erfassen. All dies erfolgte nicht auf einmal und geradlinig. Eine Vielzahl von Unternehmensgründern und auch etablierten Unternehmen versuchte sich auf verschiedenen Wegen. Die meisten scheiterten und halfen dabei anderen, zu lernen. Einige wenige fanden die Lösung zur richtigen Zeit und wurden zu Vorreitern der Revolution in ihrer jeweiligen Branche.

Gleiches wird innerhalb von Unternehmen geschehen. Wir müssen mutig Neues ausprobieren. Wir müssen experimentieren mit innovativen Formen der Zusammenarbeit, mit ungewohnten und ungewöhnlichen Prozessen, mit unerprobten Methoden, mit fremdartigen Ritualen und mit neuartigen Werkzeugen und Führungsstilen. Ebenso wie zur Zeit der industriellen Revolution werden diejenigen Unternehmen am erfolgreichsten sein, die eine überlegene Art der Zusammenarbeit und Organisation finden. Sie werden produktiver, innovativer und schneller sein. Wenn wir selbst nicht den Mut aufbringen, gänzlich Neues zu wagen, so sollten wir zumindest unser Augenmerk sehr genau auf diese Entwicklungen richten – und sie zum richtigen Zeitpunkt übernehmen.

Dieses Buch bietet Ihnen eine Landkarte zur Erkundung dieses unbekannten Terrains. Wir haben diese Landkarte entwickelt, weil sie uns und unseren Kunden Orientierung ermöglicht während der Experimentierphase und dem gemeinsamen Lernprozess. Sie hilft, unsere eigenen Erkenntnisse und Methoden zu verorten. Die wichtigsten davon möchten wir in diesem Buch mit Ihnen teilen. Wir möchten Sie, werte Leserinnen und Leser, einladen, mit uns auf diese Erkundungsreise zu gehen und auch Ihre Erfahrungen und Erkenntnisse beizusteuern. Mehr dazu erfahren Sie im Kapitel Perspektiven am Ende dieses Buches.

Unsichtbare Revolution
heute / morgen

SICHTWEISEN
Wie man auf die Unternehmensrealität blicken kann

In diesem Abschnitt entwickeln wir die Landkarte. Wir betrachten, wie sich die Rolle von Mitarbeitern in Unternehmen verändert – getrieben vom Wandel zur Wissensgesellschaft und einem neuen Verständnis von Arbeit. Wir zeigen, welche Auswirkungen der umwälzende Wandel in Wirtschaft, Gesellschaft und Technologie auf Unternehmen hat und wie sich diese künftig organisieren müssen. Wir erläutern vier Modelle der Zusammenarbeit: Weisung und Kontrolle, Schattenorganisation, überforderte Organisation und agiles Netzwerk. Diese Landkarte hilft Ihnen, die Herausforderungen für Unternehmen heute besser zu verstehen und bietet ein Orientierungsraster für die Suche nach Lösungsansätzen und die Einordnung von Anregungen.

MITARBEITER IN EINER KOMPLEXEN WISSENSGESELLSCHAFT
Wenn wir alle führen müssen

Peter F. Drucker hat 1957 erstmals die Spezies des Wissensarbeiters beschrieben. Zumeist assoziieren wir damit Menschen, die in weißen Hemden oder Blusen an Computern oder Schreibtischen arbeiten. Das greift jedoch nicht weit genug. In der heutigen Gesellschaft ist fast jeder ein Wissensarbeiter, selbst Schuhverkäufer, Fabrikarbeiter oder Reinigungskräfte sind heute Wissensarbeiter. Sie unterscheiden sich in einem Punkt grundlegend von den Handarbeitern der industriellen Revolution: Die Produktivität von Wissensarbeitern lässt sich nicht in erster Linie durch Erhöhung des Arbeitstempos und Verbesserung der Prozessqualität steigern. Produktivitätssteigerung erreichen Wissensarbeiter vor allem durch das richtige Verständnis der eigenen Aufgabe. Im Vordergrund steht die Frage: Was ist meine Aufgabe? und erst dann Wie führe ich diese aus? Ansonsten läuft man Gefahr, mit hoher Effizienz und Präzision die falschen Dinge zu tun.

> „Effizienz ist, die Dinge richtig zu machen. Effektivität ist,
> die richtigen Dinge zu machen."[1]
> *Peter Drucker*

BEISPIELE
Die mutige Reinigungskraft

Haben Sie Reinigungskräfte schon einmal bei ihrer Arbeit beobachtet? Einige folgen peinlich genau dem angewiesenen Ablauf und arbeiten stets mit derselben Routine gemäß einem gleichbleibenden Zeitplan. Andere entscheiden mutig und eigenständig aufgrund des aktuellen Verschmutzungsgrades und setzen wechselnde Prioritäten: Sie widmen einigen Bereichen bewusst weniger Aufmerksamkeit, um andere gründlicher zu reinigen. Welche Reinigungskraft ist wohl produktiver? Ein klares Verständnis davon, was die eigene Aufgabe ist – und die Freiheit, selbst Prioritäten zu setzen, bestimmt maßgeblich die Produktivität von Wissensarbeitern.

Die Beraterin als Bergführer

Wenn Sie einen Berater bitten, seine Aufgabe zu beschreiben, wird Ihnen mancher antworten: „Ich berate Kunden, das ist doch klar. Ich analysiere die Situation und stelle verschiedene Lösungsmöglichkeiten vor. Der Kunde entscheidet – ich helfe bei der Umsetzung." Eine andere Beraterin erläutert: „Ich führe Kunden. Ich verstehe meine Aufgabe ähnlich wie ein Bergführer. Wir bestimmen gemeinsam das Ziel und ich bin verantwortlich dafür, dass wir alle das Ziel wohlbehalten erreichen. Manchmal muss ich meinen Kunden auch antreiben." Beide Berater beurteilen den Erfolg ihrer Arbeit anhand unterschiedlicher Kriterien und erzielen damit auch unterschiedliche Ergebnisse.

---

1 „Efficiency is doing things right; effectiveness is doing the right things." (Übersetzung des Autors).

Im Unterschied zur mutigen Reinigungskraft und führenden Beraterin beruhen viele der gängigen Führungs- und Organisationskonzepte noch immer auf dem Rollenverständnis von Mitarbeitern als Ausführende. Beleuchten wir diese unbeschönigt und ehrlich, versucht man Mitarbeiter zu programmieren: Arbeitsabläufe werden optimiert, Prozesse standardisiert, Vorgehensweisen zertifiziert und Fehlverhalten korrigiert. Manche Arbeitsanweisungen, Stellenbeschreibungen, Zielvereinbarungen und Reglements lesen sich wie Computerprogramme für Menschen. Jeder einzelne Schritt wird detailliert beschrieben, jeder Eventualität wird versucht vorzubeugen. Einige Vorgesetzte sind überzeugt, dass Mitarbeiter genau dies wünschen und benötigen: klare Anweisungen und regelmäßige Überwachung. Diese Herangehensweise funktionierte hervorragend während der industriellen Revolution. In komplexen, d. h. sich schnell verändernden, dynamischen und vernetzten Systemen sind diese Herangehensweisen in vielen Fällen zum Scheitern verurteilt.

Die Dominanz der Wissensarbeit – auch in Industrieunternehmen – hat die Rollenanforderung an Mitarbeiter längst schon maßgeblich verändert. Mitarbeiter müssen ihren eigenen Arbeitsbereich aktiv gestalten, um produktiv zu sein und ihren Teil zur Komplexitätsbewältigung im Unternehmen zu leisten. Sie müssen entscheiden, welche Dinge wichtig sind, was sie zuerst erledigen, wieviel Zeit und Energie sie für die einzelnen Aufgaben aufwenden und wie sie die Herausforderungen bewältigen. Sie können sich lange mit Dingen beschäftigen, die keinen Mehrwert bringen, oder die Dinge falsch erledigen. Auch besteht ein relevanter Unterschied zwischen höchstem Qualitätsanspruch und der Einstellung: *Erledigt ist besser als perfekt*. Beide Herangehensweisen haben ihre Berechtigung – eine Entscheidung muss jedoch bewusst getroffen werden. Die zunehmende Komplexität der Arbeit und des Umfelds erfordert ständig Entscheidungen, die durch eine klassische Hierarchie nicht mehr richtig und rechtzeitig geleistet werden können. Die Vielzahl dieser täglichen Entscheidungssituationen hat zur Folge, dass jeder Mitarbeiter diese nur für sich selbst klären kann.

Die Rolle der Mitarbeiter – ausführend oder gestaltend?

Mit Rolle der Mitarbeiter sind hier durchaus zwei Perspektiven gemeint: einerseits die Rollenerwartung, die Vorgesetzte wissentlich oder manchmal auch unbewusst gegenüber Mitarbeitern haben, andererseits das Rollenverständnis, das Mitarbeiter in einer Organisation gewählt oder erlernt haben. Manchmal decken sich Erwartung mit

Verständnis, manchmal gibt es aber Differenzen. Unterschiedliche Auffassungen führen nicht selten zu Problemen in der Führungszusammenarbeit. Selbst wenn Vorgesetzte und Mitarbeiter dasselbe Verständnis haben, erschweren oder verunmöglichen unternehmensinterne Prozesse, Vorschriften oder Systeme manchmal eine adäquate Zusammenarbeit.

Diese beiden Rollen, die Mitarbeiter einnehmen können, lassen sich ausdifferenzieren und erweitern. Auf der linken Seite der Skala ergänzen wir *folgen*. Gefolgschaft ist in vielen Situationen wichtig. Sie bedeutet nicht die sture Ausführung von Anweisungen, sondern intelligent und mitdenkend einem Anführer zu folgen. Derek Sivers (2010) formulierte dazu: „Der erste Gefolgsmann verwandelt einen einsamen Verrückten in einen Anführer."[2] Auf der rechten Seite des Spektrums kann *führen* ergänzt werden im Sinne der gestaltenden Tätigkeit von Mitarbeitern mit anderen – dem *Führen* von Kollegen und anderen Mitarbeitern ohne formelle Führungsrolle. Darunter verstehen wir nicht Alleinherrschaft ähnlich einer Führungskraft, sondern vielmehr Gleichgestellte *anführen*, d. h. ein Führungsstil, dem andere freiwillig folgen. Auf dieser Stufe verschwimmt der Unterschied zwischen Führungskraft und Mitarbeiter. Jeder führt entsprechend der Notwendigkeit und seiner Kompetenzen. Und alle folgen denjenigen, die Führungsverantwortung kompetent wahrnehmen.

Ausdifferenzierung der Rolle von Mitarbeitern

Wir sprechen hier bewusst von der *Rolle* der Mitarbeiter – nicht von der Persönlichkeit, der Fähigkeit oder der Präferenz von Mitarbeitern. Der Unterschied wird deutlich, wenn Sie sich und andere in verschiedenen Kontexten beobachten. Manche Mitarbeiter, die im Arbeitsumfeld vermeintlich nicht fähig sind, aktiv zu gestalten, agieren in ihrer Freizeit als hervorragende Führungspersönlichkeiten: im Fußballklub, in einer Freiwilligen-Organisation oder der örtlichen Musikgruppe. Manch hervorragende Führungskraft hingegen ist im privaten Umfeld ein braver Gefolgsmann des Partners. Menschen können unterschiedliche Rollen einnehmen, je nachdem was gefordert, erwünscht oder möglich ist. Dies wird gerade in Krisensituationen deutlich, wenn viele Menschen über sich hinauswachsen.

2   „The first follower is what transforms a lone nut into a leader." (Übersetzung des Autors).

Rollen werden meist unbewusst eingenommen – beeinflusst vom Umfeld, von Präferenzen und der eigenen Wahrnehmung der Möglichkeiten, Notwendigkeiten und Alternativen. Haben Mitarbeiter im Unternehmen erfahren, dass Eigeninitiative nicht geschätzt (oder gar bestraft) wird, werden sie die entsprechende, angepasste Rolle einnehmen. Ähnliches geschieht, wenn eine übermächtige Führungskraft keinen Raum für andere lässt. Sofern im Unternehmen Eigeninitiative anerkannt oder gar gefordert wird, verhält es sich umgekehrt. Nicht selten füllen auch Mitarbeiter ein plötzlich entstandenes Führungsvakuum, die vorher nicht durch ihren Gestaltungswillen aufgefallen sind. Natürlich bestimmen auch die eigenen Präferenzen und das persönliche Umfeld, ob jemand eine ausführende oder gestaltende Rolle einnehmen will.

Es gibt nur wenige Menschen, die ausschließlich geborene Befehlsempfänger sind und in keiner Situation gestaltend eingreifen: Im Zweifel macht Not erfinderisch, sobald man auf sich alleine gestellt ist. Umgekehrt gibt es nur wenige Menschen, die situationsunabhängig immer gestalten müssen. Selbst notorische Freiheitskämpfer, die in Diktaturen ihr Leben riskieren, offenbaren in ihren Biografien, dass sie in unterschiedlichen Kontexten und Lebensphasen verschiedene Rollen eingenommen haben. Menschen sind somit weit flexibler als manche Führungskraft glaubt.

Das Spektrum von Rollen, die Menschen aufgrund ihrer Persönlichkeiten und Fähigkeiten einnehmen können

Manchmal wird auch von der Reife der Mitarbeiter gesprochen. Damit wird unterstellt, dass es unreife Mitarbeiter gibt, die geführt werden müssen und es meist auch wollen. Und andererseits reife Mitarbeiter, denen man einen Gestaltungsfreiraum geben darf und auch sollte. Dieser Ansicht möchten wir aus oben genannten Gründen widersprechen. Mitarbeiter benötigen einen hohen Reifegrad, um zu erkennen, wann Gefolgschaft wichtig und angebracht ist, um Führungskräften dann (freiwillig) zu folgen. Ebenso benötigen Führungskräfte Reife, um in gewissen Situationen ihren Mitarbeitern zu folgen oder auch einen Schritt zurückzutreten. Am ehesten könnte man von der Reife einer Organisation und der Führungskultur sprechen, die Mitarbeiter als erwachsene Menschen versteht – oder eben nicht. Ob Mitarbeiter gestalten oder folgen wollen, hängt von vielen Faktoren ab, jedoch nur sehr beschränkt von der Reife der Mitarbeiter selbst. Alle – Mitarbeiter wie Führungskräfte – benötigen zusätzliche Kompetenzen, um Mitarbeitern Gestaltung vermehrt zu ermöglichen.

Nicht nur die zunehmende Wissensarbeit macht es unausweichlich, Mitarbeiter als Gestalter im Unternehmen zu betrachten. Diese Sichtweise ist ebenso notwendig, um die komplexen Herausforderungen, vor denen Unternehmen heute stehen, erfolgreich zu meistern. Darüber hinaus bietet sie immense Chancen, das Potenzial des Großteils der Mitarbeiter zu nutzen, um dem Wettbewerb sogar einen Schritt voraus zu sein.

ORGANISATIONEN IM WIRTSCHAFTLICHEN UMBRUCH
Wenn das Umfeld uns herausfordert

Unternehmen sind dazu da, die menschliche Zusammenarbeit produktiv zu gestalten. Menschen kommen zusammen, um gemeinsam zu schaffen, was sie allein nicht vollbringen können. Während der industriellen Revolution herrschte ein klares Organisationsmuster: die Steuerung von oben. An der Unternehmensspitze trafen die fähigsten Personen auf Basis umfassender Informationen und des erforderlichen Weitblicks wegweisende Entscheidungen. Wissenschaftlich ausgebildete Berater und Stabsstellen unterstützten die Unternehmensleitung mit Analysen, Konzepten und der Verdichtung von Beobachtungen im Markt. Das mittlere Management übersetzte diese Entscheidungen für den eigenen Bereich, kontrollierte die Umsetzung und berichtete nach oben über die Ergebnisse.

Die wirtschaftliche Realität hat sich für die meisten Unternehmen grundlegend gewandelt und wird sich in Zukunft noch radikaler wandeln. Weltweiter Wettbewerb und technologischer Fortschritt krempeln ganze Branchen um. Innovationen erfolgen in atemberaubender Geschwindigkeit. Herausforderungen kommen nicht mehr nur von bekannten Wettbewerbern, sondern vermehrt und meist gefährlicher aus anderen Bereichen. Frisch gegründete Unternehmen ohne Altlasten, bestehende Produkte, eingespielte Kundenbeziehungen, langfristige Lieferantenverbindungen oder etablierte Partnerschaften experimentieren mit neuen Produkten und Geschäftsmodellen – häufig eindrucksvoll finanziert.

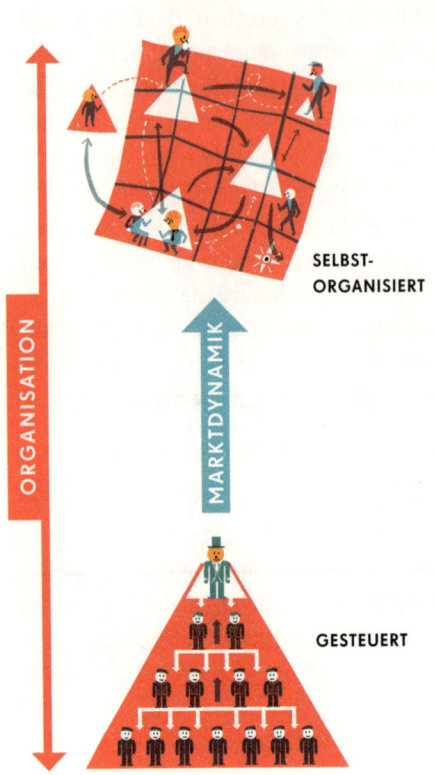

Die Organisationsprinzipien

Die klassischen Organisationsmodelle werden den heutigen Anforderungen nicht mehr gerecht: Entscheidungen werden zu langsam getroffen und zu spät umgesetzt. Die Komplexität der Herausforderungen übersteigt die herkömmlichen Methoden der Unternehmensführung. Unternehmen müssen agiler werden. Dazu gehört die Veränderung von Unternehmen hin zu mehr Autonomie und Selbstorganisation in einzelnen Bereichen oder insgesamt. Mitarbeiter vor Ort im direkten Kontakt mit Kunden, dem Markt und den Wettbewerbern benötigen mehr Kompetenz – Kompetenz im Sinne von dürfen *und* wollen, können *und* sollen.

Eine gesteuerte Organisation ist auf klar definierte Aufgaben bei hohen Effizienzanforderungen und Skaleneffekten hin optimiert. Verantwortlichkeiten, Rollen, Regeln und Automatismen erhöhen die Effizienz und Qualität der Prozesse und Ergebnisse. Eine gesteuerte Organisation funktioniert am besten in einem überschaubaren Rahmen mit genügend Erfahrungswissen der Führungskräfte. Sie ist zudem im Arbeitsalltag erforderlich und sinnvoll, wenn Entscheidungen schnell und effizient getroffen werden können und sollen. Sie kann auch in einem innovativen Umfeld gute Ergebnisse erzielen, wenn die Unternehmensführung mutig bahnbrechende Neuerungen vorantreibt und ein hohes Vertrauen seitens der Mitarbeiter genießt. Eine selbstorganisierte Form der Zusammenarbeit ist notwendig in einem komplexen, sich schnell ändernden Umfeld. Sie bietet ein hohes Potenzial, die Fähigkeiten und Energie des Großteils der Mitarbeiter zu nutzen und damit langfristig und nachhaltig in einem volatilen Umfeld erfolgreich zu sein.

Generell stellt sich die Frage, ob große Organisationen weiterhin kleineren überlegen sein werden und ob erfolgreiche Unternehmen weiterhin zu Größe tendieren – oder ob ein Netzwerk überschaubarer Unternehmen mit den heutigen Mitteln und für die heutigen Anforderungen erfolgreicher sein wird. In jedem Fall wird es mehr Selbstorganisation geben müssen – ob in einem Netzwerk oder in einem großen Unternehmen oder in deren Kombination.[3]

---

3 Interessante Überlegungen, ob größer auch schneller sein kann, regen Bonchek, & Fussell (2012) an.

Ausdifferenzierung der Organisationsprinzipien

Organisationsformen sind auch keine klar abgrenzbaren Modelle. Es gibt eine Vielfalt von Ausprägungen zwischen den beiden Polen *gesteuert* und *selbstorganisiert*. *Geführte* Organisationen gestatten Spielräume bei der Umsetzung und manchmal auch bei der Zielsetzung. Die Führung gibt diese Spielräume vor und kontrolliert deren Einhaltung. Ebenso gibt es Unternehmen mit Selbstorganisation in autonomen und teilautonomen Einheiten, die innerhalb eines fest definierten Rahmens agieren. Dies ist eine erste Form der Selbstorganisation, die meist nur einzelne Elemente oder Aufgabenstellungen betrifft.

Wann eignet sich eine strukturierte Steuerung und wann ist eine marktähnliche Selbstorganisation besser? Ein wichtiges Kriterium ist die Passung der inneren Komplexität der Organisation mit der äußeren Komplexität des Marktes und der Umwelt. Es geht auch darum, wie stark sich Organisationen wandeln und selbst erneuern müssen. Und wie divers das Geschäftsportfolio und damit die benötigte Managementlogik sind. Ein gutes Erklärungsmodell bietet die Transaktionskostentheorie, die auf den Überlegungen von Coase (1937) basiert. Zu den Transaktionskosten gehören

- die Aufwände für die Suche und Informationsbeschaffung für ein bestimmtes Geschäft,

- die Kosten der verbindlichen Vertragsaushandlung sowie

- die Aufwände für die Einforderung von Vereinbarungen.

Sind die Transaktionskosten hoch, insbesondere bei häufigen und ähnlichen Transaktionen, ist ein langfristig strukturiertes Unternehmen überlegen. Bei niedrigen Transaktionskosten oder häufigen neuen Transaktionen ist ein agiler, selbstorganisierter Marktmechanismus besser geeignet, der flexibel auf neue Gegebenheiten reagieren kann und im Wettbewerb bessere Resultate erzielt.

BEISPIEL
Das Schicksal der Reisebüros
Betrachten wir die Entwicklungen der Reisebüro-Branche im Hinblick auf die Transaktionskostentheorie. Der Wegbereiter der Tourismusindustrie Thomas Cook organisierte Mitte des 19. Jahrhunderts die ersten Gruppenreisen. Daraus entstand eine Branche, die für immer mehr Menschen immer mehr Reisen in immer entlegenere Gegenden der Erde organisierte. Reisende zur damaligen Zeit konnten unmöglich wissen, welche Destination ihren Wünschen entsprach, welche Unterkunft ihren Ansprüchen gerecht wurde und wie sie die Reise dorthin organisieren konnten *(Suche und Informationsbeschaffung)*.

Reisebüros übernahmen die Abwicklung von verbindlichen Buchungen mit definierten Konditionen und Vorauszahlungen *(Vertragsaushandlung)*. Falls etwas Unerwartetes geschah, trug das Reisebüro die Aufwände, für Alternativen und Schadenersatz zu sorgen *(Einforderung von Vereinbarungen)*.

Durch neue Technologien *(Internet)* und vor allem neue Anwendungen dieser Technologien *(Buchungsplattformen)* kann heute jeder selbst Reisen buchen. Alle drei Arten von Transaktionskosten sanken drastisch. Gleichzeitig stärkten unabhängige Bewertungsplattformen das Vertrauen, was zu weiterer Kostenreduktion führte. Zentral gesteuerte Reisebüros verloren große Teile ihrer Daseinsberechtigung im Vergleich zu den nach Marktmechanismen organisierten Buchungsplattformen.

Ein Ende dieser Entwicklung ist noch nicht abzusehen. Mitfahrgelegenheiten und Mitfluggelegenheiten verändern das Reiseverhalten und fordern Transportunternehmen heraus. Mitwohngelegenheiten und eine neue Art der Privatzimmervermietung stellen schon heute Hotels vor bislang ungeahnte Herausforderungen.

Moderne Technologien reduzieren in vielen Bereichen die Transaktionskosten. Dies wirkt sich zunehmend auch auf die Arbeit in Unternehmen aus:

- Mitarbeiter greifen auf relevante Informationen selbst zu und sind nicht auf Vorgesetzte als einzige Informationsbeschaffer und -distributoren angewiesen.

- Geschäftsleitungen können ohne kostspielige Berater oder darauf spezialisierte Stabsstellen in Echtzeit auf Informationen innerhalb des Unternehmens zugreifen (z. B. Daten über Produkte, Absätze, Finanzen, Kunden, Mitarbeiter etc.).

- Unternehmensleitungen können mit den Mitarbeitern direkt in Kontakt treten – und benötigen keine Vermittlung über die Hierarchiestufen und Regionen hinweg.

- Stabstellen und mittleres Management blicken einem ähnlichen Schicksal entgegen wie Reisebüros – sie werden in ihrer aktuellen Form zunehmend überflüssig und müssen sich neu erfinden.

Es ist wichtig zu verstehen, dass es sich bei diesen Entwicklungen nicht nur um die Auswirkungen moderner Technologien handelt. Die neuen Technologien ermöglichen jedoch gänzlich andere Organisationsformen, die vielfach erst noch erfunden werden müssen. Einige Beispiele zur Veranschaulichung: Die ersten Automobile ähnelten Kutschen. Erst die Erfindung des Lenkrades machte Automobile für Normalbürger überhaupt steuerbar. In den Anfangstagen des Internets stellte die Tourismusbranche ihre Prospekte zunächst zum elektronischen Herunterladen bereit. Erst nach und nach entwickelte sich das Internet zu einer Buchungsplattform, noch später zu einer Börse für freie Privatzimmer. Möglicherweise teilen wir künftig Kleinflugzeuge und benötigen keine organisierenden Fluggesellschaften mehr.

Es wird künftig nicht nur eine Organisationform geben, die für alle Unternehmen für jede Situation und für alle Mitarbeiter und Teams die angemessenste ist. Verschiedene Organisationsformen werden in einem Unternehmen parallel nebeneinander existieren, sich ergänzen und sich im Verlauf der Weiterentwicklung des Unternehmens verändern. Dies ist abhängig von den Aufgaben, die zu erledigen sind – und auch von der Umwelt der Organisation, die unterschiedliche Herausforderungen stellt. Die bisher bewährten Organisationsformen haben keinesfalls ausgedient – sie müssen lediglich modernisiert und um selbstorganisierende Elemente ergänzt werden (siehe Erklärungen, S. 59ff).

Die zu Beginn des Buches angekündigte Landkarte zur Visualisierung der Herausforderungen und möglichen Lösungen entsteht, wenn man die beiden Achsen *Rolle der Mitarbeiter* und *Prinzip der Organisation* zu einem Koordinatensystem aufspannt. Dadurch ergeben sich vier Quadranten. Zwei davon sind Reinformen einer Zusammenarbeit, zwei davon Mischformen. Die Reinformen sind in sich stimmig und funktionieren in der Regel besser. Mischformen haben häufig unerwünschte negative Konsequenzen, die sich beispielsweise zu Lehmschichten auftürmen oder in die Agilitätsfalle führen. Betrachten wir nun im Folgenden die vier Ausprägungen im Einzelnen.

NAPOLEON AUF DER BRÜCKE
Wenn wir nach Weisung und Kontrolle führen

Eine von oben gesteuerte Organisation, in der Mitarbeiter ihre Rolle ausführend wahrnehmen, basiert ganz klassisch auf Weisung und Kontrolle (*command and control*). Diese Form der Zusammenarbeit zeichnet sich im Idealfall durch klare Verantwortlichkeiten, schnelle Entscheidungen, regelmäßige Kontrolle von Ergebnissen und Eingriffen bei Abweichungen aus. Es ist eine der effizientesten Organisationsstrukturen, die während der industriellen Revolution maßgeblich zum Produktivitätsfortschritt beitrug. Ohne sie wäre keine Massenproduktion möglich geworden, die zahlreiche Güter für breite Bevölkerungsschichten erschwinglich macht.

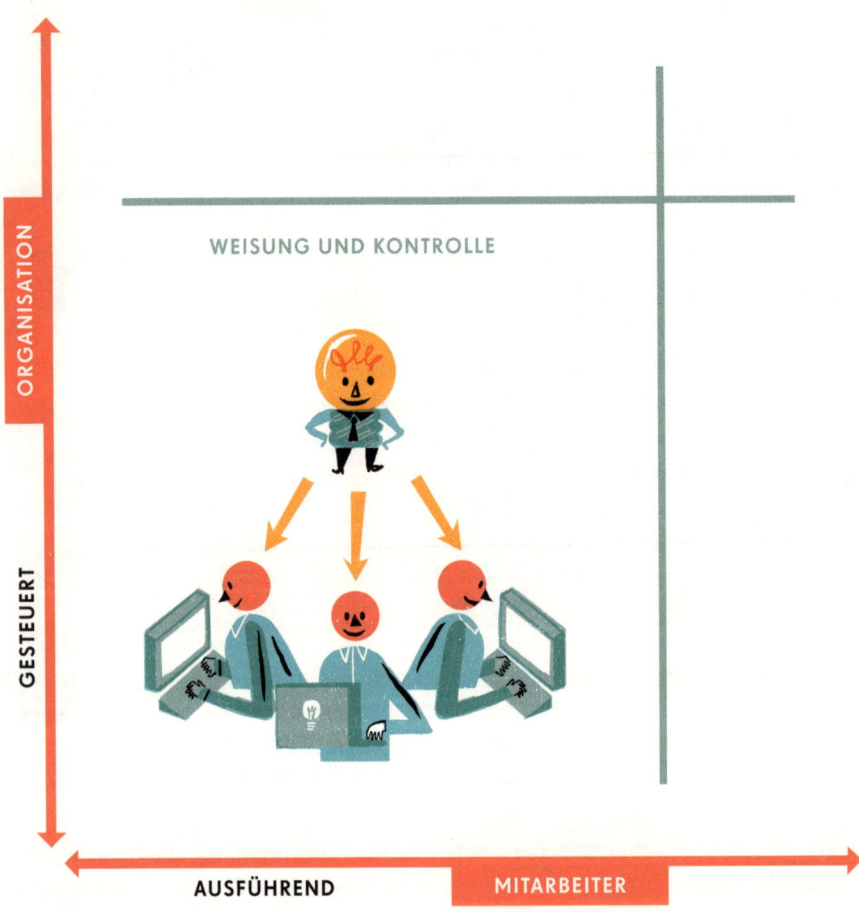

Auch heute hat diese Organisationsform lange nicht ausgedient und wird fortlaufend verbessert. In Bereichen, in denen operative Exzellenz erforderlich ist, hat sie klare Vorteile. Viele Betriebe und Teilorganisationen der Massenproduktion funktionieren nach diesem Modell. Diesem muss nicht zwangsläufig ein Diktator wie Napoleon vorstehen.

Es gibt viele Beispiele für inspirierende Führungspersönlichkeiten, denen Mitarbeiter freiwillig folgen. Steve Jobs von Apple kann durchaus dazugezählt werden. Wenn auch einige Biografien ein nicht gerade schmeichelhaftes Bild seines Führungsstils zeichnen, so arbeiteten Mitarbeiter dennoch freiwillig mit ihm zusammen.

Riskant wird diese Organisationform erst dann, wenn keinerlei Möglichkeit besteht, Fehlentwicklungen und Fehlentscheidungen rechtzeitig zu korrigieren. Auch ein autoritärer Anführer kann Fehler machen – und damit die gesamte Organisation an den Rand des Abgrunds bringen oder darüber hinaus. Erfolgreiche Führungspersönlichkeiten haben im Laufe ihrer Karriere bereits mehrfach mutige Entscheidungen getroffen, von denen andere zuvor abgeraten hatten. Sie haben aus ihrer persönlichen Erfolgsgeschichte gelernt, Bedenkenträgern keine zu hohe Bedeutung beizumessen. Woran sollen sie erkennen, diesen einen Fall anders zu bewerten, der tatsächlich ein großer Fehler wäre?

BEISPIELE
Ikarus & Co.
Die Wirtschaftsgeschichte ist reich an Geschäftsführern, die irgendwann vom Boden abgehoben haben, in Selbstüberschätzung nach der Sonne griffen und so ihr eigenes Werk zerstörten: William Seawell (Pan Am), Eckhard Pfeiffer (Compaq), Angelo Mozilo (Countrywide), in Deutschland Leo Kirch (Kirch-Gruppe), Anton Schlecker (Schlecker) und Wolfgang Ley (Escada). Manche verfielen gegen Ende sogar in kriminelle Machenschaften: Kenneth Lay (Enron), Bernard Ebbers (Worldcom), John Rigas (Adelphia). Hinzu kommen unzählige weniger prominente Namen und Geschäftsführer, die durch Fehlentscheidungen schlicht große Werte vernichteten. Auch zahlreiche politische Führer kamen zunächst als Befreier und Heilsbringer an die Macht und zerstörten letztlich ihr Land.

Ghandi & Co.
Positive Beispiele inspirierender und vorbildlicher Anführer sind jene, denen es gelang, ohne politische oder wirtschaftliche Macht eine große Anhängerschaft zu mobilisieren, die ihnen fast blind folgte. Weisung und Kontrolle funktionierten hier ganz anders und informeller, aber dennoch klar geführt von oben. Dazu gehören am eindrücklichsten (und bei weitem nicht abschließend): Mahatma Gandhi, Mutter Teresa, Nelson Mandela, Martin Luther King Jr., Rosa Parks, Malala Yousafzai, Martin Luther, Jeanne d'Arc. Im wirtschaftlichen Umfeld gibt es beispielsweise Linus Torvalds (Linux) oder Jimmy Wales (Wikipedia). Es gibt auch in Unternehmen viele Beispiele, in denen Mitarbeiter für ihre Führungskräfte durchs sprichwörtliche Feuer gehen würden.

Sehr viele gute Führungskräfte erzielen durch Weisung und Kontrolle hervorragende Ergebnisse. Sie beziehen ihre Mitarbeiter in Entscheidungsprozesse ein. Sei es, indem sie ihre Weisungen gut begründen und die Hintergründe erläutern oder im Vorfeld von Entscheidungen die Meinungen des Teams einholen und diese berücksichtigen. Manche Vorgesetzte entscheiden auch gemeinsam mit ihrem Team, indem sie das Team einen Vorentscheid fällen lassen, den sie in der Regel bestätigen. Damit liegt die formelle Macht klar beim Vorgesetzten, er übt diese jedoch nicht ohne Berücksichtigung seines Teams aus. Er muss sich nicht auf seine Macht berufen. Margaret Thatcher fasste dies mit dem ihr eigenen trockenen Humor treffend zusammen: „Mächtig zu sein ist so, wie eine Dame zu sein. Wenn man den Leuten sagen muss, dass man es ist, dann ist man es nicht."[4] Solche Führungsmodelle befinden sich bereits nahe der Mitte des Quadranten.

Auch Kontrolle kann ganz unterschiedlich ausgeübt werden. Manche Vorgesetzte verstehen Kontrolle ähnlich der Aufgabe eines Verkehrspolizisten. Sie führen Kontrollen durch, um Mitarbeiter zu enttarnen und sie anschließend maßzuregeln. Gute Führungskräfte hingegen verstehen Kontrolle als einen Mechanismus, der in erster Linie im Sinne der Mitarbeiter gedacht ist: Mitarbeiter können sich und ihre Arbeitsergebnisse selbst kontrollieren. Sie ist ein kontinuierliches Feedback, wie gut Mitarbeiter ihre Aufgaben erfüllen. Ähnlich funktionieren übrigens digitale Fitness-Anwendungen, bei denen man den eigenen Fortschritt sieht – und dadurch angespornt wird, besser zu werden. Für den Verkehr gibt es beispielsweise zahlreiche wissenschaftliche Erkenntnisse, dass unmittelbare Feedback-Schleifen ohne Einbezug von Polizisten bereits als wirksame Auslöser für Verhaltensänderung dienen. Goldsmith (2015) beschreibt Studien zur Wirksamkeit von Geschwindigkeitsanzeigesystemen. Das unmittelbare Anzeigen der gefahrenen Geschwindigkeit hat einen signifikanten Einfluss auf die Einhaltung von Geschwindigkeitsregeln.

Besonders interessant ist folgender Sachverhalt: Viele Methoden von Weisung und Kontrolle stammen ursprünglich aus dem militärischen Bereich. Viele Unternehmen versuchen heute, nicht mehr so zu sein wie das Militär. Doch gerade das Militär – insbesondere das amerikanische – hat sich in den letzten Jahren grundlegend umorganisiert. Der Kampf gegen agile Netzwerke wie den irakischen Widerstand, Al-Qaida, die Taliban und den Islamischen Staat hat die klassisch-militärische Organisationsform um zahlreiche agile Konzepte erweitert. Reine Befehlsstrukturen aus Washington konnten die Realitäten in den Kampfgebieten nicht hinreichend berücksichtigen.[5] Insofern sind einige Militärs in mancher Hinsicht deutlich weiter als viele Unternehmen, die sich als fortschrittlich bezeichnen.

---

4   „Being powerful is like being a lady. If you have to tell people you are, you aren't."
    (Übersetzung des Autors).
5   Eine interessante Lektüre dazu ist U.S. Army (2004) und McChrystal (2015).

FREIHEITSKÄMPFER UND TERRORISTEN
Wenn wir Schattenorganisationen nutzen

Viele glauben, Unternehmensführung funktioniere noch immer nach den alten Spielregeln – deshalb könnten auch die bewährten Instrumente weiter genutzt werden: Zielvereinbarung und Beurteilung, leistungsabhängige Entlohnung, Strategiefestlegung und Ausrichtung der Organisation, Umstrukturierungen und Veränderungsmanagement, Befehlsketten und Matrixorganisationen. Der zunehmende Anteil an Wissensarbeitern in fast allen Bereich erschwert jedoch ein wichtiges Element: die Kontrolle. Wer kann von sich behaupten, die Arbeitsqualität und Leistung von Wissensarbeitern heute effektiv kontrollieren zu können?

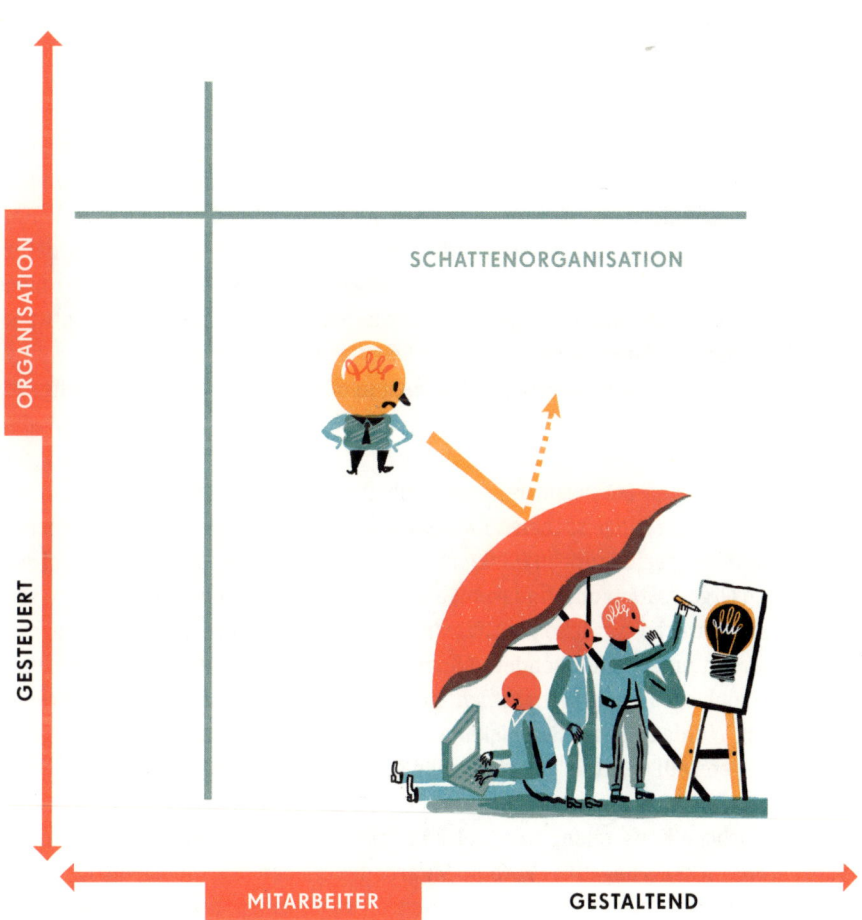

BEISPIEL
Die Illusion von der Macht des Vorgesetzten

Sie haben dies sicherlich schon einmal erlebt: Sie erhalten von Ihrem Vorgesetzten einen Auftrag, den Sie als unsinnig erachten. Was machen Sie? Falls Sie ein gutes Verhältnis zu Ihrem Vorgesetzten haben, versuchen Sie vermutlich, darüber zu diskutieren. Falls Sie Ihren Vorgesetzten nicht von Ihrer Einschätzung überzeugen können und er Sie auch nicht von seiner, was machen Sie dann? Sie führen den Auftrag in dem Maße aus, dass er Ihnen keine Arbeitsverweigerung vorwerfen kann. Parallel treiben Sie weiter die Dinge mit voller Energie voran, von denen Sie überzeugt sind. Der Unterschied im Ergebnis liegt nicht zwischen Erledigen und Nicht-Erledigen sondern darin, mit welcher Energie und Überzeugung Sie die Aufgabe ausführen. Das entscheidet maßgeblich über Erfolg oder Misserfolg einer Arbeit.

Der zunehmende Anteil an Wissensarbeit und die damit einhergehenden verminderten Kontrollmöglichkeiten von Mitarbeitern lässt Schattenorganisationen entstehen. Viele Mitarbeiter und Teams tun das, was sie für richtig halten – im Sinne des Kunden und des Unternehmens. Sie greifen eigenständig und gestaltend ein, auch wenn Prozesse oder Weisungen etwas anderes erfordern würden oder es gar keinen Auftrag dafür gibt. Heute funktionieren große Unternehmen trotz unpassender Organisationsformen vermutlich gerade deshalb noch immer. Die Schattenorganisation fängt Fehlentwicklungen innerhalb des Unternehmens auf. Der Schatten kann allerdings auch destruktiv (aus-)genutzt werden: für unbeobachtetes Nichtstun oder gar unternehmensschädigend zur Mehrung des persönlichen Vorteils.

Auch Unternehmensleitungen greifen auf Schattenorganisationen zurück: Sie nutzen informelle Wege, um Dinge schnell voran zu bringen. Sofern akute Probleme brennen, werden spezielle Arbeitsgruppen (*taskforces*) einberufen. Diese operieren parallel zur eigentlichen Organisation und sind somit als Schattenorganisationen offizialisiert. Die Mitglieder dieser Arbeitsgruppen sucht man vergeblich im Organigramm. Die Eingreiftruppen werden zudem mit besonderen Kompetenzen und Freiheiten ausgestattet, um das akute Problem zu lösen. *Management-by-Taskforce* erzeugt eine mächtige Parallelorganisation. Würde die reine Befehlskette in der Unternehmensrealität funktionieren, könnte Napoleon auf der Brücke das Löschen des Brandes schlicht befehlen.

Die gefährliche Konsequenz einer solchen Schattenorganisation ist nicht zu unterschätzen. Sie wirkt als negatives Vorbild. Mitarbeiter erleben, wie ihr eigener Chef den Schatten nutzt, um Weisungen seiner Vorgesetzten zu umgehen, beziehungsweise alternativ zu interpretieren. Er verfolgt eine eigene Agenda, die durchaus dem Wohle des Unternehmens dienen kann. Wenn der eigene Vorgesetzte den Umgang mit Autorität in dieser Weise vorlebt, gibt es kein Argument für seine Mitarbeiter, dies nicht ebenfalls zu tun. Eine breite Akzeptanz und Nutzung des Schattens untergräbt die Autorität von Führung, auf der Weisung und Kontrolle maßgeblich basiert.

So entstehen immer größere Schattenorganisationen innerhalb des Unternehmens. Führung wirkt nicht mehr direkt. Der Schatten auf allen Hierarchieebenen führt zu der eingangs beschriebenen Lehmschicht, da die Umsetzung von Weisungen kaum noch überprüft werden kann. Wird zudem die Autorität von Führung bis zu den höchsten Positionen hinauf häufig untergraben, kann Führung nach Weisung und Kontrolle nicht mehr funktionieren. Organisationen entwickeln damit eine Zähflüssigkeit, die direkte Führung erschwert bis verunmöglicht. Offensichtlich unpassende Prozesse und Anweisungen geben den Mitarbeitern zusätzlich eine vermeintliche moralische Berechtigung, diese nicht zu befolgen.

Wie gehen die Mitarbeiter mit dieser Situation um? Manche empfinden sich als Freiheitskämpfer. Trotz widrigster Umstände, unflexibler Prozesse, fehlerhafter Weisungen, starrer Korsette versuchen sie, das Beste für den Kunden und das Unternehmen zu erreichen. Ihnen ist bewusst, dass sie häufig entgegen der Vorschriften des Unternehmens handeln. Ihr Handeln wird von Vorgesetzten entweder nicht wahrgenommen oder gar toleriert bis unterstützt. Dadurch wird es für Vorgesetzte zunehmend schwerer, tatsächlich unerwünschtes oder sogar unternehmensschädliches Verhalten zu unterbinden.

Durch Schattenorganisationen wird die Steuerung und Kontrolle von Unternehmen in gefährlicher Weise ausgehebelt. Geht diese Entwicklung zudem mit einem Verfall von Moral und Werten einher, führt dies zu Fehlentwicklungen, die mit der Zeit immer weitere Kreise ziehen. Damit lassen sich schädliche Vorgänge wie Finanzskandale, Bestechungsaffären und Betrugsfälle nachvollziehbar erklären. Die Mitarbeiter im Unternehmen fühlen sich ermächtigt, auf eigene Faust zu handeln – im Guten wie im Schlechten. Sie werden zu Freiheitskämpfern oder Terroristen.

BEISPIELE
Der Wal von London

Viele Institute in der Finanzindustrie versuchen, mit kleinen und großen Tricks die zunehmend komplexen gesetzlichen Regulatorien zu ihrem eigenen Vorteil zu nutzen oder gar zu umgehen. Sie entwickeln Produkte im Graubereich, schaffen außerbilanzielle Vehikel und nutzen Lücken in Gesetzen aus, um den Unternehmensgewinn zu steigern. Diese bekannten und tolerierten Vorgehensweisen werden toxisch, wenn Mitarbeiter ohne moralischen Kompass zu immer größeren Profiten angespornt und zudem fürstlich dafür belohnt werden. Die Grenze zwischen gerade noch legal und kriminell wird immer diffuser. So verwundert es nicht, dass ein Wertpapierhändler in London den Schatten für immense Finanztransaktionen ausnutzen konnte. Bruno Iksil wurde der Wal von London genannt, weil er Derivate-Wetten mit bis zu 100 Mrd. USD platzierte. Er verstieß 300 Mal gegen die internen Richtlinien. Im Nachhinein warfen die Behörden der Bank erhebliche Defizite im Risikomanagement vor, die zu einem Verlust von 6,2 Mrd. USD führten.

Der Wal von London ist kein Einzelfall. Nick Leeson trieb 1995 mit seinen Spekulationen die Barings Bank in den Abgrund. Jérôme Kerviel verursachte 2008 Milliardenverluste für die Société Générale. Die Liste lässt sich beliebig weiterführen: Kweku Adoboli (UBS), John Rusnak (Allied Irish Bank), Toshihide Iguchi (Daiwa Bank), Yasuo Hamanaka (Sumitomo Corporation), Brian Hunter (Amaranth). Diese Fälle sind klar zu unterscheiden von kriminellen Machenschaften, die die gesamte Organisation involvierten, wie beispielsweise bei Bernard L. Madoff Investment Securities (Bernard Madoff), Bayou Hedge Fund (Samuel Israel), Richard Whitney & Co. (Richard Whitney) und anderen.

Abgas-Manipulation bei Volkswagen
Es ist so selbstverständlich, dass wir als Kunden kaum noch darauf reagieren: Wer wundert sich darüber, dass sein Auto im Normalbetrieb deutlich mehr Treibstoff verbraucht, als im Verkaufsprospekt angegeben? Mit fast schon offiziellen Methoden werden die tatsächlichen Verbrauchszahlen nach unten korrigiert. Jeder Automobilhersteller praktiziert dies. Ein aufrichtiger Produzent wäre somit benachteiligt.[6]

Wenn eine ganze Branche so fragwürdig mit der Wahrheit umgeht, werden Schattenorganisationen gefährlich. Die kleinen, tolerierten Tricks werden immer größer und weitreichender. Vermutlich haben die Ingenieure bei Volkswagen bei den Angaben ihrer Wettbewerber auch Tricks vermutet. Mit der Zeit nutzten sie selbst immer größere Tricks, um die Abgaswerte offiziell nach unten zu korrigieren. Hier führte wahrscheinlich Weisung (tiefste Verbrauchswerte mit kostengünstiger Technologie) ohne Kontrolle zum Desaster. Sollte das Mitwissen und Tolerieren bis in die obersten Ebenen reichen, ist der Fall noch einmal ganz anders zu beurteilen.

DAS WICHTIGSTE IN KÜRZE
Schattenorganisationen werden in vielen Fällen von Mitarbeitern zum Vorteil des Unternehmens genutzt. Sie entstehen, wenn Kontrolle nicht mehr umfassend möglich ist, wenn überholte Prozesse und Weisungen offensichtlich nicht mehr im Interesse des Unternehmens oder der Kunden sind. Vorgesetzte tolerieren dieses Verhalten und tragen nicht selten durch eigenes Ausnutzen des Schattens dazu bei, diesen zu billigen. Gefährlich werden Schattenorganisationen dann, wenn einzelne Mitarbeiter diese Schatten schädigend ausnutzen – oder sogar ganze Branchen durch ihr Handeln moralisch fragwürdiges Verhalten gutheißen.

---

[6] Vergleiche dazu das Konzept der *brauchbaren Illegalität* von Luhmann (1999).

DIE FREIHEIT, DIE KEINER WOLLTE
Wenn zunehmende Teile unserer Organisation überfordert sind

Globaler Wettbewerb im Spagat zwischen bahnbrechenden Innovationen und immensem Preisdruck, technologische und gesellschaftliche Revolutionen, sich verändernde Kunden- und Mitarbeitererwartungen, hohe regulative Komplexität und Anspruchshaltung der Gesellschaft – Unternehmen stehen vor großen Herausforderungen. Sie müssen sich drastisch verändern und zugleich stets verbessern. Die Reaktionszeiten, die über Erfolg und Misserfolg entscheiden, werden immer kürzer – ganz zu schweigen vom eigenen Anspruch, den Takt vorzugeben und dem Wettbewerb voran zu sein. All diese Entwicklungen beschleunigen sich weiter und werden dringlicher.

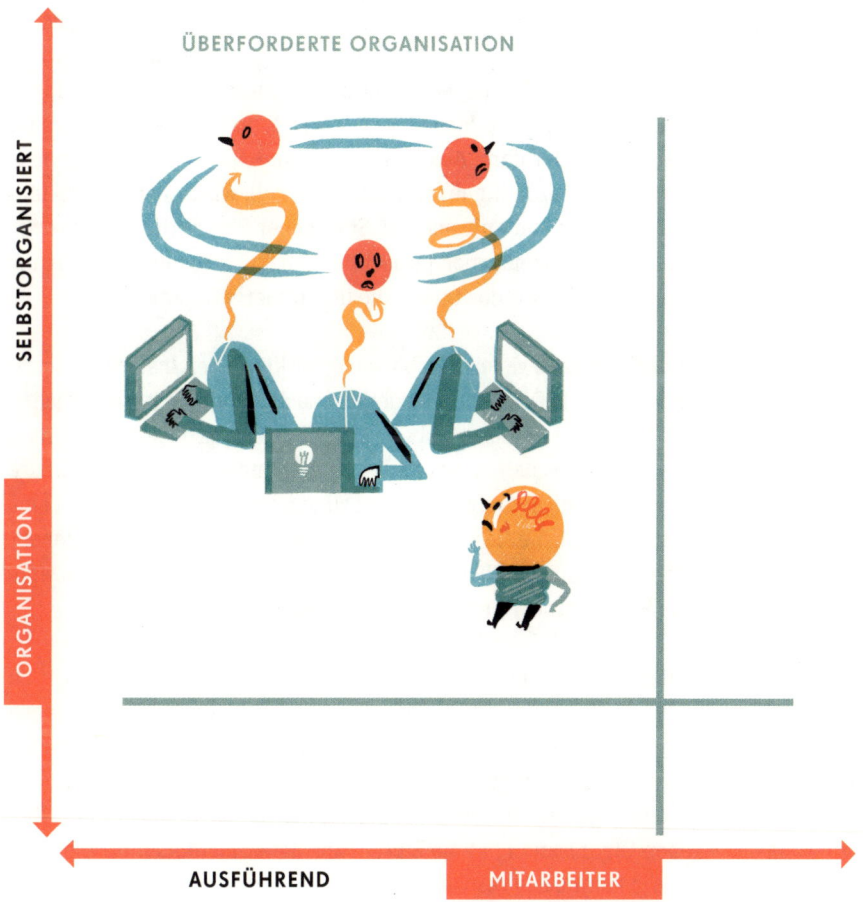

Viele Geschäftsleitungen – und auch die Mitarbeiter – erkennen, dass Unternehmen agiler werden müssen. Agil bedeutet beweglich. Folglich bedeutet dies, dass Unternehmen zu unbeweglich (geworden) sind. Sie können mit den Veränderungen nicht mithalten. Sie sind erstarrt durch unflexible Strukturen, eine überbordende Bürokratie und übermächtige Hierarchien. Die Aufmerksamkeit wird damit nach innen gelenkt, nicht nach außen auf den Kunden und auf den Markt. Interne Prozesse und die Konformität mit Vorgaben sind im operativen Alltag wichtiger geworden als die Bedürfnisse der Kunden. Das Überleben in den internen Machtstrukturen scheint erfolgversprechender als Risiken einzugehen, die für grundlegende Innovationen unumgänglich sind.

Um diese Erstarrung aufzubrechen, versuchen einige Unternehmen, mit der Brechstange dem Elefanten das Tanzen beizubringen. Das Gebot der Stunde lautet Agilität. Verkrustete Strukturen werden zerschlagen und Mitarbeitern, Teams und ganzen Bereichen wird Selbstorganisation verordnet. Da alle sich beklagen, sie könnten es selbst besser machen, dann sollen sie es tun. „Organisiert euch selbst!", ist das neue Mantra.

Wer einen solchen Befreiungsschlag bereits erlebt hat, wird von enttäuschenden Erlebnissen und ernüchternden Ergebnissen berichten können. Nach kurzer, anfänglicher Euphorie – die nicht selten von ungläubigem Staunen begleitet ist – versucht man sich in Selbstorganisation. Das ist zeit- und energieaufwendig, man muss alle von seinen Ideen überzeugen. Wenn einer im Team eine Idee nicht gut findet, funktioniert Selbstorganisation schwer bis gar nicht. Jeder kann *Nein* sagen, niemand *Ja*. Wenn Selbstorganisation über die eigenen Teamgrenzen hinaus funktionieren soll, wird Abstimmung und Koordination noch schwieriger und aufwendiger. Statt neuer Produktivität, verbessertem Kundenfokus und kreativer Innovation herrscht in hohem Maße die Beschäftigung mit sich selbst und manchmal sogar das Chaos: die überforderte Organisation.

Mitarbeiter sind in dieser Lage geneigt, sich nach einer klärenden Instanz zurückzusehnen, nach jemandem, der die Dinge entscheidet und nach vorne bringt – natürlich in ihrem eigenen Sinne. Vorgesetzte sehen sich bestätigt darin, dass sie gebraucht werden, um ein produktives Umfeld zu schaffen, Konflikte zu lösen und eine Richtung vorzugeben. Die Mitarbeiter scheinen nicht fähig, sich selbst zu organisieren. Sie benötigen eine starke Führungspersönlichkeit, die sie an die Hand nimmt: „Noch einmal Glück gehabt. Wir Vorgesetzte werden gebraucht!" Nicht selten wird die Einführung agiler Konzepte nach einer gewissen Zeit mit großer Enttäuschung wieder eingestellt.

Was bleibt sind offene Fragen. Die etablierten Strukturen scheinen keine Lösungen zu bieten, die Einführung von agilen Konzepten ebenso wenig – zumindest nicht im eigenen Unternehmen. Welcher Weg ist zu wählen? Welche Maßnahmen kann das Unternehmen ergreifen? Die Herausforderungen sind gleich geblieben. Das Unternehmen hat schmerzhaft erfahren, dass Selbstorganisation nicht das Allheilmittel ist. Die Erfahrung der Überforderung der eigenen Organisation hat die Einführung agiler Methoden für die nahe Zukunft verbrannt. Wie konnte das geschehen?

Die Landkarte hilft zu verstehen, was geschehen ist, bzw. in vielen Unternehmen derzeit geschieht oder geschehen wird. Selbstorganisation wird eingeführt, ohne dass Mitarbeiter die Möglichkeit erhalten, eine gestaltende Rolle einzunehmen. Neben der Möglichkeit fehlt vielerorts auch die Fähigkeit der gesamten Organisation und einzelner Mitarbeiter. Die konkreten Konzepte der Selbstorganisation müssen erlernt und eingeübt werden. Selbstorganisation ohne Ermöglichung und Befähigung führt in die Überforderung. Der Einwand, Mitarbeiter hätten dies ja selbst in der Hand und könnten sich selbst organisieren und es selbst erlernen, greift zu kurz. Wenn in einem auf hoher Drehzahl laufenden Getriebe das System der Kraftübersetzung geändert wird, führt dies zwangsläufig zu Knirschen und Stottern in selbigem.

BEISPIEL
Der Verkehr als Lehrmeister

Der Individualverkehr ist ein sehr anschauliches und lehrreiches Beispiel für Selbstorganisation. Jeder kann auswählen, mit welchem Fahrzeug zu welcher Zeit auf welcher Route mit welchen Fahrgästen er von wo nach wo fährt. Niemand schreibt uns dies vor oder steuert den Verkehr zentral. Dennoch funktioniert Verkehr in den meisten Fällen sehr gut. Woran liegt dies? Und was können wir für Unternehmen daraus lernen?

Verkehr basiert auf allgemein akzeptierten und zum Großteil eingehaltenen Regeln. Wir fahren z. B. in Kontinentaleuropa auf der rechten Straßenseite. Gäbe es das Rechtsfahrgebot nicht, müssten sich die Verkehrsteilnehmer bei jeder Begegnung einigen, auf welcher Seite sie aneinander vorbei fahren. Dies würde die Kapazität des Verkehrs stark beeinträchtigen. Es wäre wie heute beim Fußgängerverkehr: Jede Begegnung erfordert eine stillschweigende Aushandlung des Vorbeikommens. Bei Fußgeschwindigkeit ist dies problemlos möglich. Doch schon bei hohem Fußgängeraufkommen bilden sich Verkehrsflüsse, in die man sich einordnet.

Eine weitere wichtige Regel im Autoverkehr in vielen Ländern lautet *rechts vor links* und regelt das Verhalten bei Kreuzungen. Darüber hinaus wurden mit der Zeit Instrumente entwickelt, die den zunehmenden Straßenverkehr flüssig gestalten. Zunächst regelten Polizisten an vielbefahrenen Kreuzungen die Vorfahrt, später übernahmen Ampeln diese Aufgabe. Verkehrszeichen, Geschwindigkeitsbegrenzungen, Zebrastreifen, Kreisverkehre und viele andere mehr organisieren heute den Verkehr. Wenn alle Teilnehmer sich an diese Regeln halten, kann Verkehr selbstorganisiert gut funktionieren. Wir lernen die Regeln für die Führerscheinprüfung und üben sie täglich in der Praxis. Ohne diese Regeln würde der Verkehr zusammenbrechen und wir wären in der Überlastungssituation.

Entscheidend für die Interpretation von Regeln ist auch die Kultur. Dieselbe Regel führt in unterschiedlichen Kulturen zu unterschiedlichen Ergebnissen. Autofahrer, die sich in Deutschland sehr gut zurechtfinden, sind in süditalienischen Städten zum Teil überfordert. Noch schwieriger wird es für westliche Autofahrer in anderen Kulturen. Ein Youtube-Video vom Meskel Square in Addis Abeba[7] zeigt eindrücklich, wie dort eine vielbefahrene Kreuzung ohne Ampel funktioniert. In scheinbarem Chaos kommen Autos und Fußgänger irgendwie aneinander vorbei. Bei stärker steigendem Verkehrsaufkommen jedoch stoßen derart selbstorganisierte Kreuzungen – wie auch ganze Städte – an Grenzen. Dann benötigt man klare Regeln der Selbstorganisation mit einer besseren Infrastruktur.

DAS WICHTIGSTE IN KÜRZE
Selbstorganisation benötigt einen gut durchdachten und eingeübten Satz an Regeln. Ohne Regeln, deren Einhaltung und die Gewöhnung der Teilnehmer können selbstorganisierende Systeme nicht funktionieren. Wollen Unternehmen Selbstorganisation einführen, müssen sie ein Regelwerk erarbeiten, dieses vermitteln und einüben. Erst wenn die Regeln dem Zweck dienlich sind, von den Mitarbeitern verstanden und erlernt wurden sowie notwendige Werkzeuge zur Verfügung stehen, kann Selbstorganisation erfolgreich funktionieren. Ansonsten führt Selbstorganisation zwangsläufig in die Überlastung – und bringt damit keine Verbesserung, sondern eine Zuspitzung der aktuellen Problemlage.

Vergleichbar wäre dies in dem Beispiel des Verkehrs mit einer Kreuzung, die lange Zeit von einem Verkehrspolizisten geregelt wird (*Weisung und Kontrolle*). Mit der Zeit nimmt der Verkehr zu und teilweise fahren Autos dennoch hinter dem Rücken des Polizisten, weil ihr Weg gerade frei ist (*Schattenorganisation*). Die Staus werden immer länger und Fahrer beschweren sich über die schlechte Organisation. Der Polizist wirft frustriert das Handtuch und überlässt die Kreuzung der Selbstorganisation. Wenn in diesem Moment keine klaren, vereinbarten Regeln greifen und die Infrastruktur (Ampeln, Kreisverkehr o. ä.) nicht vorhanden ist, versinkt die Kreuzung im Chaos (*überforderte Organisation*).

---

7   http://tiny.cc/AddisAbeba.

DIE ZUKUNFT, DIE SCHON LANGE DA IST
Wenn wir in agilen Netzwerken zusammenarbeiten

Agile Netzwerke funktionieren erfolgreich, wenn Mitarbeiter sich selbst organisieren können, dürfen und wollen. Dafür ist eine gemeinsame Absicht, ein gemeinsamer Zweck und Sinn erforderlich.[8] Für Selbstorganisation ist diese noch bedeutender als für andere Organisationsformen. Weniger bekannt ist der Aspekt, dass gerade Selbstorganisation sehr klare Regeln und Rituale benötigt, um wirksam zu sein. Es gibt in einigen Bereichen bereits entsprechende Regelwerke. In Entwicklungsabteilungen hat sich Scrum[9] – eine Methode der agilen Software-Entwicklung – etabliert. Scrum enthält einen Satz an Regeln, Rollen, Verantwortlichkeiten und Ritualen, die diese Methode der Selbstorganisation wirksam macht: *product owner*, *scrum master*, *backlog grooming*, *task picking*, *planning poker*, *daily stand-ups*, *retros* und andere Elemente müssen gut erlernt und strikt befolgt werden, damit der Erfolg gewährleistet ist.

---

8 Zur Bedeutung einer gemeinsamen Absicht gibt es zahlreiche Publikationen, z. B. Pink (2011), Hsieh (2013), Laloux (2014).
9 http://tiny.cc/Scrum.

Wenn Selbstorganisation über ein einzelnes Team hinaus funktionieren soll, sind weitergehende Konzepte erforderlich, die bislang kaum erprobt und erforscht sind. Wie kann ein agiles Team mit einem von oben geführten Team zusammenarbeiten? Wie können mehrere selbstorganisierte Teams mit Kunden oder Lieferanten zusammenarbeiten, unabhängig von deren Organisation?

Zahlreiche wissensbasierte Organisationen wie Universitäten, Forschungsabteilungen, Medienunternehmen oder Beratungsfirmen haben interne Kulturen entwickelt, die Selbstorganisation teamübergreifend ermöglichen. Zum Teil sind diese Kulturen explizit in Betriebsverfassungen niedergeschrieben, teilweise bestehen sie in gelebter Praxis. Es spielt eine untergeordnete Rolle, wie explizit solche Organisationsformen beschrieben sind. Wichtiger ist, dass sie eindeutig gelebt werden. Eine nicht niedergeschriebene, aber sehr gut etablierte Unternehmenskultur der Selbstorganisation ist weitaus wirksamer als eine gut formulierte theoretische Verfassung, die sich in der täglichen Arbeit nicht niederschlägt. Die gelebte Organisationskultur muss Selbstorganisation ermöglichen und Mitarbeiter befähigen und ermutigen, gestaltend zu wirken.

Bei starkem Wachstum einer selbstorganisierten Einheit greift eine funktionierende Organisationskultur alleine jedoch zu kurz. Einzelne neue Mitarbeiter erlernen die Kultur während der täglichen Arbeit von der Mehrzahl der darin geübten Kollegen. Kommen jedoch viele neue Mitarbeiter in kurzer Zeit hinzu, kann die gelebte Kultur alleine die erforderlichen Rahmenbedingungen für funktionierende Selbstorganisation nicht mehr gewährleisten. Das Beispiel des Verkehrs veranschaulicht dies: Ein einzelner neuer Verkehrsteilnehmer erkennt unschwer, dass alle Autos rechts fahren, und passt sich an. Kommen gleichzeitig viele neue Verkehrsteilnehmer ohne eindeutige Regelungen zum Verkehrsgeschehen hinzu, ist nicht mehr klar erkennbar, dass alle rechts fahren sollen. Die erfahrenen Verkehrsteilnehmer sind überlastet, den vielen Neuankömmlingen die gelebten Regeln zu vermitteln. Aus diesem Grund wurden die Verkehrsausbildung und der Führerschein eingeführt.

BEISPIEL
Bonnie und Clyde reorganisieren eine ganze Branche

Die Filmindustrie war eine der ersten Branchen, die sich zur Selbstorganisation transformierte. Im Hollywood der 1930er bis späten 1950er Jahre besaßen Filmstudios noch die Produktionsstätten, beschäftigten fest angestellte Schauspieler und Kameraleute und strahlten die Filme in ihren eigenen Kinos aus. Sie waren von oben gesteuerte Unternehmen. Seit den 1960er Jahren, maßgeblich beeinflusst durch die Produktion des Films *Bonnie and Clyde*, ist jede Filmproduktion eine selbstorganisierte und einmalige Zusammenstellung von Autoren, Investoren, Schauspielern, Kamerateams, Dreh- und Ausstrahlungsorten. Filmstudios haben ihre Form und Aufgabe verändert. Auch in anderen Branchen haben bereits einzelne Unternehmen mehr freie Mitarbeiter engagiert als Festangestellte. Diese Konstellation erleichtert

Selbstorganisation. Es ist noch nicht abzusehen, welches neue Gleichgewicht sich zwischen agilen, lose gekoppelten Netzwerken und neu strukturierten Unternehmen einstellen wird und welche Größe diese Unternehmen haben werden. Wahrscheinlich wird dies je nach Marktumfeld und neuen Methoden der Selbstorganisation variieren.[10]

Gut funktionierende agile Netzwerke können schneller auf sich verändernde Bedingungen reagieren. Mitarbeiter dürfen und müssen darin Verantwortung für ihren Aufgabenbereich übernehmen. Sie können die richtigen Dinge voranbringen. Sie können schneller entscheiden – und entscheiden in der Abstimmung mit ihren Kollegen meist breiter abgestützt als ein einzelner Chef. In der Regel sind Mitarbeiter in gut funktionierenden agilen Netzwerken hoch motiviert durch die gemeinsame Leistung, die Autonomie ihrer Arbeit und durch den Sinn ihrer Aufgaben, den sie viel klarer sehen.

Häufig klingt für Außenstehende ein agiles Netzwerk wie eine Wohlfühlveranstaltung, in der ein gutes Arbeitsklima wichtiger ist als gute Leistung. Es ist gefährlich, eine agile Arbeitsumgebung auf Heimarbeit und flexible Arbeitszeiten zu reduzieren und als Bespaßungsveranstaltung für die junge Generation von Mitarbeitern misszuverstehen. In gut funktionierenden agilen Netzwerken ist das Gegenteil der Fall. Die Leistungen der einzelnen und des Teams sind unglaublich transparent und werden regelmäßig in der Gruppe überprüft und eingefordert. Man kann sich mit schlechter Leistung viel weniger verstecken. Im Scrum berichten alle Mitglieder in einer täglichen Kurz-Stehung (*daily stand-up*) darüber, was sie gestern erreicht haben und was sie sich für heute vorgenommen haben. Wenn die Gruppe gegen Ende eines Monats das gegebene Leistungsversprechen nicht einhalten kann, weil ein Einzelner schlecht leistet, dann müssen andere Mitglieder einspringen. Das machen sie nicht mehrere Male für dieselbe Person, ohne konkrete Veränderungen im Leistungsverhalten einzufordern.

In Zukunft werden digitale Plattformen außerhalb von Unternehmen die Selbstorganisation maßgeblich unterstützen. Mitarbeiter wählen frei, in welchen Projekten bei welchen Unternehmen sie arbeiten wollen – abhängig von der Bewertung der Unternehmen und der teilnehmenden Mitarbeiter. Unternehmen werden die Mitarbeiter auswählen, die gute Bewertungen für die anstehende Aufgabe haben – und auf deren gute Erfüllung vertrauen müssen. Auch die Abwicklung von Arbeitsverträgen wird durch Plattformen maßgeblich vereinfacht werden. Abrechnung, Sozialversicherung und sogar Beratung bezüglich der persönlichen Entwicklung werden von diesen Plattformen übernommen werden. Aufgrund großer Datenmengen analysieren diese Plattformen, welche Kompetenzen in Zukunft gefragt sind – und schlagen diese den Mitarbeitern vor.[11]

---

10 Schon an anderer Stelle haben wir auf interessante Überlegungen von Bonchek, & Fussell (2012) verwiesen, ob größer auch schneller sein kann.
11 Einen guten Ausblick auf diese Entwicklungen geben Grossman, & Woyke (2015).
    Zahlreiche Unternehmen experimentieren mit internen Projektmärkten, beispielsweise IBM, beschrieben von Boudreau, Jesuthasan, & Creelman (2015).

Diese Art der Arbeitsorganisation liegt nicht jedem und ist auch nicht für jeden notwendig. Es ist jedoch spannend, dass es erste Forschungsergebnisse gibt, die nahelegen, dass Menschen in gewissen Situationen Maschinen für die Zuteilung von Arbeit menschlichen Vorgesetzten vorziehen.[12] So weit möchten wir in unseren Überlegungen (noch) nicht gehen. Dennoch sind wir der Überzeugung, dass technologische Fortschritte dazu führen werden, dass sich mehr Menschen gut und gerne mit Hilfe von Technologie selbst organisieren als wir dies heute vermuten.

> Technologie hat nicht nur die Welt zu einem globalen Dorf gemacht, sondern macht auch uns wieder zu selbstständigen Handwerkern in diesem Dorf.

Unbemerkt hat in vielen Unternehmen Selbstorganisation schon lange Einzug gehalten. Nicht selten nutzen Vorgesetzte oder ganze Abteilungen den Schatten einer gesteuerten Organisation, um Selbstorganisation zu leben. Entwicklungsabteilungen, die Scrum einführen, obwohl es nicht in den Unternehmensprozessen verankert ist, sind ein solches Beispiel. Dezentrale Ländereinheiten, die sich von der Konzernzentrale abkapseln und deren Verhalten geduldet wird, solange sie erfolgreich sind, sind ein anderes Beispiel. Ebenso ermöglichen Vorgesetzte, die ihren Mitarbeitern viel Freiheit bei der Gestaltung ihrer Arbeit einräumen, eine funktionierende Selbstorganisation. Während aus Unternehmensperspektive das Team im Schatten wirkt, ist das Team selbst in sich ein funktionierendes agiles Netzwerk. Im Idealfall gewähren Unternehmen einzelnen Teams diese Freiheit, sich selbst zu organisieren. Dadurch kann das Unternehmen als Ganzes lernen und andere Teams können von den Erfahrungen profitieren.

Entscheidend für erfolgreiche Selbstorganisation sind vier Elemente:

- die gemeinsame Absicht, der gemeinsame Zweck und Sinn, mit deren Hilfe Selbstorganisation eine gemeinsame Richtung erhält,

- die Qualität der Regeln und der Rituale (nicht nur de jure, sondern de facto),

- die Bereitschaft und Geübtheit von Mitarbeitern *und* Führungskräften, in dieser Organisationsform zu arbeiten sowie

- die Qualität der Infrastruktur im Sinne von passenden Führungsinstrumenten, Methoden und Technologien.[13]

Regeln der Selbstorganisation sollten möglichst einfach sein, damit sie gut erlernt und in der Praxis auch tatsächlich gelebt werden können.

---

12 Gombolay, Gutierrez, Sturla, & Shah (2015).
13 Vgl. dazu Die Dimension Infrastruktur (S. 85ff).

BEISPIEL
Ein Versäumnis von Napoleon

Für das Verständnis der Qualität von Regeln bietet sich erneut das Beispiel Verkehr an. Eine recht einfach zu verstehende und zu befolgende Regel in vielen Ländern lautet: Rechts vor links. Sie ist in drei Worten beschrieben und schnell erlernt. Der Großteil der Verkehrsteilnehmer ist geübt darin, diese Regel einzuhalten. Diese organisiert den Verkehr an sonst ungeregelten Kreuzungen hinreichend. Falls mehrere Verkehrsteilnehmer gleichzeitig die Kreuzung erreichen, hat sich zusätzlich der Blickkontakt zur Abstimmung des Vorrangs eingebürgert.

Die Anfänge dieser Verkehrsregel gehen zurück auf die Zeit, als das Pferd das dominierende Transportmittel war. Die vornehmlich männlichen Verkehrsteilnehmer trugen das Schwert auf der linken Seite, so war das Besteigen des Pferdes von links einfacher. Das Besteigen des Pferdes war zudem vom Straßenrand sicherer als von der Mitte einer Straße, so bürgerte sich der Linksverkehr ein.

In Frankreich setzte sich mit zunehmender Dominanz der Kutsche der Rechtsverkehr durch und Napoleon verbreitete diesen durch seine Feldzüge in ganz Europa. Er übersah allerdings, die Rechts-vor-links-Regel ebenso zu spiegeln: Es blieb dabei, obwohl die Seiten des Verkehrs gewechselt hatten. Ein vermeintlich kleines Versehen, dessen Auswirkungen spürbar werden, wenn man in einem Land mit Linksverkehr Urlaub macht. Dort herrscht entgegen der nachvollziehbaren Erwartungen in den meisten Fällen dennoch die Rechts-vor-links-Regel.

Die Auswirkungen sind nicht zu unterschätzen. Stellen Sie sich vor, in unserem Rechtsverkehr würde die Links-vor-rechts-Regel gelten, also umgekehrt zu heute. Auf einer Vorfahrtstraße müsste man nicht für jede einmündende Straße ein Vorfahrt-gewähren-Schild anbringen. Alle einmündenden Straßen kommen jeweils von der rechten Seite und wären automatisch nachrangig.

Im Kreisverkehr müsste nicht jede einmündende Straße mit einem Vorfahrt-gewähren-Schild ausgestattet werden, da sie von rechts kommt und damit automatisch durch die allgemeine Links-vor-rechts-Regel nachrangig wäre. Die Qualität von Regeln zeichnet sich nicht nur durch deren Einfachheit aus. Sie zeichnet sich auch dadurch aus, dass sie nur wenige Ausnahmen benötigt, um verschiedenen Situationen gerecht zu werden. Rechts-vor-links ist genauso einfach wie Links-vor-rechts. Dennoch benötigt Links-vor-rechts in einem System des Rechtsverkehrs deutlich weniger Ausnahmen. Damit wäre die Links-vor-rechts-Regel eigentlich besser geeignet.

Ein weiteres Beispiel für die Qualität von Regeln ist das Linksabbiegen bei Kreuzungen. Bei Rechtsverkehr wurde an Kreuzungen konsequenterweise rechts aneinander vorbei gefahren. Entgegenkommende Fahrzeuge, die beide links abbiegen wollten, mussten zweimal kreuzen. Nach dem zweiten Weltkrieg führten die Besatzungsmächte das tangentiale Abbiegen ein, bei dem Linksabbieger links aneinander vorbeifahren. Diese Innovation steht zwar im Widerspruch zum Rechtsverkehr, jedoch erhöht sie die Kapazität von Kreuzungen nachhaltig.

RECHTS VOR LINKS **LINKS VOR RECHTS**

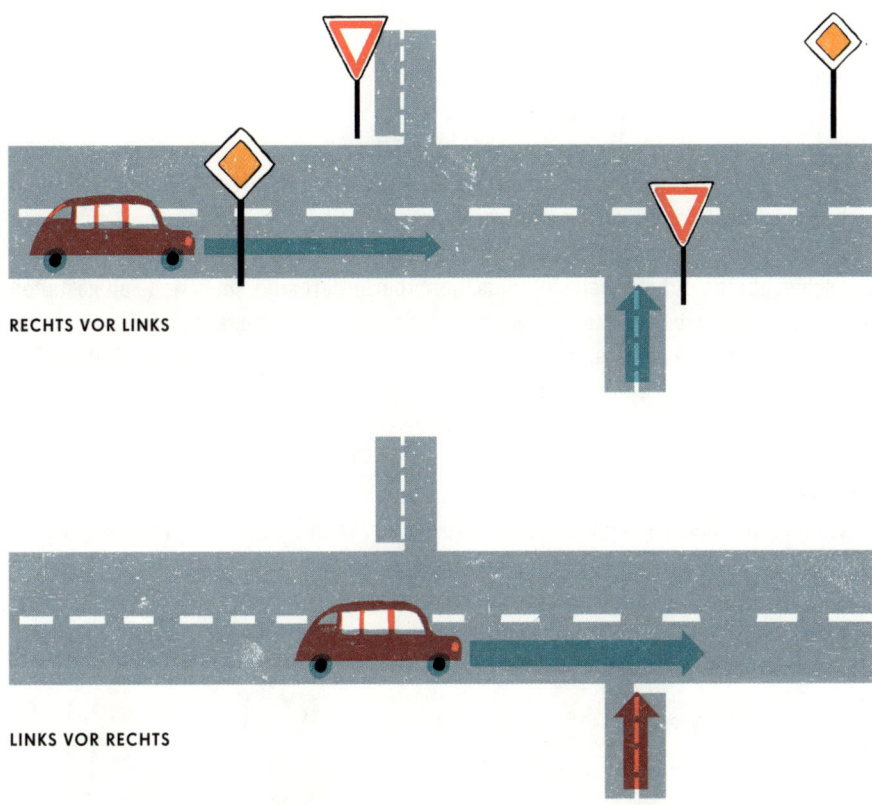

RECHTS VOR LINKS

LINKS VOR RECHTS

DAS WICHTIGSTE IN KÜRZE
Selbstorganisation wird schon heute in vielen Teams und Unternehmensbereichen praktiziert. Der Erfolg von Selbstorganisation hängt neben einer gemeinsamen Absicht und einer passenden Infrastruktur maßgeblich von guten Regeln und Ritualen ab. Diese müssen sich etabliert haben und Mitarbeiter müssen ihnen gut folgen können. Je besser die Regeln und Rituale konzipiert sind und gelebt werden, desto besser funktioniert Selbstorganisation. Sie ermöglicht Mitarbeitern, sich gestaltend einzubringen und damit agiler und selbstverantwortlicher für das Unternehmen und die gemeinsame Sache tätig zu werden. Selbstorganisation bedeutet nicht, alles sich selbst zu überlassen. Es geht vielmehr darum, mit klaren Regeln und Ritualen ein gemeinsames Zusammenarbeiten optimal zu unterstützen. Entscheidungen werden gemeinsam nach vereinbarten Regeln getroffen. Die Kontrolle funktioniert meist durch Selbstkontrolle und gemeinsame Kontrolle im Team.

DIE LANDKARTE
Wenn Mitarbeiter und Organisationen zusammenspielen

Stellen wir die verschiedenen Sichtweisen im Überblick dar, ergibt sich die angekündigte Landkarte. Wir sehen, wie verschiedene Rollen von Mitarbeitern bei unterschiedlichen Organisationsprinzipien zu einer anderen Qualität der Zusammenarbeit führen. Es wird sichtbar, warum wir Schattenorganisationen haben und warum Mitarbeiter bei schlecht eingeführter Selbstorganisation überfordert sind. Im ersten Fall gestalten Mitarbeiter, ohne dass es durch das Organisationsprinzip unterstützt wird. Im zweiten Fall wird Selbstorganisation gefordert, ohne die notwendige Kompetenz der Mitarbeiter im Sinne von können und dürfen.

Genauso sehen wir, dass Weisung und Kontrolle funktioniert, wenn die Ausführung von Weisungen für das Marktumfeld genügt und Mitarbeiter der Führung folgen. Und dass Selbstorganisation dann wirksam wird, wenn Mitarbeiter gestalten können, dürfen und wollen.

IM CHAOS SIND WIR ALLE GLEICH
Wenn Schatten in Überforderung mündet

Eine Schattenorganisation wird von vielen Mitarbeitern als positiv wahrgenommen. Hier gedeihen kreative Ideen und Lösungen. Hier kann man sich auf das wirklich Wesentliche konzentrieren. Solange die Schattenorganisation klein ist und es nur wenige Dinge gibt, die im Schatten organisiert werden, funktioniert der Schatten sehr gut. Sobald Schattenorganisationen größer werden und zahlreiche Vorgänge im Schatten abgewickelt werden, verliert die Schattenorganisation ihre Vorteile. Die unklaren Strukturen und Verantwortlichkeiten werden vom Segen zum Fluch. Die klassische Weisung und Kontrolle außerhalb des Schattens funktioniert immer weniger – es gibt aber auch kein funktionierendes agiles Netzwerk im Schatten, weil keine klaren Regeln für die Schattenorganisation und auch keine eindeutigen Verantwortlichkeiten definiert sind. Immer weniger Beteiligte können den Schatten produktiv nutzen – viele andere sind im Schatten überfordert. Der Schatten ist eine Form der Selbstorganisation, die niemand ausgerufen hat – und die immer mehr Mitarbeiter in die Überforderung bringt.

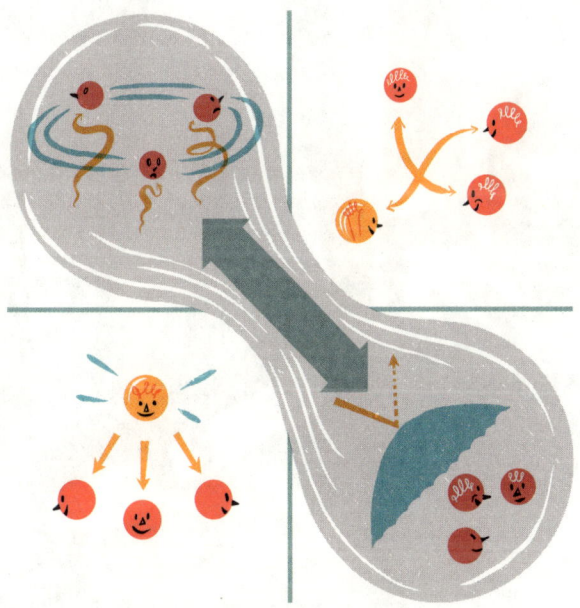

Eine Schattenorganisation geht über in eine überforderte Organisation und umgekehrt

Ebenso tendiert Selbstorganisation, die ausgerufen aber nicht gut eingeführt ist, in den Schatten abzuwandern. Aus der Überforderung heraus suchen sich einige Teams Abhilfe zu schaffen, indem sie ihre eigene Interpretation von Selbstorganisation einführen. So können überlastete Organisationen zumindest eine gewisse Leistung erbringen. Sie sind in den Schatten ausgewandert.

Bildet man dies im Quadranten ab, so berühren sich Schattenorganisation und überforderte Organisation in ihren Extremen.

ERKLÄRUNGEN
Wie wir die Herausforderungen begreifen können

Die im letzten Abschnitt entwickelte Landkarte beschreibt in erster Linie die Zustände innerhalb von Unternehmen. Dies ist wertvoll, um Zusammenhänge einordnen und verstehen zu können. Im folgenden Teil erklären wir anhand der Landkarte, weshalb die erfolgreichen Konzepte der Vergangenheit nicht mehr genügen, um die Herausforderungen der Zukunft zu meistern.

DIE VIELFALT IN ORGANISATIONEN
Wenn alle Zustände zeitgleich vorhanden sind

Wenn Sie unsere Landkarte zum ersten Mal sehen, ordnen Sie Ihr eigenes Unternehmen vermutlich instinktiv in einen der Quadranten ein: *Wir sind eine Schattenorganisation.* oder *Wir sind eine überforderte Organisation*. Befragen Sie jedoch mehrere Personen innerhalb Ihres Unternehmens, zeigt sich wahrscheinlich ein differenzierteres Bild. Einige sehen sich im Schatten, andere in der Überforderung, wieder andere als agiles Netzwerk und nicht wenige auch in einem Team mit funktionierender Weisung und Kontrolle. Bei letzterer Einschätzung sei augenzwinkernd die Frage erlaubt, ob es sich dabei vorrangig um Vorgesetzte handelt, die über das von ihnen geführte Team urteilen. <u>Wie viele ihrer Mitarbeiter teilen die Einschätzung, dass die Zusammenarbeit nach Weisung und Kontrolle gut funktioniert?</u>

Tatsächlich ist die Realität ist in den meisten Unternehmen vielfältig. Einige Teams funktionieren wirksam mit Weisung und Kontrolle, andere operieren im Schatten, einige in der Überforderung, während häufig in Forschung und Entwicklung agile Netzwerke erfolgreich sind. Es gibt keine einheitliche, unternehmenshomogene Ausprägung, es sind vielmehr unterschiedliche. Verschiedene Teams agieren zeitgleich in allen vier Quadranten. Nicht selten verändert sich die Form der Zusammenarbeit im Laufe der Zeit, abhängig von den äußeren Umständen, der Führungskraft, den jeweiligen Mitarbeitern und der Aufgabe. Teams können sich somit von einer Ausprägung zu einer anderen entwickeln.

BEISPIEL
Die S-Reise eines Teams

Betrachten wir ein Team mit einer fachlich exzellenten Vorgesetzten. Diese entscheidet viele Dinge alleine. Ihr Team respektiert ihre Entscheidungen und befolgt diese. Sie gibt ihrem Team klare Anweisungen und kommuniziert ihre Erwartungen deutlich. Regelmäßig überprüft sie die Umsetzung ihrer Anweisungen und gibt ihren Mitarbeitern konkretes Feedback. Die Mitarbeiter wissen genau, was von ihnen gefordert wird und können sich auf ihre Arbeit konzentrieren. Probleme räumt die Vorgesetzte aus dem Weg. Das Team befindet sich in einer wirksamen Zusammenarbeit nach Weisung und Kontrolle.

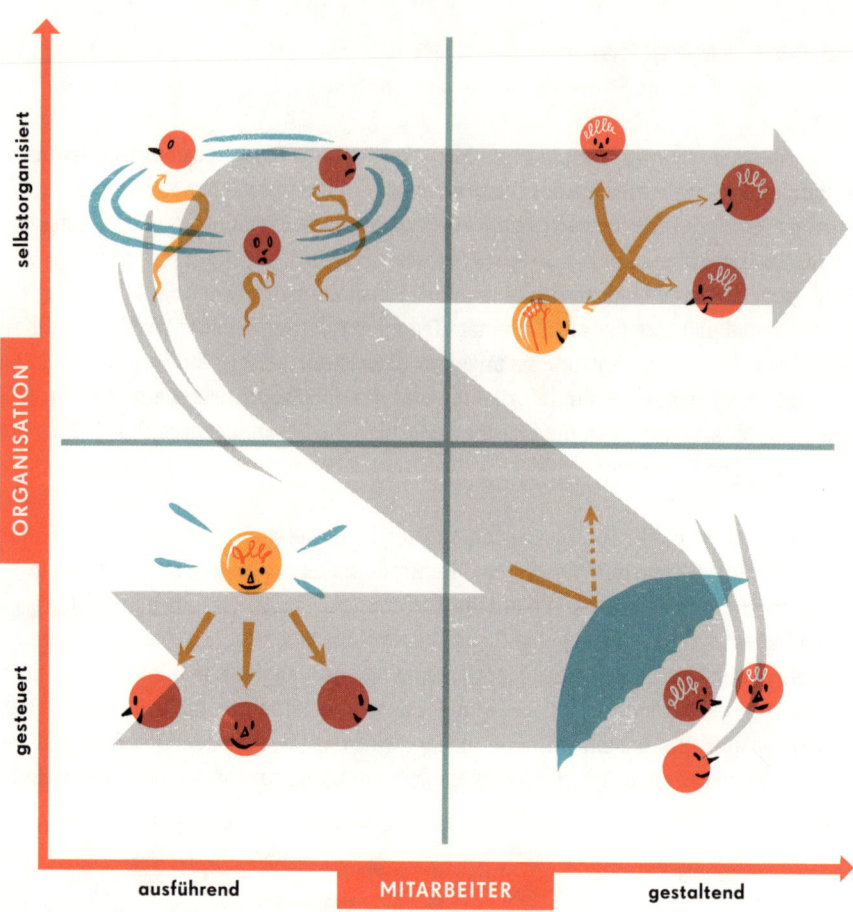

S-förmige Entwicklung der Zusammenarbeit

Diese Vorgesetzte verlässt nun das Unternehmen oder wird befördert, das Team erhält einen neuen Vorgesetzten. Dieser Vorgesetzte versucht, den Führungsstil seiner Vorgängerin fortzusetzen. Er trifft dabei aber fachliche Entscheidungen, hinter denen das Team nicht steht. Er besteht auf seinen Anweisungen, die das Team als offensichtlich falsch empfindet. So verliert er mit der Zeit den Respekt. Die Mitarbeiter beginnen, die Aufgaben anders zu erledigen, als ihnen aufgetragen wurde. Mit der Zeit wächst eine Schattenorganisation heran. Dasselbe Team, das kurz zuvor noch mit Weisung und Kontrolle gut funktionierte, flüchtet in den Schatten.

Dasselbe hätte auch seiner Vorgängerin passieren können, wenn die Führungsaufgabe aufgrund des Marktumfeldes oder interner Gegebenheiten deutlich komplexer wird. Ihr zuvor erfolgreicher Führungsstil wäre unpassend geworden und hätte die Mitarbeiter in die Schattenorganisation getrieben.

Der Vorgesetzte erkennt mit der Zeit, dass sein Führungsstil nicht zu den gewünschten Ergebnissen führt. Gleichzeitig nimmt der Druck des Marktes und der Kunden zu. Seine Mitarbeiter fordern nicht zuletzt deshalb mehr

Freiheit in der Erledigung ihrer Aufgaben. Er gibt der Forderung seiner Mitarbeiter nach: „Einverstanden, organisiert euch selbst! Ich möchte aber gute Resultate sehen." Das Team freut sich und macht sich mit hohem Engagement an die Arbeit. Nach kurzer Zeit entstehen erste Konflikte im Team, Beschwerden von Kunden mehren sich. Das Team findet ohne Schiedsrichter keine Möglichkeit, die Konflikte zu lösen. Es ist in der Überforderung und fokussiert sich immer mehr auf interne Probleme.

Der Vorgesetzte hat nun zwei Möglichkeiten. Kehrt er zurück zu Weisung und Kontrolle? Möglicherweise haben die Mitarbeiter jetzt erkannt, dass sie selbst noch nicht reif genug sind und er als Chef deshalb notwendig und wichtig ist. Oder kümmert er sich darum, das Team in der Selbstorganisation erfolgreich zu machen? Er definiert mit dem Team gemeinsam Regeln, wie Konflikte im Team effizient gelöst werden können. Er trainiert und moderiert die Umsetzung dieser Regeln an den ersten konkreten Beispielen. Mit der Zeit hat sich die neue Art der Konfliktlösung eingespielt. Die Mitarbeiter akzeptieren die Ergebnisse dieses Prozesses und halten sich daran, auch wenn sie selbst in einzelnen Fällen eine andere Lösung präferiert hätten.

Das Team in diesem Beispiel hat im Quadranten eine s-förmige Reise von links unten nach rechts oben gemacht. Keine Teamentwicklung funktioniert so geradlinig. Zudem ist das oben beschriebene Team mit dieser einen Regel noch weit davon entfernt, als agiles Netzwerk gut zu funktionieren.

Verschiedene Reisen eines Teams

Die *S-Reise* des vorangegangenen Beispiels ist nicht als idealtypische Entwicklung zu verstehen. Teams und Organisationen können ganz unterschiedliche Entwicklungen durchlaufen.

Unternehmensgründungen durchlaufen anfangs meist eine *C-Reise*: Die wenigen Gründer und ersten Mitarbeiter funktionieren gut als agiles Netzwerk. Mit zunehmendem Wachstum treten neue Mitarbeiter ein, die sich in den ungeschriebenen Gesetzen und informellen Entscheidungswegen nicht zurechtfinden. Die Organisation gleitet im Laufe der Zeit immer weiter in die Überforderung. Irgendwann wird der Ruf nach klaren Rollen und Verantwortlichkeiten stärker. Es werden Prozesse und Strukturen eingeführt und die Organisation kommt dankbar in eine Phase der gut funktionierenden Weisung und Kontrolle. Mit weiterem Wachstum stoßen die eingesetzten Strukturen (und Führungskräfte) an ihre Grenzen und es entstehen Schattenorganisationen.

Eine nicht nachhaltige Selbstorganisation entwickelt sich entlang einer *J-Reise*: In einer gut funktionierenden Selbstorganisation werden wichtige Regeln und Rituale zunehmend nicht mehr eingehalten, es kommt zu Abkürzungen und Vereinfachungen. Die Selbstorganisation driftet in den Schatten ab, die Ergebnisse werden immer unbefriedigender. Da offensichtlich die Selbstorganisation nicht funktioniert, muss eine starke Führung die Probleme lösen.

In spontanen Krisensituationen beobachten wir häufig eine *Z-Reise*: Sie beginnt mit einer Überforderung, ohne klare Organisationsstrukturen – jeder versucht sein Bestes. Mit der Zeit kristallisieren sich gewisse Organisationsmuster heraus, die eine erste produktive Phase ermöglichen: ein agiles Netzwerk. Nach einer gewissen Reaktionszeit kommen professionelle Krisenmanager und organisieren die nächste Phase nach Weisung und Kontrolle. Je länger diese Krisensituation dauert, je permanenter diese Organisationsstrukturen werden oder je unwirksamer sie sind, umso schneller bilden sich Schatten. Mit einem Augenzwinkern können wir auch andere Reisen beobachten:

- Die *I-Reise*: kurzzeitiger Versuch einer Selbstorganisation.
- Die *L-Reise*: Weisung – Schatten – Weisung – Überforderung und so fort.
- Die *X-Reise*: Oszillation zwischen allen vier Zuständen.

Diese Beispiele zeigen in groben Zügen, dass ein einzelnes Team innerhalb von kurzer Zeit in unterschiedlichen Formen organisiert sein kann. Es kann sogar vorkommen, dass ein und dasselbe Team parallel für unterschiedliche Aufgaben verschieden organisiert ist. Die Realität ist vielfältig.

L-förmige Entwicklung der Zusammenarbeit

Ein Unternehmen als Gesamtheit befindet sich somit niemals nur in einem einzelnen Quadranten. Jedes Unternehmen besteht aus unterschiedlichen Teams, die in unterschiedlichen Quadranten zu verorten sind. Die gesamte Organisation lässt sich als Figur veranschaulichen, die mehr oder weniger weit in einzelne Quadranten hineinreicht. Bei jedem Unternehmen liegt die Figur unterschiedlich in verschiedenen Quadranten.

Was bedeutet dies nun für die Praxis in Ihrem Unternehmen? Analysieren Sie, wie Ihr Unternehmen insgesamt über die Quadranten hinweg aufgestellt ist. Dadurch erhalten Sie wertvolle Hinweise:

- In welchen Bereichen besteht Handlungsbedarf?

- Wo sind gute Praktiken zu finden, von denen andere Teams, Abteilungen oder das gesamte Unternehmen lernen können?

- Welche Teams ordnen sich (gut funktionierender) Weisung und Kontrolle oder einem agilen Netzwerk zu und sind so eine Quelle nachahmenswerter Beispiele?

- In welchen Bereichen zeigen Schattenorganisationen an, dass Weisung und Kontrolle zwar formal gilt, aber nicht wirklich funktioniert?

- Welche Organisationsbereiche in der Überforderung deuten darauf hin, dass agile Selbstorganisation noch nicht gut eingeführt ist und nicht wirksam gelebt wird?

Bestimmen Sie den aktuellen Status quo Ihres Unternehmens. Verschaffen Sie sich einen Überblick, wie Ihre Mitarbeiter sich und ihr Team im Quadranten einordnen. Neben einer ersten Einschätzung durch Sie selbst gibt es unterschiedliche Herangehensweisen, die wir in Arbeitshilfe 1: Die Standortbestimmung (S. 293f.) näher vorstellen.

Ihre unternehmensinterne Landkarte gibt Ihnen Aufschluss darüber, wo die Probleme in Ihrer Organisation und in der Befähigung Ihrer Mitarbeiter liegen. Sie bildet ein Ordnungsraster zum besseren Verständnis der Herausforderungen – und zeigt deren Vielfalt auf. Sie gibt Ihnen Anregungen zu Lösungsansätzen und erklärt, warum typische Maßnahmen häufig scheitern.

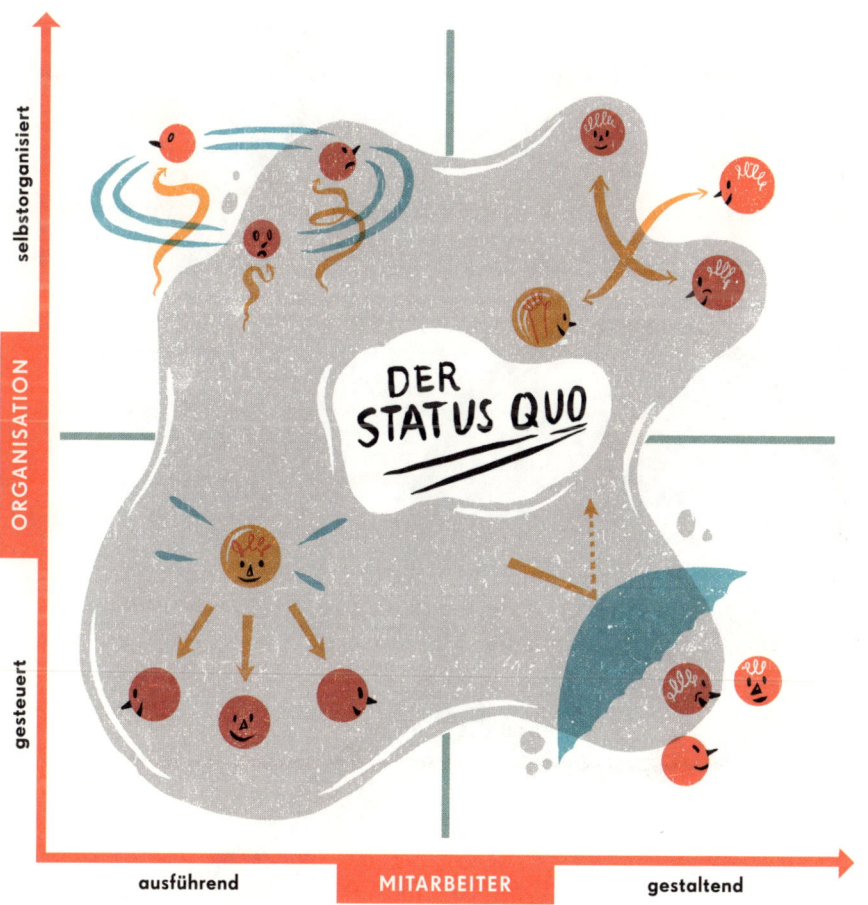

Die vielfältige Realität in Unternehmen

DAS MANAGEMENT-DILEMMA
Wenn wir unsere Organisationen nur eingeschränkt wahrnehmen

Seit es Management als Disziplin gibt, hat sich diese schwerpunktmäßig auf die linke, untere Ausprägung, d. h. auf Weisung und Kontrolle fokussiert. Es existieren keinerlei Managementbücher zum *Führen von Schattenorganisationen* – und nur vereinzelte zum Überleben in Schattenorganisationen.[14] Zu agilen Organisationskonzepten wurden zwar erste Publikationen verfasst, diese nehmen jedoch zu wenig Bezug auf die Überforderung, die bei der Einführung agiler Konzepte entstehen kann – und in der Realität häufig entsteht. Die Aus- und Weiterbildung an den Hochschulen lehrt weiterhin vorrangig – wenn nicht sogar ausschließlich – das Managementkonzept nach Weisung und Kontrolle. Das führt zwangsläufig zu einer eingeschränkten Wirkung von Management – und sogar zu einem verengten Blick auf Organisationen und deren Herausforderungen.

Der verengte Blick auf Organisationen

14 Beispielsweise Kelly, & Medina (2014).

Die klassischen Managementkonzepte und Werkzeuge basieren auf einer Welt, in der Weisung und Kontrolle optimal funktionieren. Vorgesetzte planen, verteilen und koordinieren Arbeit. Sie messen Leistung nach vordefinierten Zielen, die von oben vorgegeben und auf die untergeordneten Ebenen heruntergebrochen werden. Vorgesetzte sind die Gralshüter für die Karriere ihrer Mitarbeiter. Sie bestimmen Lohnentwicklung und Beförderungen. Sie lösen Konflikte. Sie treten an die Stelle der Eltern in der Kindheit und der Lehrer in der Schule. Sie steuern das Team und notfalls jeden einzelnen Mitarbeiter. Obwohl diese Art der Führung in bestimmten Konstellationen nicht gut funktioniert, ergeben sich viele Mitarbeiter in diese Organisationsform. Sie haben gelernt, die Problemlösung nach oben zu delegieren – sei es aus Bequemlichkeit oder weil ihre Entscheidungen häufig von Vorgesetzten kritisiert und nicht selten revidiert werden. Warum also sollten sie mitdenken und sich gestaltend einbringen? Dies wird meist nicht honoriert und manchmal gar abgestraft.

Die klassischen Führungskonzepte basieren auf der Anweisung von Mitarbeitern sowie der Kontrolle und dem Eingreifen bei Abweichungen. Ein Beispiel hierfür ist die Führung nach dem Ausnahmeprinzip (*Management by Exception*), die dieses Verständnis verinnerlicht hat. Vorgesetzte sind grundsätzlich für alles verantwortlich. Sie *delegieren* lediglich Routineaufgaben an die Mitarbeiter. Falls die Ausführung dieser Routineaufgaben nicht gemäß der Vorgaben erfüllt wird, werden Vorgesetzte vom Kontrollsystem benachrichtigt und greifen rettend ein. Für alles, was über Routineaufgaben hinausgeht, bleiben damit einzig die Vorgesetzten entscheidungsbefugt.

Sobald Probleme im Unternehmen identifiziert werden, sind – gemäß diesem Konzept – die Führungskräfte für die Lösung zuständig. Dafür wurden sie eingestellt und dafür werden sie bezahlt. Die möglichen Lösungen stammen erneut aus dem Werkzeugkasten von Weisung und Kontrolle: Neugestaltung oder Optimierung von Prozessen, von oben ausgerufene strategische Initiativen, verordnete Ausbildungsprogramme, Veränderung von Zuständigkeits- und Aufgabenbereichen, Umstrukturierungen, Verlagerungen, Einstellungen, Entlassungen und vieles andere mehr. Diese Werkzeuge haben sich bewährt und sind ebenso gerechtfertigt, wie der Einsatz einer Zange für den Zahnarzt oder einer Knochensäge für den Chirurgen.

Wir alle wissen, dass im medizinischen Bereich die Instrumente kontinuierlich ausgebaut, verfeinert und modernisiert wurden. Das Instrumentarium für Führung und Organisation hingegen hinkt den technologischen und gesellschaftlichen Entwicklungen hinterher. Zur erfolgreichen Bewältigung der Herausforderungen von heute und morgen sind die überlieferten Instrumente teils unpassend, teils gänzlich ungeeignet. Es mangelt an modernen Konzepten und passenden Werkzeugen im Unternehmensalltag, um mündige Mitarbeiter einzubeziehen. Erschwerend kommt hinzu, dass blinde Flecken in der Wahrnehmung und dem Verständnis der Problematik existieren, wie wir im nächsten Kapitel sehen werden.

DER BLINDE FLECK DES MANAGEMENTS
Wenn nicht jedes Problem ein Nagel ist

Der Fokus auf Weisung und Kontrolle schränkt nicht nur die Werkzeuge, Prozesse und Handlungsspielräume ein, die genutzt werden können. Diese Fokussierung bei der Betrachtung von Organisationen schränkt unser aller Wahrnehmung ein. Wir nehmen andere Formen der Unternehmensorganisation gar nicht erst wahr und blenden abweichende Verhaltensweisen systematisch aus. Genauso wie Menschen über Tausende von Jahren den Mond als flache, runde Scheibe gesehen haben. Erst seit sich die Erkenntnis durchgesetzt hat, dass der Mond eine Kugel ist, können wir diesen als solche wahrnehmen.

Die nicht wahrgenommene Realität in Unternehmen

Betrachten wir dazu ein Beispiel aus der Unternehmenspraxis – die Mitarbeiterrekrutierung. Ein Unternehmensverantwortlicher hört von Konzepten, in denen Mitarbeiter ihre Kollegen selbständig einstellen.[15] Er schüttelt den Kopf und fragt kritisch: "Sind Mitarbeiter dazu denn überhaupt fähig? Führt das nicht eher dazu, dass gefällige und sympathische Kandidaten eingestellt werden statt kompetente, weil diese möglicherweise die Jobs anderer Mitarbeiter gefährden oder zumindest weniger angenehm machen?" Derartige Bedenken hindern Unternehmensverantwortliche daran, die Einführung eines solchen Prozesses im eigenen Unternehmen auch nur ansatzweise oder schrittweise in Erwägung zu ziehen. Höchstwahrscheinlich ist jedoch, dass diese Form von Einstellung durch Kollegen im eigenen Unternehmen längst gängige Praxis ist. In vielen Unternehmen beziehen Vorgesetzte ihr Team bei der Stellenneubesetzung aktiv mit ein und stellen diesem einen oder mehrere Bewerber vor. In einigen Unternehmen gibt es die Kultur von Schnuppertagen, in denen Kandidaten einen ganzen Tag zur Probe mit dem Team zusammenarbeiten. Anschließend befragt der Vorgesetzte das Team nach dessen Meinung. Kein guter Vorgesetzter stellt einen Kandidaten ein, wenn sich die Mehrheit der Mitarbeiter dagegen ausspricht. Die letzte Entscheidung trifft zwar formal der Chef, in der Realität hat die Teameinschätzung jedoch hohes Gewicht.

> *"Ich nenne es das Gesetz des Werkzeugs und es kann folgendermaßen beschrieben werden: Gib einem kleinen Jungen einen Hammer und er wird der Meinung sein, dass alles, was ihm begegnet, des Hämmerns bedarf."[16]*
> *Abraham Kaplan*

Weil der Blick auf Organisationen geprägt ist durch die Management-Brille auf den Quadrant Weisung und Kontrolle, werden diese Vorgänge nicht so wahrgenommen, wie sie wirklich sind. Intuitiv werden Vorgesetzte weiterhin als diejenigen klassifiziert, die Einstellungsentscheidungen fällen. Beziehen Vorgesetzte das Team ein, wird dies häufig als persönliche, durchaus positive Besonderheit im Führungsstil gewertet, aber nicht als vorgegebener Prozess wahrgenommen. Vorgesetzte können das Team jederzeit übergehen. Auch in Unternehmenskulturen mit Schnuppertagen handelt es sich meist um keinen offiziellen, verbindlichen Prozess, sondern *hat sich halt so eingespielt*. Dabei hätte eine Anerkennung als formeller Rekrutierungsprozess zahlreiche Vorteile. Er trägt nachweislich zur Qualitätsverbesserung von Einstellungsentscheidungen, einer erhöhten Akzeptanz von neuen Mitarbeitern und kürzeren Einarbeitungszeiten bei. Als offizieller Prozess könnte er mit Werkzeugen unterstützt werden. Andere Vorgesetzte könnten davon erfahren und sich dafür begeistern. Gute Vorgesetzte beziehen das Team ein, weniger gute werden durch keinen Prozess dazu angehalten. Ein nur befragender Einbezug des Teams führt zu weniger Ernsthaftigkeit als der verbindliche und entscheidende Einbezug.[17]

---

15 Vgl. dazu das Kapitel Teamverantwortete Mitarbeitergewinnung (S. 137ff).
16 "I call it the law of the instrument, and it may be formulated as follows: Give a small boy a hammer, and he will find that everything he encounters needs pounding." Kaplan (1964) (Übersetzung des Autors).
Oder anders ausgedrückt: "Wer als Werkzeug nur einen Hammer hat, sieht in jedem Problem einen Nagel."
17 Vgl. dazu die Ausführungen zur Gefahr der fakultativen Einführung demokratische Elemente (S. 208f).

Dieser blinde Fleck betrifft nicht nur den Bereich der Mitarbeiter-Rekrutierung. Dieses Beispiel dient lediglich als gute Veranschaulichung, weil viele bereits miterlebt haben, dass dieser Prozess so oder in ähnlicher Weise gelebt wird – anders als es die offizielle Prozessdokumentation vorgibt. Darüber hinaus gibt es in Teams eine große Vielfalt an Formen der Zusammenarbeit, die häufig durch die jeweiligen Vorgesetzten geprägt werden. Aber selbst diese Vorgesetzte bewerten ihre eigenen bewährten Vorgehensweisen nicht als beispielhafte Prozesse, die dokumentiert, anderen zur Verfügung gestellt oder gar in Trainings geschult und verbindlich eingeführt werden sollten. Sie betrachten sie vielmehr als individuelle Abweichungen vom vorgegebenen Standard, die besser zu ihrem eigenen Führungsstil oder der aktuellen Aufgabenstellung passen. Sie haben gelernt, derartige Innovationen mit einem schlechten Gewissen – quasi unter dem Radar der Unternehmensvorgaben – zu leben, als sie mutig zu bewerben. Damit treten Führungskräfte zusammen mit ihren Teams bewusst in die Schattenorganisation ein, obwohl die zentralen Anweisungen weiterhin anderes vorgeben.

Dieses Phänomen erklärt, warum Menschen und Teams in der Schattenorganisation keine Unterstützung erfahren: Es gibt wenige Handbücher [18], Trainings oder sichtbare Vorbilder. Auch für Mitarbeiter oder Führungskräfte in der Überforderung bieten Organisationen kaum Hilfestellungen – abgesehen von der Empfehlung von mehr Weisung oder besserer Kontrolle. Ein Ausweg aus der Überforderung könnte ein gut durchdachtes und eingeübtes agiles Netzwerk sein. Dieses fällt durch den blinden Fleck jedoch selten auf. Aber selbst agile Netzwerke agieren häufig (noch) im Freistil. Einzelne Teams führen autonom eigene Formen der Selbstorganisation ein – ohne dass diese vom Unternehmen unterstützt oder aufgegriffen werden. Das Gegenteil ist der Fall: Häufig müssen agile Teams ihre Art der Zusammenarbeit zusätzlich zu ungeeigneten Unternehmensvorgaben durchführen und nicht selten sogar verdeckt leben. Als Beispiel sei hier das Festhalten an jährlichen Leistungsvereinbarungen genannt, obwohl diese für agile Methoden bestenfalls überflüssig, im schlechtesten Fall sogar hinderlich sind. Offiziell läuft alles auf den von Unternehmen vorgegebenen Systemen nach den vorgegebenen Prozessen. In der Realität arbeiten agile Teams dann aber häufig mit unternehmensfremden Systemen, um ihre Art der Arbeit optimal zu unterstützen.

Wie können Sie für Ihr Unternehmen von dieser Erkenntnis profitieren? Wir stellen Ihnen hierzu als Arbeitshilfe 2 den Quadranten-Check zur Verfügung (S. 299f). Er macht in Ihrem eigenen Unternehmen den Umgang einzelner Teams mit dem blinden Fleck sichtbar und zeigt Wege auf, wie Ihr Unternehmen konstruktiv mit bisher unerkannten Vorgehensweisen umgehen kann.

---

18 Zum Beispiel Kelly, & Medina (2014).

ERKENNTNISSE
Was wir daraus lernen können

Die bisherigen Ausführungen zeigen, dass es in Unternehmen eine Vielzahl an Realitäten gibt. Gibt es einen Idealzustand, den Unternehmen anstreben sollten? Mit dieser Frage und dem, was wir daraus lernen können, beschäftigt sich dieses Kapitel. Wir entwerfen ein Bild eines wünschbaren Zustandes, der im Grunde eine Vielzahl von Zuständen beinhaltet und berichten von allgemeinen Erfahrungen bei der Anwendung der Landkarte. Zu guter Letzt lassen wir die Wissenschaft zu Wort kommen.

EIN BETRIEBSSYSTEM FÜR UNTERNEHMEN
Wie wir die Erkenntnisse zusammenführen

Zu Beginn dieses Buches (S. 25ff) haben wir die Lücke beschrieben, die zwischen bahnbrechender Innovation und Dynamik außerhalb von Unternehmen und der Art der Zusammenarbeit innerhalb von Unternehmen klafft. Um diese zu schließen, müssen Unternehmen die Management-Konzepte und -Werkzeuge von Weisung und Kontrolle modernisieren und um agile Methoden der Selbstorganisation erweitern. Sie müssen zugleich Mitarbeiter mit Kompetenzen befähigen – sowohl im Sinne von Fähigkeiten entwickeln helfen als auch im Sinne von Berechtigungen zusprechen. Damit führen sie Schattenorganisationen ins Licht und Unternehmen können von den zahlreichen Innovationen profitieren, die dort bereits stattfinden. Zugleich überführen sie Organisationen aus der Überforderung entweder in eine modernisierte Form von Weisung und Kontrolle oder in ein funktionierendes agiles Netzwerk. Das verbreitete Konzept von Weisung und Kontrolle hat keinesfalls ausgedient. Es muss jedoch an die neuen Arbeitsformen angepasst werden. Reine Anordnungen von oben ohne den aktiven Einbezug von Mitarbeitern werden künftig kaum noch zu den erwünschten Resultaten führen. Kontrolle muss vermehrt als adäquates Mittel zur Selbstkontrolle, statt als Instrument zur Belohnung und Bestrafung genutzt werden.

DAS WICHTIGSTE IN KÜRZE
Die Modernisierung von Weisung und Kontrolle, die Ergänzung um funktionierende Konzepte eines agilen Netzwerkes und die entsprechende Befähigung von Mitarbeitern führt Unternehmen zu operativer Exzellenz mit erhöhter Innovationskraft und höherem Mitarbeiterengagement. Wir müssen die Klaviatur von Organisationsformen und Mitarbeiterkompetenzen erweitern.

Mit diesem Schritt aktualisieren wir quasi das Betriebssystem von Unternehmen, d. h. das System, mit dem Unternehmen betrieben werden. Eine umfassende Definition des Betriebssystems für Unternehmen finden Sie am Ende dieses Kapitels. Vorerst ziehen wir folgende (vorläufige) Definition heran.

DEFINITION
Betriebssystem
Das Betriebssystem eines Unternehmens umfasst eine oder mehrere Kombinationen von Rollen, Verantwortlichkeiten und Kompetenzen (Dimension Mitarbeiter) sowie von Regeln, Ritualen und Kulturen (Dimension Organisation). Es ordnet, wie Menschen im Unternehmen und darüber hinaus zusammenarbeiten, um Resultate zu erzielen.

Der Begriff Betriebssystem ist hier keinesfalls technisch gemeint, dennoch sind Analogien zum Betriebssystem für Computer erhellend. Die Innovationslücke könnte man auch so umschreiben: Die Welt außerhalb von Unternehmen läuft auf iOS und Android (zwei moderne Betriebssysteme für intelligente Telefone), während Unternehmen immer noch auf MS-DOS betrieben werden (dem Betriebssystem der 1980er Jahre). Technische Betriebssysteme organisieren die Ressourcen von Computern und ermöglichen Programmen, darauf zuzugreifen und miteinander zu kommunizieren. Sie schützen Ressourcen auch vor Überbeanspruchung. In ähnlicher Weise organisiert und ermöglicht (oder verhindert) das Betriebssystem eines Unternehmens die Zusammenarbeit von Menschen.

Das Betriebssystem von Unternehmen wird künftig deutlich heterogener sein als heute. Einzelne Teams organisieren sich nach vereinbarten Methoden selbst, andere werden durch wirksame Führungskonzepte angeleitet und kontrollieren sich untereinander. Das Betriebssystem der Zukunft stellt sich im Quadranten als eine Ellipse dar, die von guter Weisung und Kontrolle bis hin zu agilen Netzwerken reicht.

Das Betriebssystem der Zukunft für Unternehmen

Ausprägungen außerhalb dieser Ellipse sind zu vermeiden. Dies betrifft sowohl die Quadranten Schatten und Überforderung als auch die Zustände jenseits der Enden der Ellipse: eine zu stark gesteuerte Weisung und Kontrolle oder ein zu wenig organisiertes Netzwerk. Auch diese Formen verhindern eine wirksame Zusammenarbeit.

Um das Betriebssystem erfolgreich zu entwickeln, müssen Sie aktiv Maßnahmen entlang der Dimensionen Mitarbeiter und Organisation ergreifen. Gute Formen von Weisung und Kontrolle gehen nicht von programmierbaren oder unmündigen Mitarbeitern aus, sondern nutzen das Potenzial der Mitarbeiter aktiv. Ein gut funktionierendes agiles Netzwerk benötigt Innovationen bezüglich der Zusammenarbeit und Kompetenzen im Sinne von Fähigkeiten und Berechtigung.

Woher erhalten wir Anregungen für Innovationen zur Ermöglichung von Selbstorganisation? Es haben sich viele selbstorganisierende Gemeinschaften gebildet, die gutes Anschauungsmaterial bieten. Daraus lassen sich zentrale Erfolgsfaktoren ableiten, entlang derer sich Innovationen auch in Unternehmen entwickeln.

Wege aus dem Schatten und der Überforderung

DIE DIMENSION MITARBEITER
Wie wir uns zu Gestaltern befähigen

„Stelle schlaue Leute ein und lass sie in Ruhe." [19]
Thomas H. Davenport

Viele Angebote im Internet sind erfolgreich geworden durch Transparenz, Vertrauen, Einbezug und Fehlertoleranz. Um uns und unsere Mitarbeiter zu befähigen, gestaltend tätig zu werden, sind diese Erfolgsfaktoren wegweisend.

- Transparenz

  Mitarbeiter müssen jederzeit über hinreichende und fundierte Informationen verfügen, um selbst gestaltend tätig werden zu können. Dazu zählt nicht nur die regelmäßige Kommunikation der wichtigsten Entwicklungen und Entscheidungen innerhalb des Unternehmens. Zentral ist eine allen gleichermaßen bekannte und von allen getragene Absicht (Sinn und Zweck) des Unternehmens. Ebenso zählt eine gute Informationsinfrastruktur dazu, mithilfe derer Mitarbeiter nach Bedarf auf konkrete Daten zugreifen können – ein Intranet mit Zugriff auf Finanzkennzahlen, Markt- und Produktdaten, Kunden- und Mitarbeiterinformationen. Ohne eine solche Infrastruktur sind viele neue Organisationsformen nicht denkbar. Jedes Unternehmen muss selbst ein Gleichgewicht finden zwischen Wahrung der Vertraulichkeit und größtmöglicher Transparenz. Noch tendieren Unternehmen dazu, nur so viel Informationen zu teilen als nötig. Künftig muss das Prinzip lauten: So viel Informationen als möglich teilen.

- Vertrauen

  Ohne einen Vorschuss an Vertrauen in die grundlegend positiven Absichten können Mitarbeiter nicht als Gestalter tätig werden.[20] Das bedeutet keinesfalls blindes Vertrauen. Bei der Ausgestaltung von Regeln und Vorgaben muss jedoch davon ausgegangen werden, dass der Großteil der Mitarbeiter Gutes im Interesse des Unternehmens im Sinn hat. Eine Kontrolle der Arbeit von Mitarbeitern in allen Einzelheiten ist in der Wissensgesellschaft ohnehin kaum möglich. Viele der heute großen Internetplattformen wie Wikipedia, Ebay, Tripadvisor wären ohne konsequentes Vertrauen in die Endbenutzer niemals erfolgreich geworden. Sie müssen aber auch klare Regeln einführen und umsetzen. Mitarbeiter müssen darauf vertrauen können, dass schädliches Verhalten nicht toleriert wird und Konsequenzen zur Folge hat. Unternehmen investieren meist viel Energie und Aufmerksamkeit in die Prävention negativen Verhaltens. Damit erschweren sie deutlich mehr positives Verhalten, als sie negatives Verhalten tatsächlich verhindern. Wir müssen deshalb den Mut haben, den Fokus umzukehren und uns darauf konzentrieren, positives Verhalten zu erleichtern und zu unterstützen.

---

19 „Hire smart people and leave them alone" Thomas H. Davenport (2005).
20 Covey (2013) diskutiert anschaulich das Konzept eines Vertrauenskontos (*relationship bank account*).
    Wie ein Bankkonto muss es zuerst gefüllt werden, um im Positiven zu sein.
    Und es benötigt größere Einzahlungen als Abhebungen, um im Positiven zu bleiben.

- Einbezug
  Sie können Mitarbeiter auf vielfältige Weise einbeziehen, z. B. indem Sie vor Entscheidungen ihre Meinung einholen und berücksichtigen. Sie können sie (mit)entscheiden oder ihre eigene Arbeit (mit)gestalten lassen oder sie in unternehmensweite, strategische Prozesse involvieren. Ein solches Vorgehen bedeutet keinesfalls einen Machtverlust der Führungskraft. Es ist vielmehr eine andere, neue Form der Machtausübung, die auf die Illusion von Macht verzichtet. Das Machtverständnis wandelt sich von einer befehlenden Entscheidungsmacht hin zu einer unterstützenden Überzeugungsmacht. Unternehmen praktizieren bislang meist einen *Wenn-es-nicht-mehr-anders-machbar-ist*-Ansatz – sie handeln nur dann, wenn der Druck des Marktes den Einbezug von Mitarbeitern für agileres Handeln erzwingt. Ohne freiwilliges Engagement der Mitarbeiter werden Unternehmen die Zukunft nicht überleben. Freiwilliges Engagement entsteht jedoch nur durch Einbezug.

- Fehlertoleranz
  Mitarbeiter machen Fehler, ebenso wie Vorgesetzte Fehler machen. Fehler sind menschlich. Ein oder auch mehrere Fehler dürfen keinesfalls dazu führen, die Grundsätze der Mitgestaltung in Frage zu stellen. Nur durch Fehler kann Neues entwickelt und erlernt werden. Niemand muss applaudieren, wenn Fehler passieren. Fehler müssen jedoch als notwendige Begleiterscheinung von gestaltenden Mitarbeitern akzeptiert und positiv für das Lernen genutzt werden. Unternehmen tendieren dazu, Fehler möglichst zu vermeiden, da diese Kosten und Risiken bergen. In Bereichen, in denen es um die Sicherheit von Menschen geht, ist dies absolut gerechtfertigt und wichtig. Es gibt jedoch viele andere Bereiche, in denen der Fokus auf die Fehlervermeidung deutlich höhere Kosten verursacht als die (möglichen) Fehler selbst. Dies beinhaltet insbesondere entgangene Innovationen und nicht genutzte Geschäftschancen, die durch schwerfällige Bürokratie im Keim erstickt werden.

- Kompetenz
  Erst wenn alle vorgenannten Voraussetzungen erfüllt sind, ist es sinnvoll, dass Mitarbeiter die notwendigen Kompetenzen erhalten und erlernen. Ohne die erforderlichen Rahmenbedingungen verpufft auch die vertrauensvollste Kompetenzregelung und die beste Ausbildung. Eine gute Gestaltung lehrt uns erneut die Analogie zum Verkehr: Fußgänger erlernen Verkehrstauglichkeit als Kind durch direkte Führung ihrer Eltern – durch Beobachten und Nachahmen, durch Versuch und Irrtum. Im Individualverkehr geht es systematischer zu. Um ein Fahrzeug auf öffentlichen Straßen lenken zu dürfen, müssen wir einen Führerschein machen. Dieser besteht aus theoretischen Lektionen, um Regeln, Verhaltensweisen und Vorschriften kennen zu lernen. Und er besteht aus praktischer Übung, bei denen uns ein Fahrlehrer oder erfahrener Fahrer begleitet. Unsere praktische Ausbildung findet vorwiegend im realen Verkehr statt. Um in der Selbstorganisation erfolgreich sein zu können – insbesondere in größeren Organisationen – benötigen wir eingeübte Kompetenzen der Selbstorganisation.

BEISPIEL
Der Erfolg von Wikipedia

Versetzen Sie sich zurück in die Zeit der Anfänge des Internets. Das enzyklopädische Wissen der Menschheit befand sich in der Hand von hochangesehenen Verlagen. Dort arbeiteten Hunderte von Experten daran, diese Nachschlagewerke mit korrektem, nachprüfbarem Wissen regelmäßig zu ergänzen und zu aktualisieren. Stellen Sie sich vor, eine Gruppe junger Menschen betritt zu dieser Zeit die Redaktion des Brockhaus-Verlages oder der Encyclopædia Britannica. Sie verkünden selbstbewusst, dass sie mit einer Internetplattform, in der jede/r sein Wissen eintragen kann, das Geschäft dieser Verlage überflüssig machen werden. Die erste Reaktion wäre damals vermutlich ein abschätziges Lächeln gewesen: „Wie sollen Hinz und Kunz ein qualitativ hochwertiges Lexikon schreiben? Wie sollen Objektivität, Unabhängigkeit und die breite Abdeckung an Themen sichergestellt werden? Wie die Aktualität? Wie soll verhindert werden, dass Betrüger oder Vandalen falsche Informationen eintragen oder richtige löschen?"

Anmerkung: Seien wir ehrlich zu uns selbst. Wie oft stellen wir ähnliche Fragen bei der Ausgestaltung von Regeln und Prozessen im Unternehmen?

Der Rest ist Geschichte: Brockhaus stellte im Sommer 2014 seinen Vertrieb ein, die Encyclopædia Britannica kam massiv unter Druck und musste 2012 vollständig auf digitales Erscheinen umstellen. Es gibt interessante Vergleichsuntersuchungen zwischen Wikipedia und herkömmlichen Enzyklopädien in Bezug auf Qualität und (Un-)Voreingenommenheit. Blanding (2015) wies nach, dass die Objektivität insbesondere bei häufig redigierten Artikeln ähnlich hoch ist und selbst bei kontroversen Themen die ersten 100 Worte eines Artikels ähnlich objektiv sind.

WAS KÖNNEN WIR AUS DEM ERFOLG VON WIKIPEDIA LERNEN?

- **Vertrauen und Einbezug**
Die Erfinder von Wikipedia vertrauten in erster Linie darauf, dass die Mehrheit der Menschen grundsätzlich einen positiven Beitrag leisten will und kann. Hätte Wikipedia ein Redaktionssystem implementiert, das Beiträge vor der Freischaltung zunächst auf Qualität und Objektivität hin überprüft, wäre es niemals erfolgreich geworden. Bis heute kann jede/r einen Artikel für Wikipedia schreiben und sofort veröffentlichen ebenso wie andere Artikel redigieren. Diese Unmittelbarkeit und Direktheit ist für einen gestaltenden Beitrag unglaublich wichtig. Die Autoren möchten von keiner übergeordneten Instanz überprüft und korrigiert werden, bevor ihr Text als Beitrag publiziert wird.

Vergleichen wir das mit ähnlichen Prozessen in Unternehmen, z. B. mit dem Beitrag von Mitarbeitern auf Unternehmensblogs im Internet. Dürfen sie dort frei schreiben oder nicht? Die wenigsten Unternehmen lassen dies zu. Mitarbeiter können sich überall im Internet unzensiert und unredigiert frei über das Unternehmen äußern – außer auf der eigenen Homepage. Das Misstrauen gegenüber einigen wenigen Mitarbeitern verhindert, dass der Großteil der Mitarbeiter einen positiven Beitrag leistet. Negative Äußerungen von Mitarbeitern über das Unternehmen an anderen Stellen kann man ohnehin nicht unterbinden. Somit ist nichts gewonnen, aber viel Potenzial verloren.

Ein solches Verhalten lässt sich auf viele Unternehmensentscheidungen übertragen, in denen entweder Vertrauen oder Misstrauen als Gestaltungsprinzip gilt. Meist gewinnt das Unternehmen deutlich mehr, wenn es vertraut und die negativen Konsequenzen von Missbrauch in Kauf nimmt, als umgekehrt. Dies trifft nicht auf alle Prozesse zu, aber auf deutlich mehr, als man gemeinhin annimmt. Viele Verhaltensweisen von Mitarbeitern sind ohnehin nicht mehr direkt kontrollierbar. Gerade in diesen Fällen ist Vertrauen das Mittel der Wahl – mit klaren Konsequenzen bei Vertrauensmissbrauch.

- Fehlertoleranz und Transparenz

Auch bei Wikipedia gibt es Fehler, Missbrauch und Vandalismus. In manchen Fällen führen auch unterschiedliche Weltanschauungen zu divergierenden Sichtweisen auf Wissen. Beim Eintrag zu Microsoft wurden beispielsweise in der Anfangszeit regelrechte Kämpfe ausgetragen: Befürworter von Microsoft schrieben Lobeshymnen, die bei Kritikern einen Verriss provozierten. Wie hat Wikipedia darauf reagiert? Unternehmen neigen dazu, beim Auftreten von Fehlern oder Missbrauch unmittelbar zu reagieren und Vorkehrungen zu treffen, damit diese nicht erneut vorkommen. Wikipedia beschritt einen anderen Weg. Wikipedia hat erkannt, dass in Einzelfällen Inhalte besonderen Schutz benötigen. Dieser Schutz wird fallbezogen angewandt, wenn es zu häufigen Fehlern, Missbrauch oder Vandalismus kommt. Das Regelwerk dazu ist öffentlich festgehalten (Wikipedia 2016a). Trotz negativer Erfahrungen ließ sich Wikipedia nicht vom Grundsatz des Vertrauens abbringen. Das Unternehmen akzeptiert Fehler und Missbrauch in gewissem Ausmaß als notwendige Begleiterscheinung des generell erfolgreichen Konzeptes. Bei häufigen Fehlern, Missbrauch oder Vandalismus greift es zielgerichtet und im Einzelfall ein. Es ändert keinesfalls das gesamte System zum Nachteil der großen Masse an fähigen und willigen Autoren.

Zur Qualitätssicherung der Artikel kann jeder Leser Beiträge markieren, die keine oder ungenügende Quellenangaben aufweisen (Wikipedia 2016b). Ungenügende oder fehlerhafte Beiträge bleiben erhalten, jede/r kann Quellen ergänzen oder erkennen, dass die Qualität des Artikels angezweifelt wird. Unternehmen tendieren dazu, Fehler zu verheimlichen oder zu vertuschen. Wikipedia hingegen macht diese sichtbar und transparent und ermöglicht anderen, daraus zu lernen oder diese Fehler zu beheben (Wikipedia 2016c).

DAS WICHTIGSTE IN KÜRZE

Um das Betriebssystem von Unternehmen zu aktualisieren, müssen Sie Weisung und Kontrolle modernisieren und um Elemente agiler Netzwerke ergänzen. Eine zentrale Maßnahme ist die Befähigung und Ermutigung von Mitarbeitern, gestaltend tätig zu werden.[21] Die Erfahrungen von erfolgreichen Angeboten im Internet, die ausgereifte selbstorganisierte Elemente entwickelt haben, weisen den Weg. Sie zeigen, dass normale Menschen in der Regel dazu durchaus in der Lage sind, vorausgesetzt die Angebote berücksichtigen folgende Erfolgsfaktoren:

- *Transparenz*: Alle Informationen zugänglich machen, außer sie sind zwingend geheim.
- *Vertrauen*: Von positivem Verhalten ausgehen und dieses erleichtern.
- *Einbezug*: Freiwilliges Engagement mit allen Konsequenzen unterstützen.
- *Fehlertoleranz*: Fehler nicht vermeiden, sondern als Investition verstehen.
- *Kompetenz*: Befugnisse geben sowie durch Lernen und Übung wirksam machen.

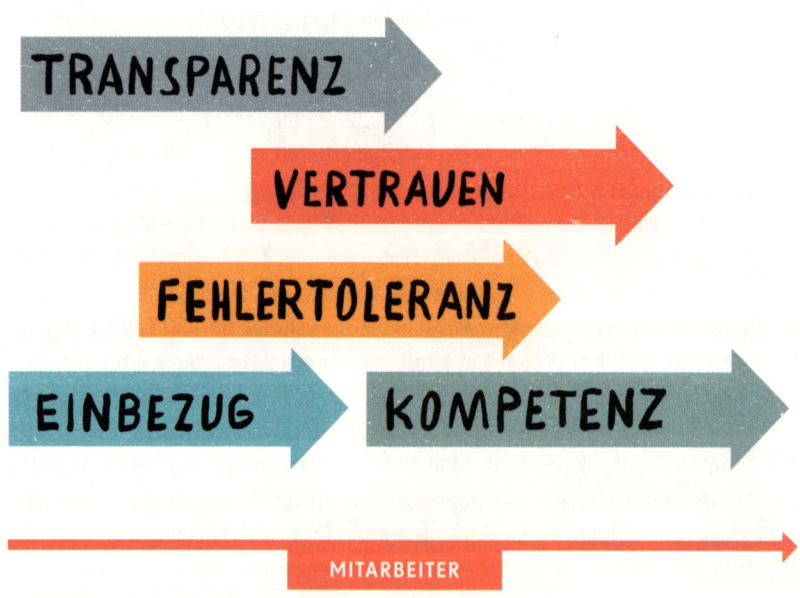

Erfolgsfaktoren auf der Mitarbeiterebene

---

21 Einzelne Anregungen für mögliche Ermutigungen finden Sie ab Seite 103ff.

DIE DIMENSION ORGANISATION
Wie wir Selbstorganisation ermöglichen

Schauen wir nun auf das Prinzip der Organisation. Welche zentralen Erfolgsfaktoren sind heute schon sichtbar, entlang derer Innovationen der Selbstorganisation verlaufen? Um selbstorganisierte Zusammenarbeit erfolgreich zu ermöglichen, benötigen Unternehmen eine gemeinsame Absicht und entsprechende Kultur, Regeln und Rituale, Vorbilder und Einfachheit.

- Absicht (Sinn und Zweck)
  Gerade für eine selbstorganisierte Zusammenarbeit ist eine gemeinsame Absicht zwingend notwendig. Menschen mit derselben Absicht, dem gleichen Verständnis von Sinn und Zweck ihrer Tätigkeit, können viele andere fehlende Elemente einer guten Selbstorganisation kompensieren.[22]

- Kultur
  Peter Drucker wird der Ausspruch zugeschrieben *Kultur verspeist Strategie zum Frühstück.*[23] Selbstorganisation kann man nicht verordnen oder über die Verkündung einer neuen Agilitätsstrategie erreichen. Eine Unternehmenskultur beinhaltet Werte, Überzeugungen und Verhaltensweisen, die eine gewisse Trägheit aufweisen. Sie haben sich über längere Zeiträume entwickelt und etabliert und lassen sich somit auch nur allmählich verändern. Zukunftsfähige Unternehmen entwickeln ihre Kultur in eine Richtung, die selbstorganisierende Elemente tatsächlich befürwortet, unterstützt und anerkennt. Einen enorm wichtigen Einfluss auf die Unternehmenskultur hat das Verhalten von Vorgesetzten. Dies gilt insbesondere bei (für viele Mitarbeiter sichtbaren) Ausnahmesituationen. Akzeptieren Führungskräfte selbstorganisierende Elemente, auch wenn diese manchmal negative Resultate erzielen? Oder greifen sie in Stress- und Ausnahmesituationen letztlich doch steuernd durch? Letzteres erstickt Ansätze von Selbstorganisation bereits im Keim.

- Regeln und Rituale
  Die Einhaltung von Regeln oder eingeübten Ritualen ist notwendig für das Funktionieren von Selbstorganisation. Das Beispiel des Verkehrs als Lehrmeister (S. 47f.) veranschaulicht dies. Ohne Regeln und Rituale, die den Mitarbeitern bekannt sind und von einer breiten Mehrheit getragen und eingehalten werden, tendiert Selbstorganisation zu Chaos und das Unternehmen gerät in die Überforderung. Es genügt keinesfalls, die Selbstorganisation sich selbst zu überlassen. Für eine funktionierende Selbstorganisation ist die Formulierung und aktive Gestaltung von Regeln und das Einüben von Ritualen, verbunden mit einem klaren Konsequenzenmanagement eine zentrale Aufgabe. Diese kann von einzelnen Führungskräften, von einem dafür ausgewählten Team oder von allen beteiligten Personen gemeinsam übernommen werden.

---

22 Es gibt viele Bücher zum Führen durch Sinn und Zweck (Purpose), z. B. Pink (2011), Hsieh (2013), Laloux (2014).
23 „Culture eats strategy for breakfast" (Übersetzung des Autors). Es gibt keine Quelle für diesen Ausspruch in den Schriften von Peter Drucker.

- Vorbilder

  Vorbildliches Verhalten beeinflusst die Kultur stärker als jede Ansprache oder jede Regel. Wenn einzelne Mitarbeiter den Mut haben, öffentlich sichtbar eigene Wege zu beschreiten, eigene Lösungen zu entwickeln und dieses Verhalten von Vorgesetzten anerkannt und auch bei Rückschlägen ermutigt wird, finden mehr und mehr Mitarbeiter den Mut, die Organisation der Zusammenarbeit in die eigene Hand zu nehmen. Suchen Sie Vorbilder auch außerhalb des eigenen Unternehmens. Lernen Sie andere Teams kennen, die sich bereits erfolgreich selbst organisieren. Die Erkenntnis, dass Selbstorganisation funktionieren kann, ist ein erstes Element. Vorbilder in der eigenen Organisation sind allerdings weit wichtiger. Finden Sie Bereiche, in denen Sie als Vorbild für Selbstorganisation wirken können. Verbreiten Sie diese Vorbilder durch das Erzählen ihrer Geschichten. Diese haben langanhaltende Wirkung.

- Einfachheit

  Die zentralen Regeln und Rituale für Selbstorganisation müssen einfach zu lernen und anzuwenden sein – und sie haben idealerweise nur wenige Ausnahmen. Das Beispiel von Napoleon (S. 53f.) zeigt, dass die Qualität von Regeln auch daran gemessen werden kann, wie viele oder wenige Ausnahmen sie benötigen. Je komplizierter eine Regel ist, desto schwieriger ist es, sie im Arbeitsalltag konsequent zu berücksichtigen. Agile Softwareentwicklung nach Scrum[24] ist ein Beispiel für ein relativ einfaches Regelwerk, das auch gute Rituale wie *daily stand-up, sprint review, task picking* oder *planning poker* beinhaltet. Holacracy[25] hingegen – ein vollständiges System für Selbstorganisation – erscheint vielen Anwendern zu bürokratisch und schwierig zu implementieren.[26]

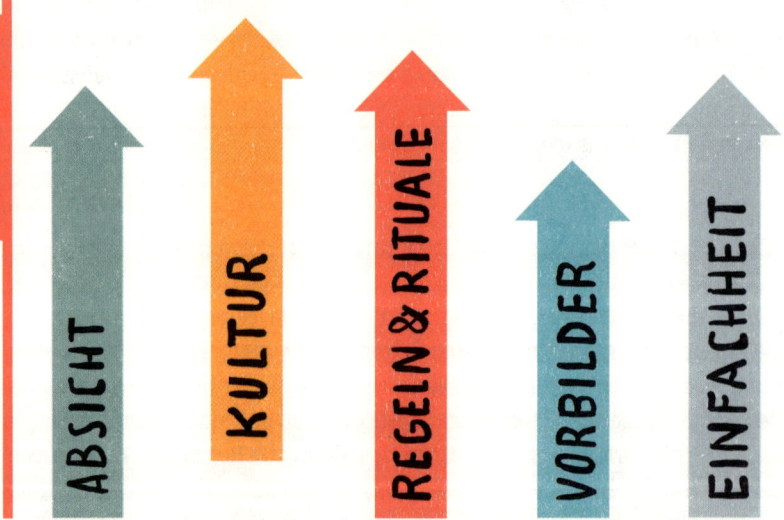

Erfolgsfaktoren auf der Organisationsebene

24 http://tiny.cc/Scrum.
25 http://www.holacracy.org.
26 Vgl. bspw. Wall Street Journal (2015).

DAS WICHTIGSTE IN KÜRZE
Eine weitere Maßnahme zur Aktualisierung des Betriebssystems von Unternehmen ist die Modernisierung des Organisationsdesigns, insbesondere das Ermöglichen von Selbstorganisation. Dies erfordert vor allem Tätigkeiten von Führungskräften und anderen Vorbildern.

- *Absicht*: Einen gemeinsam getragenen Sinn und Zweck entwickeln und pflegen.
- *Kultur*: Selbstorganisierende Elemente befürworten und stärken – auch bei Rückschlägen.
- *Regeln und Rituale*: Aktiv Regeln und Rituale gestalten, einüben und sanktionieren.
- *Vorbilder*: Als Führungskraft selbst ein Vorbild sein und andere Vorbilder ermutigen.
- *Einfachheit*: Nach Einfachheit streben, die eine breite Anwendung ermöglicht.

DIE DIMENSION INFRASTRUKTUR
Wie wir unser Betriebssystem unterstützen

Der Quadrant mit den Achsen Rolle der Mitarbeiter und Organisationsprinzip soll im Folgenden durch eine unterstützende Dimension erweitert werden: die Infrastruktur für die Zusammenarbeit. Wenn die Infrastruktur nicht zur Form der Zusammenarbeit passt, funktioniert Zusammenarbeit nicht – oder nur unter großen Schwierigkeiten. Fehlende oder falsche Infrastruktur unterstützt Mitarbeiter und Führungskräfte nur mangelhaft und führt manches Mal gar zu aktiver Behinderung. Wahrscheinlich kennen Sie Computersysteme, die Arbeit effizienter gestalten sollen, am Ende jedoch deutlich mehr Zeit in Anspruch nehmen als Nutzen bringen. Oder rigide Prozessautomatisierungen, die eine gute Kundenbetreuung verunmöglichen.

Zur Infrastruktur gehört eine Vielzahl an Werkzeugen und Ausstattungen, z. B.

- Maschinen (von Industrieanlagen über Roboter bis hin zu 3D-Druckern),

- Kommunikationsgeräte (von Telefon über E-Mail bis hin zu Videokonferenzsystemen und Zusammenarbeitsplattformen),

- Arbeitsmittel (von Wandtafeln über Flipcharts bis zu interaktiven und berührungssensitiven Bildschirmen),

- Management-Instrumente (von der BCG-Matrix über Performance Management bis hin zu Scrum),

- Computer-Programme (von CNC zur Steuerung programmierbarer Maschinen über CAD zum Entwerfen neuer Designs bis hin zu künstlicher Intelligenz),

- Einrichtungen und Räumlichkeiten (von der Arbeitsplatzgestaltung über Sitzungszimmer und Begegnungsräume bis hin zu Kreativ-Zonen)

- und viele weitere Geräte, Hilfsmittel und Einrichtungen.

Die Infrastruktur in Unternehmen hat in den letzten Jahrzehnten enorme Entwicklungen vollzogen. Zur Zeit der industriellen Revolution wurden die Produktionsprozesse erstmals durch Maschinen automatisiert. Diese erhöhten die Effizienz der Zusammenarbeit und die Quantität der Produktion (Infrastruktur 1.0). In der jüngeren Vergangenheit ermöglichten neue Technologien und ein erweitertes Verständnis von Infrastruktur zahllose Innovationen. Die Verbreitung des Internets und der digitalen Kommunikation ermöglicht die Zusammenarbeit vieler Menschen auf eine völlig neue Weise. Unternehmen können enorm davon profitieren, indem sie die Vorteile der technologischen Entwicklungen für die eigene Organisation der Zusammenarbeit nutzen (Infrastruktur 2.0).

Die Infrastruktur für Organisationen

Zwischen einer Infrastruktur 1.0 und einer Infrastruktur 2.0 bestehen zentrale Unterschiede. Die Infrastruktur 1.0 wickelt vorgegebene Prozesse möglichst effizient, automatisiert und fehlerfrei ab. Die Infrastruktur 2.0 vereinfacht, ermöglicht und unterstützt als Plattform für eine Vielzahl von Mitarbeitern eine agile Zusammenarbeit. Die folgende Übersicht stellt die zentralen Unterschiede gegenüber.

	UNTERSCHIEDE IN DER INFRASTRUKTUR	
	INFRASTRUKTUR 1.0	**INFRASTRUKTUR 2.0**
NUTZER	Experten	Endanwender
Benutzung	häufig, spezialisiert	seltener, anlassbezogen
Bedienung	effizient	einfach, intuitiv
Einarbeitung	hohe Lernkurve	sofortige Nutzung
Ziel	Prozessoptimierung	Nutzenmaximierung
INHALT	strukturiert	unstrukturiert
Optimierung	Verarbeitung	Nutzung
Ergebnisse	Exaktheit	Unschärfe
Motivation	erzwungen, notwendig	freiwillig, vorteilhaft
Abdeckung	Vollständigkeit (100 %)	Wichtigstes (80:20) [27]
KOORDINATION	vordefiniert	flexibel
Verständnis	Prozess	Plattform
Wirkung	Abwicklung	Vernetzung
Philosophie	Konsistenz	Offenheit
Schnittstelle	Passgenauigkeit	Standards

BEISPIEL
Der Unterschied zwischen Infrastruktur 1.0 und 2.0

Software ist zwar nur eines unter vielen Infrastruktur-Elementen, sie nimmt heutzutage jedoch eine zentrale Rolle ein. Sie eignet sich als gutes Beispiel für die Darstellung der Unterschiede zwischen der Infrastruktur 1.0 und 2.0 im Hinblick auf die Organisation der Zusammenarbeit.

Software war lange Zeit ein wichtiges Element der Automatisierung – und ist dies in vielen Bereichen auch noch heute. Darüber hinaus kommt inzwischen eine neue Generation von Software zum Einsatz, die vor allem der Vernetzung und Zusammenarbeit von Menschen untereinander und zunehmend auch von Menschen und Maschinen dient. Diese Art der Software folgt völlig anderen Gesetzen als die Unternehmenssoftware zur Effizienzsteigerung.

---

27   80:20 – auch Pareto-Prinzip genannt – besagt, dass man mit 20 Prozent des Aufwandes 80 Prozent des Nutzens erzielen kann. Das heißt man sollte nur 20 Prozent der möglichen Energie in eine Aufgabe stecken, die sich für ein Pareto-Prinzip eignet. Damit erreicht man bereits 80 Prozent des Nutzens. Jeder weitere Nutzengewinn erfordert überproportional hohe Anstrengungen.

Als Beispiel für Infrastruktur 1.0 stellen Sie sich die Finanzbuchhaltung eines Unternehmens vor. Die Buchhalter arbeiten täglich mit einer speziellen Buchhaltungs-Software und bewältigen repetitive Aufgaben. Eine der wichtigsten Anforderungen an das System ist die effiziente Bedienung mit möglichst vielen Automatismen, Abkürzungen und Tastenkombinationen: Die Software ist auf effiziente Prozesse optimiert. Das System bietet viele Möglichkeiten und ist aufgrund seiner Komplexität nicht selbsterklärend. Nutzer benötigen eine intensive Schulung. Dieser Aufwand ist absolut gerechtfertigt – sie arbeiten täglich mit der Software und erreichen dadurch eine hohe Effizienz. Finanzbuchhaltung ist nur dann sinnvoll, wenn 100 Prozent der finanziellen Vorgänge verbucht sind. Ebenso müssen in der Lohnbuchhaltung alle Lohnbestandteile verbucht werden. In beiden Fällen kann man sich nicht nur auf die wichtigen Vorgänge und Bestandteile konzentrieren. Buchhalter benutzen das Buchhaltungssystem als verpflichtenden Bestandteil ihrer Tätigkeit.

Die Finanzbuchhaltung muss exakt und korrekt sein. Es werden Millionen von Buchungssätzen eingegeben, die am Ende in eine Bilanz und eine Erfolgsrechnung münden. Solche Software-Systeme sind in der Regel Erfassungs- und Verdichtungssysteme. Sie sind auf die Eingabe und nicht auf die Ausgabe von Daten optimiert.

Völlig anders verhält es sich bei Software, die vorrangig Linienvorgesetzte und Mitarbeiter nutzen. Betrachten Sie als Beispiel die Unterstützung des Rekrutierungsprozesses. Bewerber und Linienvorgesetzte arbeiten nicht täglich mit diesem System, die Abläufe werden für sie nicht zur Gewohnheit. Höchste Benutzerfreundlichkeit, d. h. eine intuitive Benutzerführung ist weit wichtiger als eine effiziente Bedienung: Der erstmalige Bedienungsaufwand muss reduziert werden, nicht die repetitive Wiederholung. Zugleich müssen die Anwender unmittelbar erkennen, welchen Nutzen sie aus der Bedienung des Systems ziehen. Entsteht der Eindruck, die Dateneingabe diene vorrangig der Zentrale für schöne farbige Auswertungen oder bessere Kontrolle, werden sie sich keine Mühe mit der Datenpflege geben. Ist der unmittelbare Nutzen für sie selbst klar ersichtlich, nutzen sie die Software unter völlig anderem Blickwinkel und vor allem freiwillig. Dazu muss die Software sich am tatsächlichen Bedarf des Kunden – in diesem Fall der Bewerber und Linienvorgesetzten – orientieren und nicht an dem der Personalabteilung. Hoch qualifizierte Bewerber empfinden kaum Freude dabei, ihren vollständigen Lebenslauf händisch in komplizierte Formulare einzugeben. Ebensowenig hinterlegen Vorgesetzte ihr Feedback im System, wenn dies zu aufwendig ist. Ohne klar erkennbaren Vorteil nutzen die Anwender das System schlichtweg nicht. Bei solchen Systemen geht es nicht in erster Linie darum, gute Auswertungen zu erzeugen, sondern weiche Daten wie einen Lebenslauf und Zeugnisse effizient zu überblicken und die Kommunikation zwischen allen Beteiligten zu erleichtern.

> Sind Sie der Meinung, dass es keine Software gibt, die ohne Schulung im Unternehmen einsetzbar ist? Dann bedenken Sie bitte folgende Tatsache: Mitarbeiter, die im Unternehmen mit den einfachsten Computerprogrammen überfordert scheinen, können in ihrer Freizeit Informationen im Internet finden, ihr Auto über Ebay versteigern und auf Partnerbörsen ein eigenes Profil mit Foto erstellen und mit anderen Personen kommunizieren. Daran erkennen Sie deutlich den Unterschied zwischen Infrastruktur 1.0 und 2.0.

Bei der Einführung von Infrastruktur 2.0 kann man wieder von der Entwicklung erfolgreicher Internet-Angebote lernen. Diese sind in erster Linie einfach und fokussieren auf den Nutzen für die Kunden. Die Nutzer merken gar nicht, dass sie mit Software arbeiten. Erfolgreiche Angebote fokussieren anfangs auf einen einzelnen Zweck und möglichst wenig Funktionalitäten. Auf den ersten Blick sehen sie häufig fast primitiv aus. Im Laufe der Zeit und mit steigender Bekanntheit und Nutzung erweitern sie das Angebot in der Breite und Tiefe. Sie sind in der Benutzung schnell und unmittelbar. Es gibt weder zahllose Regeln noch Bevormundung. Die Angebote versuchen nicht, ihre Kunden zu erziehen oder zu einem besseren Verhalten umzuschulen. Wie häufig haben Sie als Anwender von Unternehmenssoftware das Gefühl, die Software schreibt Ihnen vor, wie Sie sich zu verhalten haben? Oder Sie wünschen eine gewisse Unterstützung durch Ihre Software und erhalten die Aussage: *Das gibt das System leider nicht her.* Im Internet passiert Ihnen dies maximal einmal.

Google hat dazu bereits zu Anfang seiner Erfolgsgeschichte die folgenden Glaubenssätze veröffentlicht: [28]

- Fokussiere auf den Anwender und alles andere folgt von selbst.

- Es ist am besten, eine Sache wirklich richtig gut zu machen.

- Schnell ist besser als langsam.

---

28 „Focus on the user and all else will follow. It's best to do one thing really, really well. Fast is better than slow." (Übersetzung des Autors). Inzwischen gibt es weitere Wahrheiten auf https://www.google.com/intl/en/about/company/philosophy.

Bei Haufe-umantis haben wir als Richtlinien zur Einführung von Software die *fünf F* gefunden. Diese dienen uns als Referenzpunkt zum Hinterfragen von Entscheidungen bei der Gestaltung von Angeboten.

- Freiwilligkeit – Nimm den Benutzer ernst.
  Wenn wir auf Freiwilligkeit setzen, wissen wir, dass alles, was geschieht, aus eigenem Antrieb geschieht. Zwang führt meist zu Pseudo-Prozessen.

- Fokus – Mache nur das Wesentliche.
  Wenn wir uns auf die 20 Prozent des Aufwandes konzentrieren, die 80 Prozent des Nutzens erzielen, haben wir schnelle Ergebnisse und Erfolge. Jeder weitere Aufwand ist ineffizient und meist nicht notwendig.

- Flexibilität – Ermögliche Unvorhergesehenes.
  Die größte Freude und ein unverhoffter Gewinn ist eine Nutzung, an die zuvor niemand gedacht hat. Jede Starrheit schränkt ein und erzeugt meist mehr Aufwand als Nutzen.

- Freiheit – Bilde offene Strukturen.
 Je größer die Freiheit in einem System ist, desto wohler fühlen sich Benutzer und desto mehr Nutzen ziehen sie daraus. Die Zeiten sind vorbei, in denen man jede Information einheitlich strukturiert erfassen musste.

- Fehlertoleranz – Rechne mit Fehlern.
 Wenn wir Fehler tolerieren, können wir sehr einfache und benutzerfreundliche Systeme gestalten. Der Versuch, Fehler zu verhindern, adressiert die Falschen und verschlechtert in der Regel das Gesamtergebnis.

Diese Erkenntnisse bei der Einführung von Software als Teil der Infrastruktur lassen sich auf andere Infrastrukturelemente gut übertragen. Dies gilt insbesondere, wenn Infrastruktur für agile Netzwerke entwickelt und eingeführt werden soll. Die Infrastruktur ist die dritte Dimension des Quadranten, sodass sich ein Würfel mit drei Achsen ergibt: Mitarbeiter, Organisation und Infrastruktur.

Ein zukunftstaugliches Betriebssystem des Unternehmens besteht aus einer gut aufeinander abgestimmten Komposition dieser drei Elemente:

- Wirksame Weisung und Kontrolle erfordert gute Führung durch Vorgesetzte, die bereitwillige Gefolgschaft der Mitarbeiter und eine Infrastruktur, die effiziente Prozesse und Automatisierung bzw. Standardisierung unterstützt.

- Ein agiles Netzwerk benötigt klare Regeln und Rituale der Zusammenarbeit sowie Mitarbeiter, die gestalten dürfen, wollen und können und eine Infrastruktur, die eine selbstorganisierte Zusammenarbeit ermöglicht.

Innerhalb der beiden Pole des Spektrums gibt es verschiedene funktionierende Kombinationen. Viele werden noch erfunden werden. Wichtig ist in jedem Fall, dass die Komponenten in ihrer Gesamtheit betrachtet und optimal aufeinander abgestimmt werden. Ein agiles Netzwerk ohne eine angemessene Infrastruktur kann ebenso wenig funktionieren, wie Weisung und Kontrolle ohne Gefolgschaft durch die Mitarbeiter.

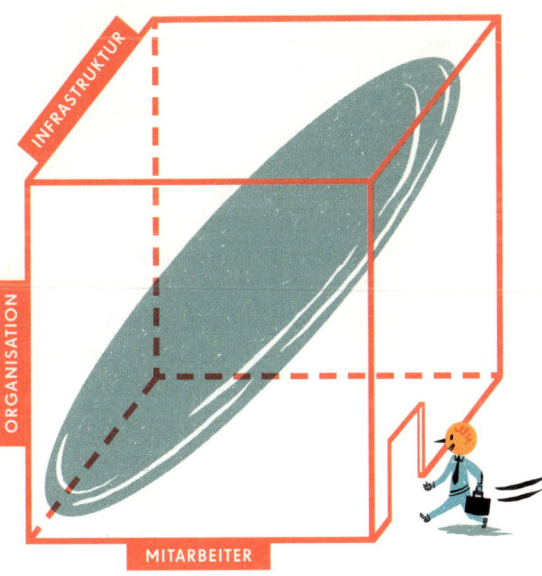

Das Betriebssystem als Zusammenspiel von Mitarbeitern, Organisation und Infrastruktur

BEISPIEL
Das Betriebssystem des Verkehrs

Zu einzelnen Aspekten des Betriebssystems haben wir bereits an anderer Stelle den Straßenverkehr zur Veranschaulichung herangezogen. Wir vervollständigen im Folgenden diesen Vergleich, um das Zusammenspiel der drei Dimensionen möglichst greifbar zu machen.

- **Dimension Mitarbeiter**

    Die Mitarbeiter des Unternehmens entsprechen in der Analogie den Verkehrsteilnehmern. Sie bewegen sich in unterschiedlichen Verkehrsmitteln fort. Betrachten wir der Einfachheit halber nur die Bahn (als gesteuertes System) und das Auto (als selbstorganisiertes System). Zur Fortbewegung benötigen die Verkehrsteilnehmer je nach System unterschiedliche Kompetenzen im Sinne von Fähigkeiten: das Lesen eines Fahrplans oder das Fahren eines Autos. Sie benötigen darüber hinaus unterschiedliche Kompetenzen im Sinne von Genehmigungen: einen Fahrschein für die Bahn oder den Führerschein für das Auto. Schließlich müssen sie sich von A nach B bewegen wollen oder dazu aufgefordert worden sein.

- **Dimension Organisation**

    Die Organisation eines Unternehmens entspricht in der Analogie dem Fahrplan für Bahnen, dem Verkehrsrecht für Bahn- und Autoverkehr und den jeweils eingeübten Verhaltensweisen. Der Bahnverkehr funktioniert nur reibungslos mit einem abgestimmten Fahrplan und der Beachtung von Signalen. Ebenso hat sich die Kultur eingebürgert, dass an den Bahnhöfen Fahrgäste zuerst aussteigen, bevor andere einsteigen. Im Autoverkehr gelten Verkehrsregeln wie etwa der Rechtsvorrang, das Anhalten an der roten Ampel oder das Überholen auf der linken Fahrspur. An ungeregelten Kreuzungen suchen Autofahrer zuerst den Blickkontakt, bevor ein Fahrzeug die Kreuzung überquert.

- **Dimension Infrastruktur**

    Zur Infrastruktur gehören die Züge selbst, das Schienennetz, Bahnhöfe oder Bahnübergänge. Beim Individualverkehr sind es unterschiedliche Fahrzeuge, das Straßennetz, Ampeln, Kreisverkehre, Verkehrsschilder und auch die Verkehrspolizisten. Ohne eine genaue Abstimmung der einzelnen Elemente aufeinander, kann Verkehr nicht funktionieren. Bahnen benötigen Schienen, Autos Straßen. Autos können nicht auf Schienen fahren und umgekehrt Bahnen nicht auf der Straße. Der Individualverkehr würde ohne Verkehrsausbildung und Fahrschulen, Regeln und Verkehrszeichen kaum reibungslos funktionieren.

Die Arbeitshilfe 1 zur Standortbestimmung bietet auch eine Erweiterung zur Dimension Infrastruktur (S. 297ff).

DIE DEFINITION BETRIEBSSYSTEM
Wie wir unser Betriebssystem begreifen können

Nach der Herleitung der verschiedenen Dimensionen, aus denen das Betriebssystem in Unternehmen besteht, folgt nun die vollständige Definition eines Betriebssystems.

DEFINITION
Betriebssystem von Unternehmen

Jedes Unternehmen hat ein eigenes Betriebssystem. Es bestimmt, wie Menschen im Unternehmen selbst und darüber hinaus mit freien Mitarbeitern, Kunden, Partnern und Lieferanten zusammenarbeiten, um Resultate zu erzielen. Es besteht primär aus
- dem Organisationsprinzip (definiert und gelebt gemäß der gemeinsamen Absicht und der vorherrschenden Unternehmenskultur sowie durch explizite Regeln und befolgte Rituale) sowie
- der Rolle von Mitarbeitern (bestimmt durch die Rollenerwartung und das Rollenverständnis von Menschen und deren Kompetenzen im Sinne von Können und Wollen, Dürfen und Sollen).

Eine unterstützende Dimension des Betriebssystems von Unternehmen ist zudem die Infrastruktur (Instrumente, Arbeitsmittel, Maschinen, Software, Einrichtungen).

Die Kombination und Abstimmung von Organisationsprinzip, Rolle der Mitarbeiter und Infrastruktur bestimmt die Wirksamkeit des Betriebssystems. In vielen Unternehmen existieren parallel mehrere Kombinationen, die in unterschiedlichen Einheiten zu unterschiedlichen Zeitpunkten und für unterschiedliche Situationen genutzt werden.

Möglicherweise wenden Sie ein, dass die Verortung der Unternehmenskultur in die Dimension Organisationsprinzip nicht passt. Kultur ist doch das Ergebnis von Mitarbeiterverhalten. Weshalb ist diese dann Teil des Organisationsprinzips und nicht – wenn überhaupt – auf der Achse zur Rolle von Mitarbeitern eingeordnet? Kann man Kultur überhaupt gleichwertig zu Regeln und Ritualen setzen? Diese Einordnung hat auch bei Haufe für Diskussionen und auch für Widerspruch gesorgt. Somit spreche ich in diesem Punkt weder für Haufe insgesamt, noch mag diese Einteilung von Dauer sein. Ich sehe jedoch einen großen Gewinn darin, Kultur als prägendes Element der Organisation zu verstehen: Die Unternehmenskultur wirkt in zahlreichen Fällen weitaus stärker als explizite Regeln und Rituale. In manchen Fällen ersetzt sie auch fehlende explizite Regeln oder Scheinrituale.

- Gerade junge Unternehmen haben häufig noch keine klar definierten Regeln. Dennoch entwickelt sich rasch eine Kultur, die die Zusammenarbeit organisiert.

- Ebenso gibt es Unternehmen, die eine anerkannte Kultur der Selbstorganisation haben, wie im Beispiel der Schnuppertage für Bewerber. Diese Kultur räumt den zukünftigen Teamkollegen eine starke Mitsprache ein – auch wenn dies formal nicht vorgesehen ist.

- Umgekehrt kommt es vor, dass formal ein starkes Mitspracherecht von Mitarbeitern vorgesehen ist – eine Regel, die der Selbstorganisation zugerechnet werden kann. Parallel herrscht eine Kultur, in der Entscheidungen von bestimmten Personen nicht hinterfragt werden dürfen. Die Unternehmenskultur erzeugt somit ein Organisationsprinzip der Weisung, obwohl die formalen Regeln ein anderes Organisationsprinzip vorgeben.

- In jedem Organisationsprinzip kann es durchaus Subkulturen geben, die im Schatten wirken. Diese sind aber nicht die anerkannte bzw. vorherrschende Unternehmenskultur.

Die vorherrschende Unternehmenskultur ist folglich ein starkes Element des Organisationsprinzips. Wenn die gelebte Rolle der Mitarbeiter zur vorherrschenden Unternehmenskultur passt, befindet sich das Betriebssystem im aufeinander abgestimmten Zustand. Wenn Mitarbeiter sich nicht gemäß der Unternehmenskultur verhalten, agieren sie im Schatten. Sie können hier durchaus ihre eigene Zusammenarbeitskultur prägen. Wenn es allgemein üblich ist, sich im Unternehmen nicht an gewisse Vorgaben zu halten, so ist dies ein gestaltendes Element der Zusammenarbeit und muss als Organisationsdesign verstanden werden. Bietet die Unternehmenskultur – zusammen mit Regeln und Ritualen – keine geeigneten Möglichkeiten zur Selbstorganisation, agieren Mitarbeiter in der Überforderung.

Es hat gewichtige Vorteile, die Unternehmenskultur als Teil des Organisationsprinzips zu verstehen. Die Unternehmenskultur entsteht damit nicht einfach passiv oder ist Resultat anderer Einflüsse – sie wird vielmehr zum Ergebnis aktiver Überlegung, wie die Organisation ausgestaltet, gelebt und gepflegt werden soll:

- Welche Kultur möchten Sie im Unternehmen vorfinden?

- Welche Rolle spielt die Kultur in Ihrem Unternehmen?

- Wie passt die Unternehmenskultur mit den anderen Elementen eines Organisationsprinzips zusammen?

- Und wie können Sie die Kultur gestalten und pflegen, um die gewünschte Art der Zusammenarbeit optimal zu unterstützen?

DIE WISSENSCHAFTLICHE PERSPEKTIVE
Ein Exkurs von Aylin Ispaylar

Permanente Höchstleistungen und eine unbändige Innovationskraft – diese Punkte stehen im heute stark kompetitiven Unternehmensumfeld ganz oben im Anforderungskatalog. Die Märkte werden branchenunabhängig immer dynamischer und die Globalisierung stellt für jede einzelne Firma stets neue Herausforderungen bereit. Aus diesem Grund beschäftigt sich auch die Wissenschaft kontinuierlich mit Erfolgsfaktoren für Unternehmen. Dieser kleine Exkurs in die wirtschaftspsychologische Forschung beleuchtet anhand ausgewählter Beispiele, welche Erkenntnisse die Wissenschaft für die Praxis bereithält.

Erfolgsfaktoren der unsichtbaren Revolution wissenschaftlich beleuchtet

Die Forschung zeigt, dass viele verschiedene Faktoren Einfluss auf die Leistung von Mitarbeitern ausüben – diese können sowohl persönlicher als auch situativer Natur sein. Da persönliche Faktoren wie Persönlichkeitseigenschaften kaum veränderbar sind, stellen wir nachfolgend einige situative Einflussvariablen, d. h. äußere Kontextfaktoren im Hinblick auf Leistung vor, die Sie für Ihre Mitarbeiter aktiv beeinflussen können. Dabei wird das Augenmerk einerseits auf den Erfolg von heute (allgemeine Leistungen) und andererseits auf den von morgen (Innovationstätigkeiten) gelegt.

Über Freiheit wird nicht nur gerne gesungen – wie bei Marius Müller-Westernhagen – sie gewinnt im Unternehmenskontext auch zunehmend an Bedeutung und ist daher auch Gegenstand aktueller Forschung. Der Begriff Autonomie beschreibt das Ausmaß an Freiheiten im Sinne von Unabhängigkeiten bei der Arbeit und wird als Jobressource aufgefasst. Bereits Mitte der 1970er Jahre wurden im Rahmen des sogenannten Job Characteristics Models[29] fünf Kerndimensionen definiert, wie ein Arbeitsplatz inhaltlich beschaffen sein sollte. Neben Autonomie zählen dazu die Anforderungsvielfalt, die Ganzheitlichkeit und die Bedeutsamkeit von Aufgaben sowie regelmäßige Rückmeldungen. Wenn Aufgaben unter Berücksichtigung dieser Elemente gestaltet sind, wirkt sich das nachweislich positiv auf die Motivation, Arbeitszufriedenheit und auch verschiedene Leistungen der Mitarbeiter aus.

In Punkto Autonomie zeigen wir hier eine kurze Veranschaulichung, welche Prozessschritte durch diese angestoßen werden. Ihre Mitarbeiter haben zwei Aufgaben zu erfüllen. Eine ist eher operativ und eine strategisch, beide sind etwa von gleicher Priorität. Sie können dabei eigenständig entscheiden, in welcher Reihenfolge sie die Aufgaben erledigen oder zu welchem Zeitpunkt. Ebenso bleibt ihnen die Entscheidung über die konkrete Vorgehensweise überlassen, wie die Wahl der Methode oder ob sie erst eine Aufgabe abschließen versus parallel an beiden arbeiten.[30]

---

29 Hackman, & Oldham (1975).
30 Stegmann et al. (2010).

Diese eingeräumten Freiheiten setzen einen Prozess in Gang, der zu verschiedenen positiven Verhaltensweisen führt. Seibert und Kollegen konnten anhand einer Metaanalyse [31] zeigen: Wenn Mitarbeiter über hinreichend Autonomie verfügen, führt dies zu erhöhten Selbstwirksamkeitserwartungen [32], d.h. sie empfinden mehr Kompetenzgefühl, Selbstbestimmungs- und Einflussmöglichkeiten sowie Bedeutsamkeit der eigenen Arbeitsaufgaben. [33] Diese positive Wahrnehmung des eigenen Arbeitsplatzes motiviert die Mitarbeiter schließlich, ihre Leistung zu steigern, die arbeitsbezogene Effektivität steigt [34] und sie verhalten sich proaktiver. [35]

Ein weiterer Aspekt, der motivational auf Arbeitsleistungen wirkt, ist Jobkomplexität. Komplexe Aufgaben sind nicht mit komplizierten Aufgaben zu verwechseln. Während bei komplizierten Tätigkeiten überdurchschnittlich viel Zeit, Aufwand und Ressourcen zur Lösung aufgebracht werden müssen, ist Komplexität im Hinblick auf ein ganzes System zu verstehen, das sich durch dynamische Wechselwirkungen mehrerer, zumeist nicht determinierter und schwer durchschaubarer Komponenten auszeichnet.[36] Ein Beispiel für ein komplexes System ist etwa ein Fußballspiel. Komplexe Aufgaben bieten Mitarbeitern breitgefächerte Anforderungen und Herausforderungen, wodurch sie sich automatisch auf mehrere Aspekte bei ihrer Arbeit fokussieren müssen.[37] Bezüglich Jobkomplexität ist insbesondere der Zeitfaktor relevant: Personen, die gerade neu in eine Firma eintreten, benötigen bei komplexen Jobs eine längere Einarbeitungszeit – diese verlängert sich umso stärker, je mehr Vorerfahrungen der Mitarbeiter aus einem bestimmten Bereich in die neue Arbeit mitbringt.[38] Aufgrund der hohen Anzahl anwendbarer bzw. erlernbarer Kompetenzen beeinflusst ein hoher Grad an Komplexität dennoch auf lange Sicht die Arbeitsergebnisse positiv und fördert v. a. die kreative Leistung.[39] Durch den motivationalen Effekt hat neben der Einräumung von Autonomie eine hohe Jobkomplexität hohes Potenzial, verstärkte Eigeninitiative und innovative Tätigkeiten zu fördern.[40]

Eine weitere wichtige Einflussvariable stellen Rollenerwartungen dar. Wir alle nehmen in unterschiedlichen Situationen unterschiedliche Rollen ein, manchmal auch mehrere in ein und derselben Situation. An jede Rolle werden jeweils unterschiedliche Erwartungen gestellt. Ein klassisches Beispiel im Hinblick auf Leistungen bildet hierzu der Vergleich von Mathematikleistungen zwischen Mädchen und Jungen in der Schule. Die weit verbreitete Erwartungshaltung, dass Mädchen in Mathematik wie auch in den anderen MINT-Fächern (Mathematik, Informatik, Naturwissenschaft, Technik) vermeintlich

---

31 Eine Metastudie ist eine Zusammenfassung mehrerer Primärstudien.
32 Seibert, Wang, & Courtight (2011).
33 Spreitzer (1995).
34 Spreitzer, Kizilos, & Nason (1997).
35 Parker, Williams, & Turner (2006).
36 Koch (2007).
37 Oldham, & Cummings (1996).
38 Sturman (2003).
39 Vgl. Sturman, Cheramie, & Cashen (2005).
40 Tierney, & Farmer (2002).

schlechter abschneiden, führt zum Großteil zu einer schlechteren Eigeneinschätzung der Mädchen – selbst bei denjenigen, deren Leistungen objektiv ebenso gut sind wie die ihrer männlichen Mitschüler.[41] Das wirkt sich insofern aus, dass der MINT-Bereich – etwa bei der Wahl eines Studienfaches – von jungen Frauen seltener angestrebt wird.

Umgekehrt wirken positive Rollenerwartungen tatsächlich positiv auf die Leistungen. Den sogenannten Pygmalion-Effekt konnten Rosenthal und Jacobsen bereits in den 1960er Jahren bei Schülern und Lehrern nachweisen – er wird deshalb[42] auch als Rosenthal-Effekt bezeichnet: Das Experiment belegte, dass die positive Einschätzung der Leistungen von Schülern von Seiten des Lehrers im Laufe der Zeit tatsächlich zu gesteigerten Leistungen der Schüler führte. Die Lehrer projizierten unbewusst ihre hohen Leistungserwartungen auf die Schüler. Infolge des hohen Vertrauens in ihre Fähigkeiten trauten sich die Schüler selbst auch mehr zu. Rosenthal und Jacobsen sowie weitere Forscher[43], die das Experiment replizierten, konnten darüber hinaus nachweisen, dass Lehrer unbewusst diejenigen Schüler, von denen ihnen eine äußerst hohe Begabung mitgeteilt worden war, mehr förderten, ihnen mehr Zuwendung ebenso wie höhere Leistungsanforderungen und zusätzliches Lob entgegenbrachten. Dieses Beispiel lässt sich ebenso auf den Unternehmenskontext übertragen: Auch hier kann der Chef den Erfolg seiner Mitarbeiter positiv beeinflussen, indem er mit bestimmten Rollenerwartungen an sie herantritt, auf hohe Leistungen vertraut und dadurch eine selbsterfüllende Prophezeiung[44] anregt.

Sowohl Autonomie und Jobkomplexität wie auch Rollenerwartungen begünstigen zusammenfassend nicht nur die allgemeinen Arbeitsleistungen, sondern wirken sich ebenso förderlich auf Innovationstätigkeiten aus. An dieser Stelle sei zunächst die Frage gestellt, was unter Innovation eigentlich zu verstehen ist. Innovationen werden zwar heute ständig gefordert, das Verständnis davon klafft jedoch häufig stark auseinander. Grundsätzlich sind zwei Innovationsformen zu unterscheiden: Innovationen für neues Wachstum und Innovationen im Kerngeschäft.[45] Während sich erstere auf die Erschließung neuer Kundensegmente oder auch Märkte beziehen, betreffen letztere den Ausbau des aktuellen Angebots oder die Verbesserung betrieblicher Abläufe.[46] Innovation bezeichnet somit nicht nur disruptive Erfindungen wie Google Glass, 3D-Drucker oder selbstfahrende Autos. Auch vermeintlich kleine Innovationen im Arbeitsalltag, wie etwa Prozessoptimierungen, können Unternehmen maßgeblich voranbringen.

Eine weitere Möglichkeit das Potenzial im Hinblick auf Hochleistungen und Innovationen positiv zu beeinflussen, besteht durch neue Arbeitsformen. Demokratie als Regierungsform ist beispielsweise insbesondere in westlichen Kulturen historisch und

---

41 Vgl. OECD-Studien (2015), Zeit Online (2015).
42 Rosenthal, Jacobsen (1968)
43 Beispielsweise Chaiken, Sigler, & Derlega (1974).
44 Watzlawick (1983).
45 Anthony, Duncan, & Siren (2014).
46 Dorenbosch, van Engen, & Verhagen (2005).

politisch längst integriert. Dennoch stellen demokratische Prozesse in Unternehmen noch überwiegend unbetretenes Neuland dar. Aktuellere Untersuchungen zeigen, dass in der Unternehmensstruktur verankerte demokratische Prozesse dazu führen, dass die Mitarbeiter mehr Mitbestimmung wahrnehmen.[47] Diese Partizipationsmöglichkeiten haben wiederum positive Auswirkungen auf die Arbeitsleistungen.[48]

Die Befunde der Wissenschaft unterstreichen insgesamt die positive Bedeutung von Freiheiten, Spielräumen und Verantwortungen sowie des Vertrauens in Mitarbeiter als Erfolgsfaktoren für Unternehmen. Neue Arbeitsformen wie die Verankerung demokratischer Prozesse im Unternehmen fördern durch ihre motivationale Wirkung die Arbeitsleistung von heute und die Innovationskraft und damit den Erfolg von morgen. Sie steigern zusätzlich das Leistungspotenzial von Unternehmen als Ganzes und dienen somit als vielversprechende Wegweiser für die Zukunft der Arbeit.

Wissenschaftsbasierte Organisations- und Management-Ansätze

Über die oben dargestellte arbeits- und organisationspsychologische Herangehensweise, die das menschlichen Erleben und Verhalten in Organisationen ins Zentrum stellt, gibt es ebenso wissenschaftliche Ansätze zur übergeordneten Organisationsebene.

Der situative Ansatz – auch Kontingenztheorie [49] genannt – betrachtet die Organisationsstruktur unter gleichzeitiger Berücksichtigung der Variablen Führung und Situation. Beim Führungsstil wird zwischen Aufgaben- und Mitarbeiterorientierung unterschieden. Die Einschätzung erfolgt anhand von drei Kriterien: Aufgabenstruktur, Positionsmacht und Beziehung zwischen Führungskraft und den Mitarbeitern. Sind alle Komponenten hoch ausgeprägt – d. h. eine eher starke Hierarchie bei gutem Verhältnis – gilt die Situation als äußerst günstig. Nach Fiedler besteht der größte Führungserfolg in sehr günstigen bzw. sehr ungünstigen Situationen durch Aufgabenorientierung sowie in mittelmäßig günstigen Situationen durch Mitarbeiterorientierung. Zusammenfassend findet hierbei also eine strukturelle Anpassung einer Organisation an die Umwelt statt.[50]

Der sogenannte Population-Ecology-Ansatz fokussiert die Organisationsebene, d. h. er beleuchtet die Organisation in Wechselwirkung mit ihrer Umwelt. Das Augenmerk liegt auf dem sozialen Wandel und erfasst ähnlich strukturierte Organisationen gemeinsam als Populationen. Im Organisationskontext verändern sich Populationen beispielsweise durch neu gegründete Unternehmen, die sich zwar an bestehenden Organisationen orientieren, sich aber von diesen unterscheiden.[51] Organisationen, die sich nicht an dynamische Umwelten anpassen können, werden nicht überleben.

---

47 Unterrainer (2012).
48 Vgl. Rank, Carsten, Unger, & Spector (2007).
49 Fiedler (1967).
50 Kauffeld, Ianiro, & Sauer (2011).
51 Woywode, & Beck (2006).

Der systemtheoretische Ansatz betrachtet eine Organisation als System in Interaktion mit seiner relevanten Umwelt. Er nimmt an, dass Strukturen von selbst entstehen und fähig zur Selbstregulation sind. Die Grenze zwischen System und Umwelt wird durch das System selbst hergestellt, was das System lebensfähig macht. Systeme sind geschlossen und können von außen nur indirekt beeinflusst werden – d. h. äußere Einflüsse werden vom System aufgenommen und die inneren Strukturen daran angepasst. Ab einem bestimmten Grad an Komplexität entwickeln Systeme eine Emergenz – lebensfähig können sie nur bleiben, wenn sie auf dynamische Umweltveränderungen mit der Anpassung innerer Strukturen und Prozesse reagieren und dadurch die Komplexität der Umwelt reduzieren können. Das System muss dafür selbst über eine innere Komplexität verfügen.[52] In stabilen Umwelten sind weniger komplexe Systeme – z. B. bürokratische Organisationen, die ihre Strukturen an eine statische Umwelt angepasst haben – deutlich effizienter als dezentrale Systeme mit zahlreichen Delegationsprozessen. Bei steigender Komplexität der Umwelt scheitern diese starken Bürokratien allerdings unweigerlich. Komplexere Systeme hingegen können deutlich besser auf komplexe Umwelten reagieren.[53]

Obwohl die Kontingenztheorie und der Population-Ecology-Ansatz inzwischen in einzelnen Ansätzen als überholt gelten[54], verdeutlichen beide in ihren Grundsätzen ebenso wie der systemtheoretische Ansatz, dass im Zuge der Globalisierung, der technologischen Innovationen und der daraus resultierenden steigenden Dynamik in der Organisationsumwelt agilere Konzepte unabdingbar werden. Diese Notwendigkeit adressierend, formulierte Kotter zu Beginn des 21. Jahrhunderts die Anforderung an zwei parallele Betriebssysteme. Neben traditionellen Hierarchien und Prozessen soll eine Ergänzung durch den Aufbau eines zweiten Betriebssystems mit agilen, netzwerkartigen Strukturen und Prozessen nur der Entwicklung und Implementierung von neuen Strategien dienen.[55] Neben den Erfolgsfaktoren durch Führung zeigen diese aktuelleren Management-Ansätze neuere Entwicklungen im Hinblick auf Organisationskonzepte auf. Das Ziel ist es, die Leistungs- und Innovationskraft von Unternehmen zu steigern und damit den modernen Anforderungen von heute und morgen erfolgreich zu begegnen.

Implikationen für die Praxis

Was bedeuten diese theoretischen Erkenntnisse nun für die Praxis? Die Forschungsergebnisse zeigen, dass bei unterschiedlichen Verhaltensweisen mehrere Faktoren zeitgleich eine Rolle spielen und diese dabei meist in einem komplexeren Geflecht zusammenwirken. Dennoch veranschaulichen die vorgestellten direkten und indirekten Effekte, wie die Leistung positiv beeinflusst werden kann. Wir zeigen im Folgenden auf, wie die vorgestellten Einflussvariablen in der Unternehmenspraxis zur Steigerung der Arbeitsleistungen genutzt werden können.

---

52 Ashby (1956).
53 Bergmann, & Garrecht (2008).
54 z. B. Gebert & Rosenstiel (2002), Neuberger (2002), Wegge, & Rosenstiel (2004).
55 Kotter (2015).

Zur Förderung der Autonomie bietet sich die Etablierung sogenannter teilautonomer Arbeitsgruppen an.[56] Im Gegensatz zu klassischen Fließbandarbeitern erhalten teilautonome Arbeitsgruppen kontinuierlich eine Arbeitserweiterung und -bereicherung in ihren Kernaufgaben und verfügen somit insgesamt über einen hohen Tätigkeits- und Entscheidungsspielraum. Mitarbeiter über ihre konkrete Arbeitseinteilung und Vorgehensweise selbst entscheiden zu lassen, ist eine recht einfache Möglichkeit, einen motivationalen Prozess anzustoßen, der den gesteigerten Leistungen jedes Einzelnen und in Summe dem ganzen Unternehmen dient. Dieser Prozess kann darüber hinaus durch unterschiedliche Möglichkeiten der Mitbestimmung angeregt werden, die durch demokratische Organisationsformen im gesamten Unternehmen umfänglich etabliert werden. Mehrere Studien zeigen zudem, dass resultierende hohe Selbsterwartungen – neben der Förderung von Autonomie und Partizipation – auch durch spezifische Trainings gefördert werden können.[57]

Abgesehen von der Einräumung von Freiräumen ist es grundsätzlich zweckdienlich, in die Kompetenzen der Mitarbeiter zu vertrauen, ihnen komplexe Aufgaben zu übertragen und herausragende Ergebnisse zu erwarten. Auf diese Weise können Sie Ihren eigenen Beitrag zur selbsterfüllenden Prophezeiung leisten, denn Ihre positive Erwartungshaltung steigert tatsächlich das Selbstvertrauen Ihrer Mitarbeiter und in Folge auch deren Leistungen.[58] Insgesamt ist es wichtig, den entsprechenden Rahmen zu schaffen: Unternehmensstrukturen und Aufgabenprofile müssen Freiräume und Eigenverantwortung ermöglichen und die Mitarbeiter müssen mit hinreichend Ressourcen – z. B. Informationen – ausgestattet werden. Zusammenfassend werden Mitarbeiter durch unterschiedliche Jobressourcen und Voraussetzungen zusätzlich motiviert und damit zur Steigerung ihres Leistungspotenzials befähigt.

---

56 Vgl. Ulich (2005).
57 Beispielsweise Voegtlin, Boehm, & Bruch (2015), Harris, Wheeler, & Kacmar (2009).
58 Snyder, Tanke, & Berscheid (1977).

ANREGUNGEN – TEIL 1: ÜBERBLICK
Wie Sie Ihr Betriebssystem aktualisieren

Wie können Sie diese Erkenntnisse nun anwenden? Im Folgenden stellen wir ausgewählte Ansätze vor, wie Sie das Betriebssystem Ihres Unternehmens modernisieren und erweitern können. Die Ansätze erheben keinerlei Anspruch auf Vollständigkeit und sind keinesfalls für alle Unternehmen und Teams gleichermaßen geeignet. Sie verstehen sich als Denkanstöße und Vorlagen für eigene Innovationen im Betriebssystem Ihres Unternehmens. Die meisten der im Folgenden vorgestellten Anregungen haben wir in unserem Unternehmen Haufe-umantis und teilweise mit Kunden erprobt und über mehrere Jahre entwickelt. Wir stellen jedoch auch andere Unternehmen beispielhaft dar, die unabhängig von uns ähnliche Ansätze verfolgen.

Zum Teil handelt es sich um Neuerungen, deren nachhaltige Wirksamkeit bislang keinesfalls nachgewiesen ist – und die sich durch Versuch und Irrtum kontinuierlich weiterentwickeln. Dies liegt in der Natur der Innovation begründet. Wir möchten deshalb Sie, werte Leserinnen und Leser, einladen, mit uns gemeinsam eine lebende und sich stetig aktualisierende Plattform zu füllen mit Innovationen zum Betriebssystem von Unternehmen. Diese ermöglicht einen regen Austausch über verschiedene Wege zur Aktualisierung des Betriebssystems von Unternehmen. Mit *os.haufe.com* bieten wir ein Forum für diesen Austausch und die Entwicklung eines offenen Betriebssystems für Unternehmen. Auch unsere Anregungen finden Sie dort regelmäßig aktualisiert (siehe S. 285ff).

EINORDNUNG DER ANREGUNGEN
Wie Sie die passende Anregung für sich finden

Damit Sie die verschiedenen Vorschläge hier im Buch und auch auf der Plattform schneller einordnen und finden, haben wir sie nach einem einheitlichen Raster strukturiert: Welchen Prozess im Unternehmen betrifft dieser Vorschlag und auf welcher Stufe des Betriebssystems wirkt er?

Als besonders geeignete Prozesse zur Innovation des Betriebssystems sehen wir – nicht abschließend – folgende:

- Unternehmens- / Teamebene: Strategie, Organisation, Planung.

- Individualebene: Führung, Leistung, Besetzung, Entwicklung, Vergütung.

Wir verorten die Vorschläge innerhalb des Quadranten auf vier Stufen im Betriebssystem. Die verschiedenen Stufen haben wir der Einfachheit halber nummeriert. Eine höhere Stufe ist nicht die bessere. Es geht darum, die Stufe zu finden, die dem Team und der Aufgabe angemessen ist. Wie ausgeführt arbeiten in einem Unternehmen verschiedene Teams zu unterschiedlichen Zeitpunkten auf unterschiedlichen Stufen. Diese Stufen entsprechen auch der differenzierten Darstellung der Achsen Mitarbeiter (S. 31) und Organisation (S. 35f) im Quadranten. Wir geben jeweils einzelne Stichworte als Gedankenanregung zu den drei Dimensionen Organisation, Mitarbeiter und Infrastruktur.

- Stufe 1: Überzeugende Weisung und Kontrolle
Verantwortliche erklären ihre Weisungen hinreichend, um die Ausführenden möglichst gut von deren Sinnhaftigkeit zu überzeugen.
Organisation: klar definierte, akzeptierte und überzeugende Führungskraft
Mitarbeiter: Vertrauen in Führungskraft, Zurücknehmen eigener Befindlichkeiten
Infrastruktur: Management Informations-System als Entscheidungshilfe

- Stufe 2: Einbeziehende Weisung und Kontrolle
Verantwortliche berücksichtigen in ihren Weisungen aktiv die Überlegungen und Meinungen der Ausführenden.
Organisation: Führen durch Fragen, Kontrolle durch Transparenz, Vertrauen
Mitarbeiter: Offenheit, Mut Dinge anzusprechen, Akzeptanz von Entscheidungen
Infrastruktur: (anonymes) Feedback, Meinungsbefragungen, Diskussionsforen

- Stufe 3: Unterstützte Selbstorganisation
Alle am Prozess beteiligten Personen organisieren sich gemeinsam – unterstützt (aber nicht bestimmt) von Experten, Spezialisten oder Vorgesetzten.
Organisation: Mut und Vertrauen auf allen Seiten, Hochseil mit Sicherungsnetz
Mitarbeiter: Lernen von Selbstorganisation, keine Delegation nach oben
Infrastruktur: Ausbildung, Übung, Coaching, Eskalationsmöglichkeiten

- **Stufe 4: Selbstgestaltete Selbstorganisation**
  Alle am Prozess beteiligten Personen organisieren sich gemeinsam – entlang der durch sie selbst gestalteten Regeln.
  Organisation: klare Regeln und Rituale, Kultur, Konfliktlösungsmechanismen
  Mitarbeiter: Verantwortung inkl. unangenehmer Dinge, Geübtheit in Organisation
  Infrastruktur: Plattform für Zusammenarbeit, Feedback, Lernen, Abstimmung [59]

Außerhalb eines guten Betriebssystems könnte man die Stufen 0 und 5 denken.

- **Stufe 0: Diktatur**
  Verantwortliche diktieren ihre Anweisungen ohne diese zu erklären – ganz nach dem Motto: „Denk nicht! Mach!"

- **Stufe 5: Chaos**
  Das Team ist der Selbstorganisation überlassen ohne klare Regeln und Rituale. Niemand weiß, wie man sich organisiert. Dies trifft häufig auch für Schattenorganisationen und Organisationen in der Überforderung zu.

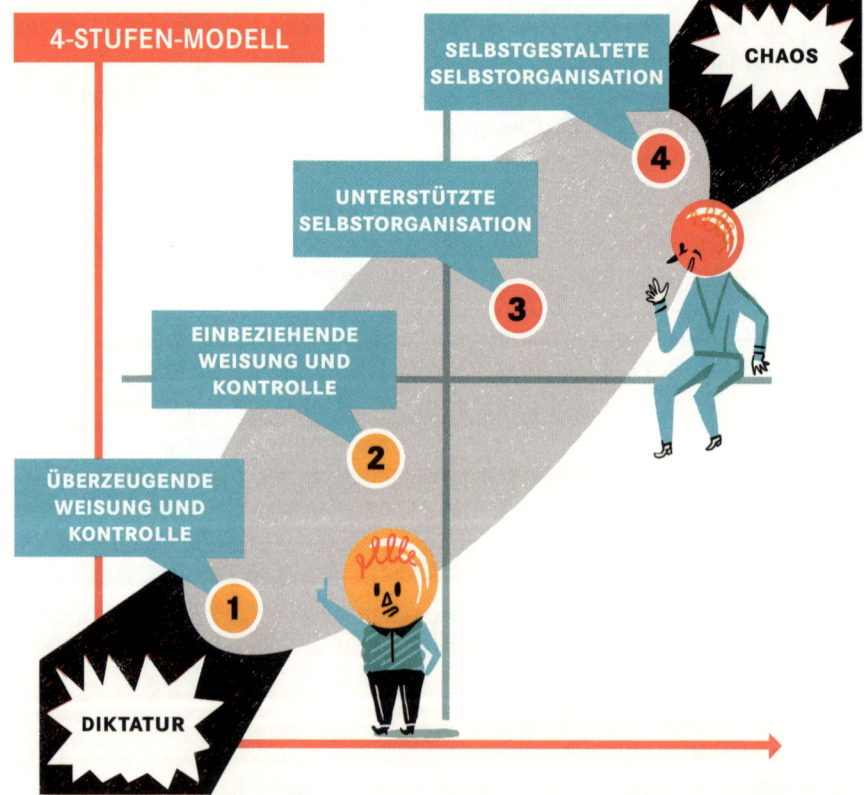

[59] Abstimmung nicht nur im Sinne von seine Stimme abgeben, sondern vor allem, sich im Vorfeld von Entscheidungen abstimmen, eine gemeinsame Stimme finden.

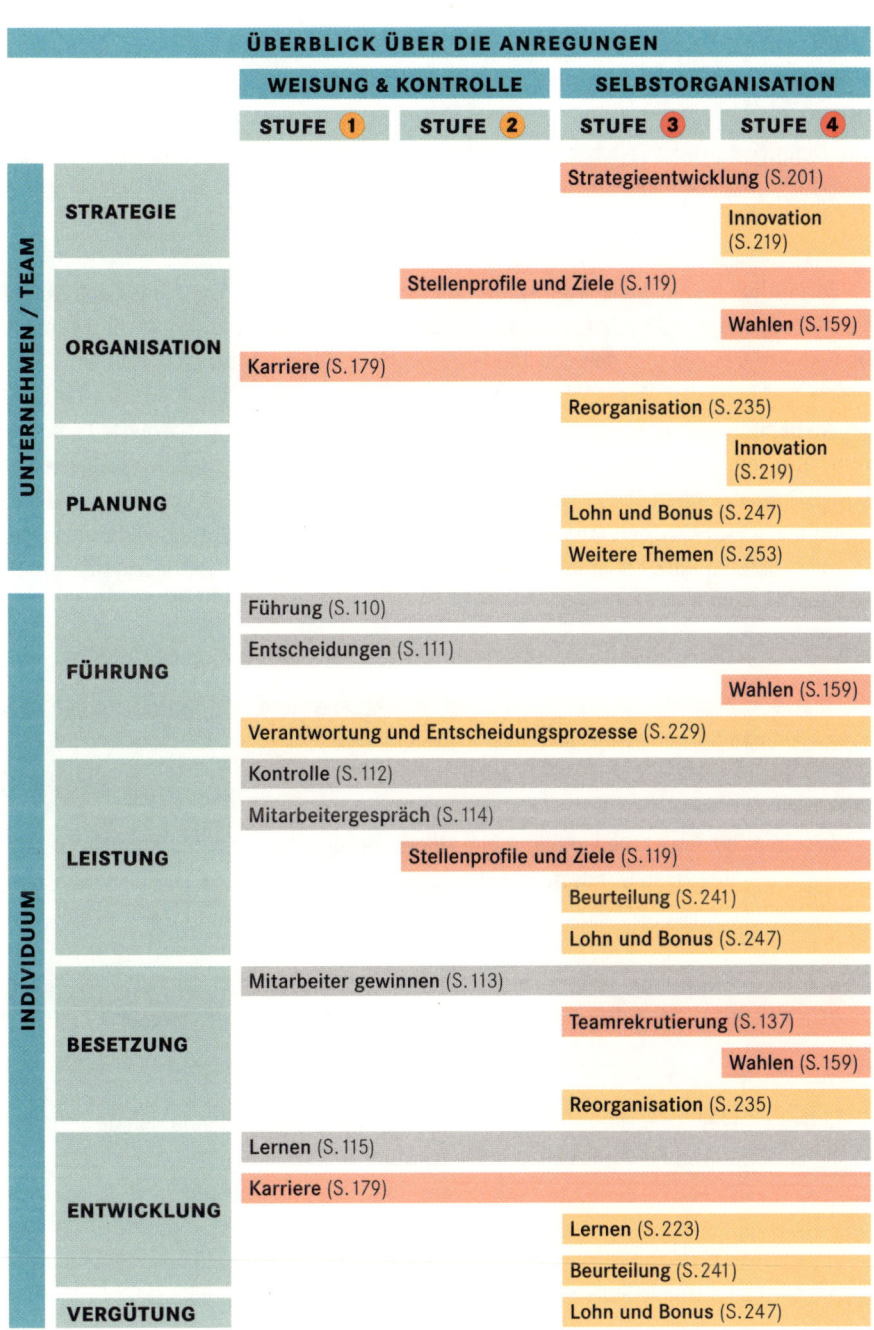

VERANSCHAULICHUNGEN
Welche Spanne ein Betriebssystem abdecken kann

Die Definition des Betriebssystems wirkt auf den ersten Blick theoretisch und wenig konkret. Zudem ist man versucht, das agile Netzwerk als Ziel und einzigen Heilsbringer für die Herausforderungen von Unternehmen zu sehen.

Vermutlich finden Sie sich selbst und Ihr unternehmerisches Umfeld je nach Aufgabenstellung in mehr als einer Ausprägung des Quadranten wieder. Diese variiert je nach den Anforderungen und den Umständen, sowohl im Team als auch bei Kunden, Lieferanten und im Markt. Wir möchten mit dem Quadranten Anregungen für die vielfältigen Möglichkeiten bieten. Er soll auch konkrete Überlegungen und die bewusste Entscheidung anregen, auf welcher Stufe Sie Ihre Verantwortung wie wahrnehmen wollen – als Führungskraft und auch als Mitarbeiter. Dabei hat jede Stufe ihre Vor- und Nachteile. Wenn Sie bei Ihrer Arbeit einzelne Aufgaben, Funktionen oder Prozesse identifizieren, die nicht optimal funktionieren, können Sie diese in Ihrem eigenen Betriebssystem abbilden und konkrete Maßnahmen ergreifen:

- Schritt 1

  Überlegen Sie, wie Sie mit Ihrem Team die aktuelle Herausforderung auf den verschiedenen Stufen jeweils meistern würden.

- Schritt 2

  Zeichnen Sie den aktuellen Stand ein. Überforderung und Schatten können Sie entweder im jeweiligen Quadranten einzeichnen oder als Stufe 5.

- Schritt 3

  Überlegen Sie, welche andere Stufe im Betriebssystem Ihnen möglicherweise weiterhelfen könnte – oder ob Sie die aktuelle Stufe lediglich verbessern müssen.

- Schritt 4

  Entwickeln Sie Ihr eigenes Verständnis notwendiger Maßnahmen in den drei Dimensionen Organisation, Mitarbeiter, Infrastruktur.

- Schritt 5

  Aktualisieren Sie Ihr Betriebssystem, indem Sie ganz gezielt eine neue Stufe einführen oder die aktuelle Stufe modernisieren (zur Einführungsmethodik siehe S. 255ff.).

Wann sollten Sie welche Maßnahmen ergreifen? Die folgenden Empfehlungen geben lediglich grobe Hinweise, die je nach konkreter Situation deutlich vielfältiger und auch anders ausfallen können. Manchmal können auch mehrere Symptome zutreffen, die widersprüchliche Maßnahmen erfordern. Das ist kein Fehler, sondern gehört zum Konzept des Betriebssystems. Sie müssen dann die Klaviatur in beide Richtungen verbessern und erweitern.

- Im Schatten
  Sie können Ihre Organisation zu wenig führen
  In den Schatten sind die Mitarbeiter ausgewichen, denen das Korsett der Führung zu eng und unpassend war. Versuchen Sie, Mitarbeiter mit mehr Einbezug (Stufe 2) aus dem Schatten zu locken.

- In der Überforderung
  Ihre Mitarbeiter bringen trotz Einsatz keine Leistung
  Die Überforderung entsteht meist in einer frühen Phase der Einführung von Selbstorganisation. Bieten Sie Unterstützung (Stufe 3), indem Sie Ausbildung, Training, klare Strukturen und passende Infrastruktur anbieten.

- Bei mangelnder Agilität
  Ihr Marktumfeld ist dynamischer als Ihre Organisation
  Um Agilität in Ihrem Team zu erhöhen, sollten Sie (vermehrt) Elemente der nächsthöheren Stufe versuchen und bei Erfolg schrittweise ausbreiten.

- Bei mangelnder Führung
  Ihre Organisation beschäftigt sich mit sich selbst
  Der Fokus richtet sich nach innen bei nicht gut eingeführter oder unpassender Selbstorganisation. In diesem Fall sollten Sie die nächsttiefere Stufe verstärken.

- Bei unpassender Infrastruktur
  Alle wollen anders, können aber nicht
  Viele der Veränderungen erfordern eine neue Art von Infrastruktur. Ohne das Internet wären zahlreiche neue Geschäftsmodelle nicht möglich. Genauso müssen wir auf die Infrastruktur unserer Organisation schauen. Digitalisierung ist nicht nur die elektronische Automatisierung bestehender Prozesse.

Mit den folgenden Veranschaulichungen stellen wir an unterschiedlichen Aufgabenstellungen im Unternehmen die verschiedenen Ausprägungen eines Betriebssystems beispielhaft dar. Ein gutes, d. h. funktions- und zukunftsfähiges Betriebssystem umfasst in der Regel sowohl ein modernes Verständnis von Weisung und Kontrolle als auch ein funktionierendes agiles Netzwerk – und zahlreiche Ausprägungen dazwischen.

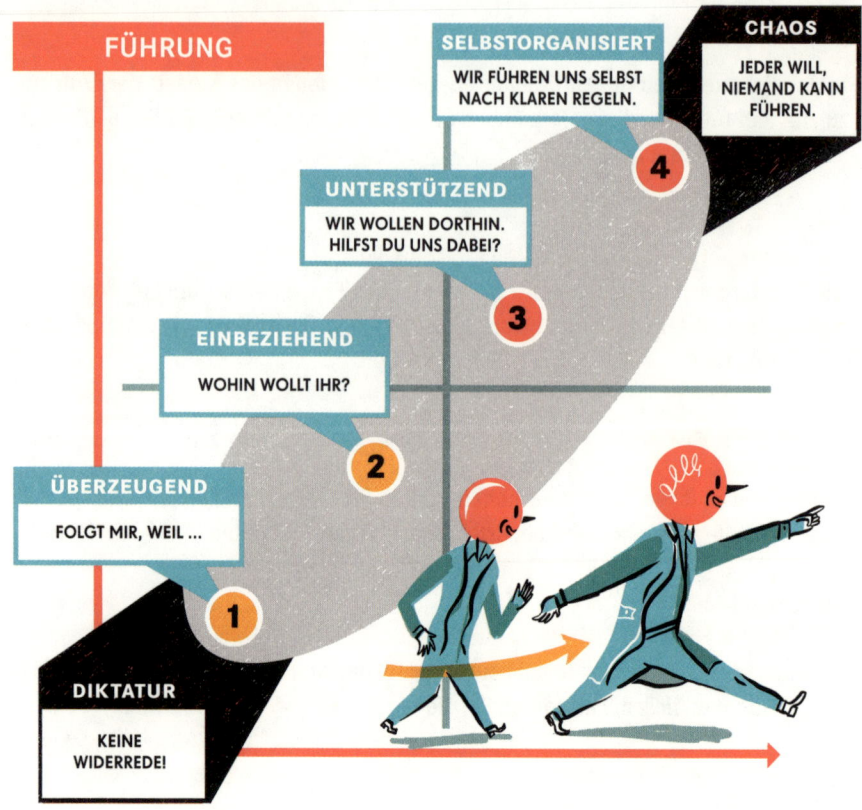

FÜHRUNG – ZWISCHEN TYRANNEI UND ANARCHIE

Führung ist zentral, um Menschen und Unternehmen erfolgreich zu machen. Zwischen den beiden Extremen Diktatur und Chaos gibt es eine Vielzahl funktionierender Führungsstile.

1. Als Vorgesetzter können Sie die Ziele und Prinzipien Ihrer Führung erklären.

2. Sie können Ihren Mitarbeitern einzelne Führungsaufgaben delegieren.

3. Als Teammitglied können Sie selbst Verantwortung übernehmen und

4. Ihr Team gemeinsam selbstorganisiert führen.

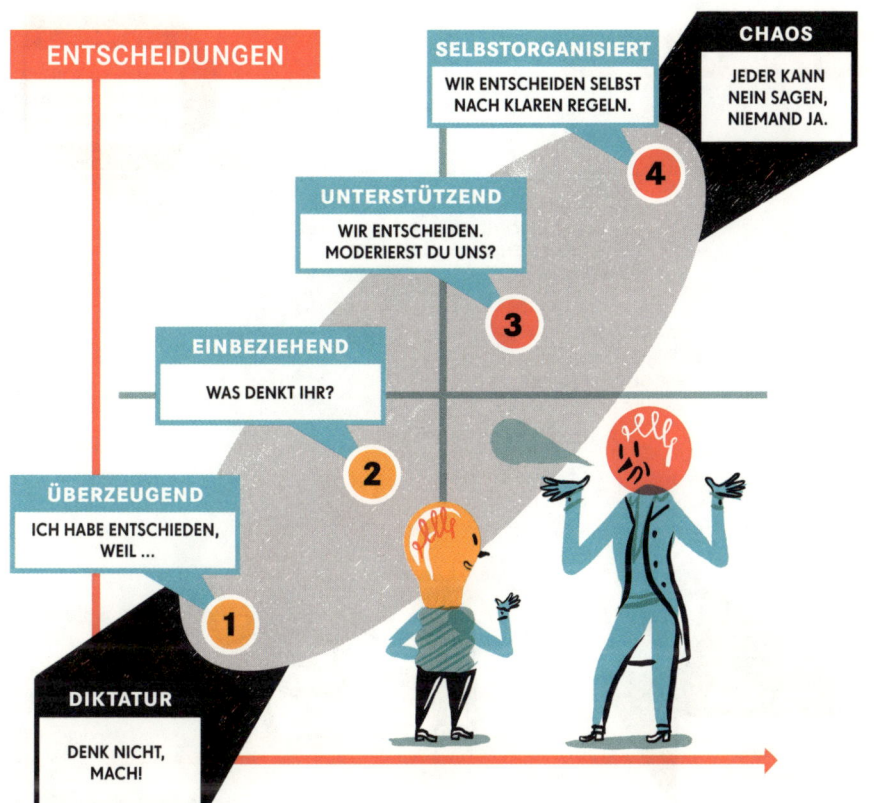

ENTSCHEIDUNGEN – ZWISCHEN BEFEHLSAUSGABE
UND DEM TURMBAU ZU BABEL

Ein wichtiges Instrument der Führungsarbeit sind Entscheidungen. Wenn Entscheidungen getroffen werden müssen,

1. können Sie diese als Führungskraft treffen und die Überlegungen und Beweggründe erläutern.

2. Sie können vor wichtigen Entscheidungen die Meinungen Ihrer Mitarbeiter einholen und diese in Ihrer Entscheidung berücksichtigen.

3. Als Teammitglied können Sie Entscheidungen selbst treffen und nicht nach oben delegieren.

4. Sie können im Team gemeinsam selbstorganisiert Entscheidungen treffen.

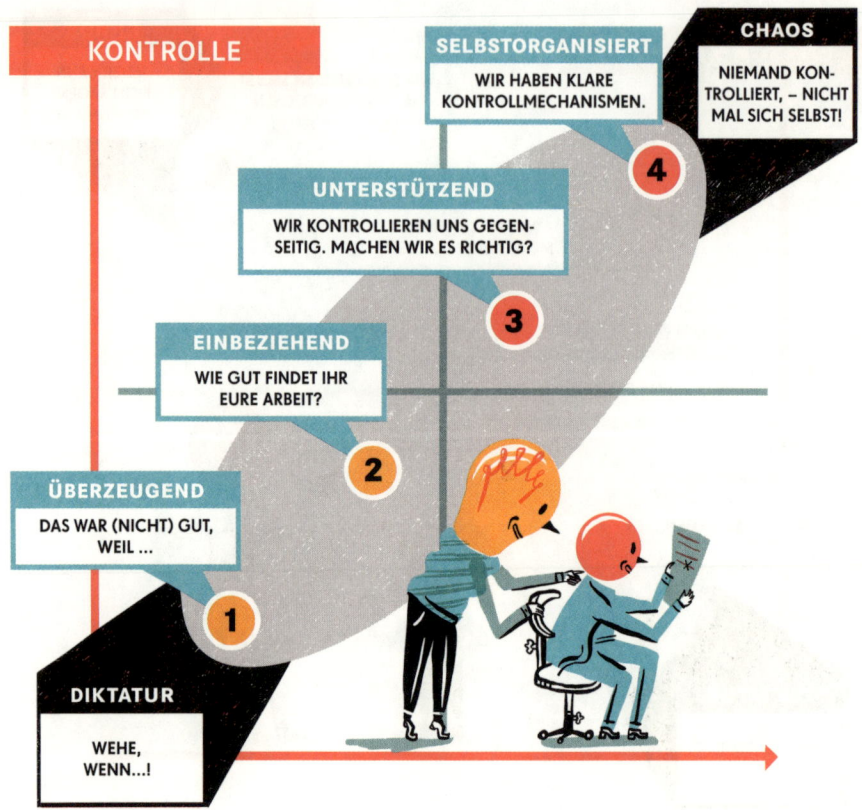

KONTROLLE – ZWISCHEN ANGSTREGIME UND KONTROLLVERLUST

Kontrolle ist ein essenzielles Instrument guter Leistung. Wenn niemand meine Arbeit beachtet, dann benötige ich sehr viel Selbstdisziplin, um weiter gute Leistung zu erbringen.

1 Als Vorgesetzter können Sie Ihre Mitarbeiter kontrollieren, indem Sie konkret die Arbeitsergebnisse ansehen und fundiertes Feedback geben.

2 Sie können Ihre Mitarbeiter um deren Einschätzung bitten und dazu Stellung nehmen.

3 Als Teammitglied können Sie Verantwortung für die gegenseitige Kontrolle übernehmen

4 oder selbstorganisierte Kontrollmechanismen einführen, wie sie in zahlreichen Anregungen vorgeschlagen werden (bspw. S. 119, 159, 179, 201, 229, 241, 247).

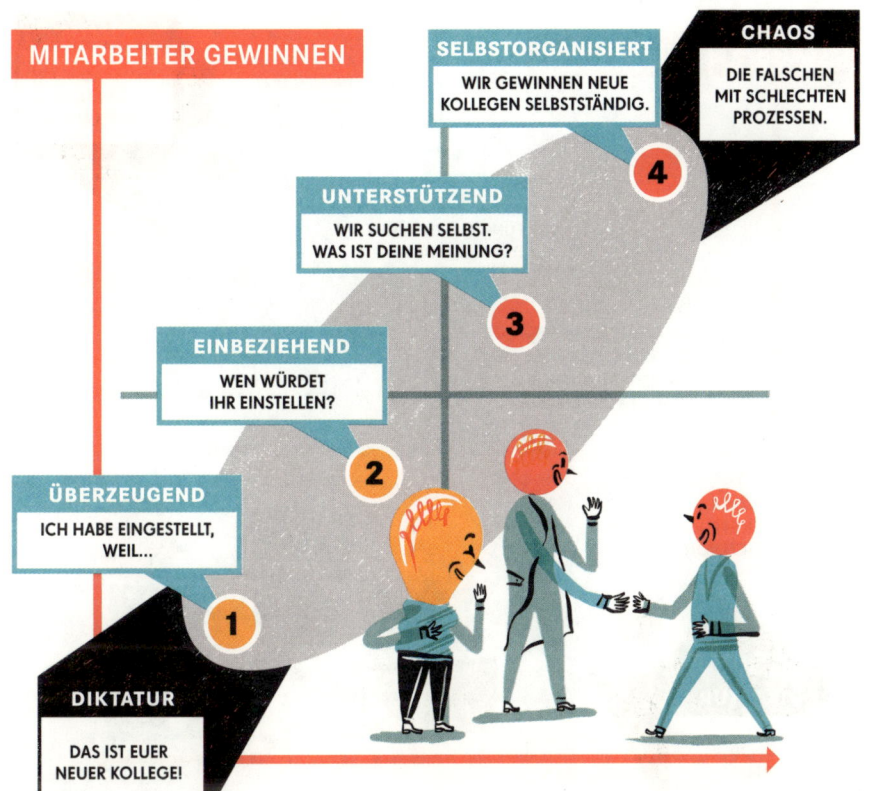

MITARBEITER GEWINNEN – ZWISCHEN ALLEINGANG UND LABYRINTH

Ein großer Hebel für den Erfolg Ihres Unternehmens besteht darin, die richtigen Mitarbeiter zu gewinnen.

1. Als Vorgesetzter können Sie dies als eine Ihrer wichtigsten Aufgaben verstehen und Ihre Einstellungsentscheidungen dem Team erklären.

2. Sie können Ihre Mitarbeiter in die Auswahl einbeziehen, in dem Sie deren Einschätzung erfragen.

3. Als Teammitglied können Sie selbst Kandidaten suchen, ansprechen und dem Team und Vorgesetzten vorschlagen.

4. Sie können auch den gesamten Prozess im Team selbstverantwortet organisieren.

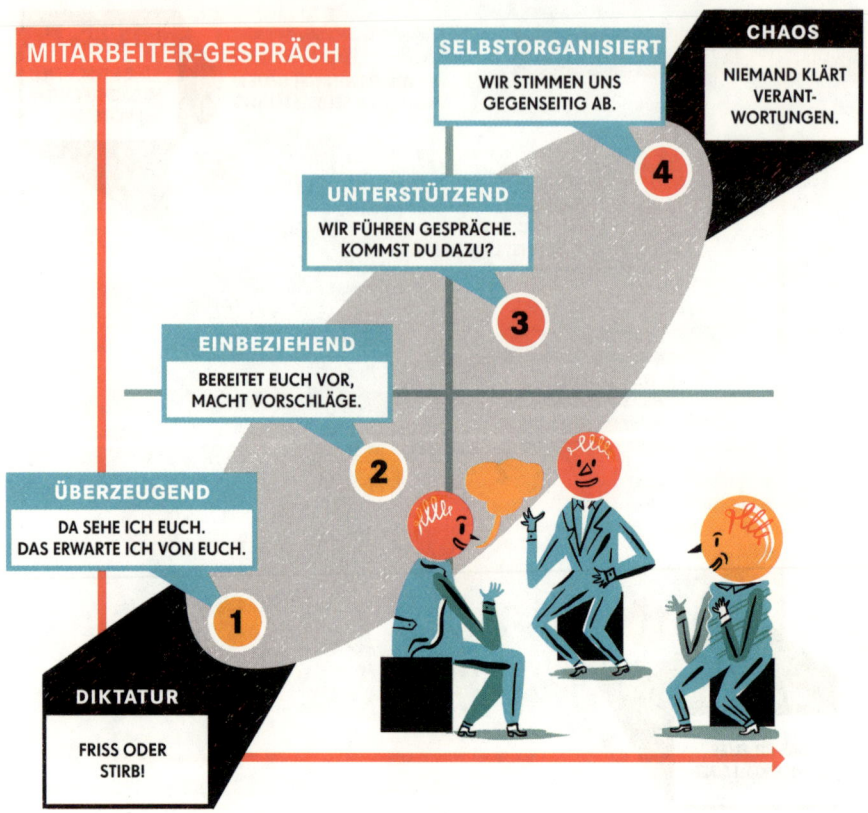

MITARBEITER-GESPRÄCH – ZWISCHEN MONOLOG UND KAKOPHONIE

Mitarbeiter-Gespräche haben eine wichtige Funktion. Es geht um die regelmäßige Klärung, Abstimmung und Anpassung von Rollen und Verantwortlichkeiten.

1 Als Vorgesetzter können Sie Ihre Erwartungen klar kommunizieren und Ihre Einschätzung zur Aufgabenerfüllung begründen.

2 Sie können Ihre Mitarbeiter auffordern, sich eigene Gedanken zu machen und diese mit Ihnen abzustimmen.

3 Als Teammitglied können Sie selbst die Initiative in die Hand nehmen und sich mit Ihren Kollegen absprechen.

4 Sie können auch als Team selbstorganisiert Aufgaben und Verantwortung klären.

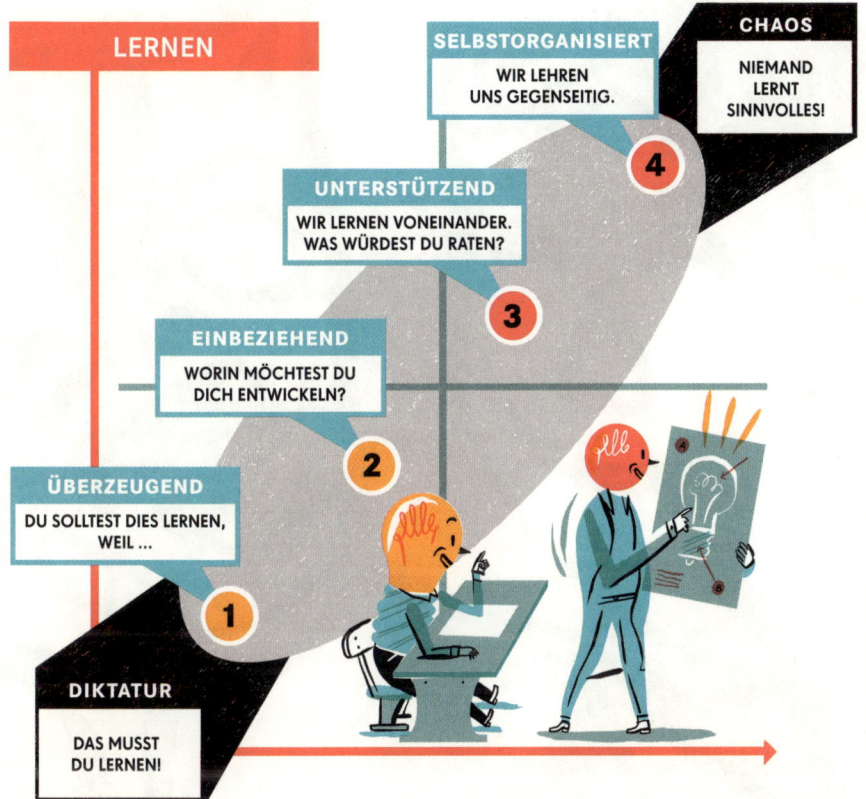

LERNEN – ZWISCHEN NÜRNBERGER TRICHTER UND VERIRRUNGEN

Lernen ist eine Notwendigkeit aber auch ein natürliches Bedürfnis. Wir alle wollen wachsen.

1. Als Führungskraft können Sie sich für die Entwicklung Ihrer Mitarbeiter verantwortlich fühlen und sie auf Entwicklungspotentiale aufmerksam machen.

2. Sie können Ihre Mitarbeiter anregen, sich Gedanken zu machen und Entwicklungsziele vorzuschlagen.

3. Als Teammitglied können Sie selbst Entwicklungsbedarf identifizieren und von Ihren Kollegen sowie von externen Quellen lernen.

4. Sie können im Team die gegenseitige Entwicklung selbstständig und selbstverantwortlich sowohl intern als auch extern organisieren.

ANREGUNGEN – TEIL 2: ANLEITUNGEN
Wie Sie Ihr Betriebssystem aktualisieren

HILFESTELLUNG – NICHT IN EINEM STÜCK ZU GENIESSEN
Bitte verstehen Sie den folgenden Teil des Buches als eine Art Nachschlage-Werk. Er ist nicht als Text gedacht, den Sie von vorne bis hinten am Stück durchlesen.

Worum geht es?
Die *Grundidee* jeder einzelnen Anregung wird zu Anfang in 140 Zeichen beschrieben. Sofern Sie diese Anregung als relevant oder interessant erachten, können Sie das Thema vertiefen.

Welche Vorteile bietet dieser Vorschlag?
Die *zentralen Vorteile* geben Ihnen einen ersten Überblick, was Sie von diesem Vorschlag erwarten können.

Welches Problem löst dieser Vorschlag?
Anhand der *Problembeschreibung* können Sie abschätzen, ob Sie vor ähnlichen Herausforderungen stehen.

Wie funktioniert das?
Danach folgt eine ausführlichere *Beschreibung der Vorgehensweise*, die von einer generellen Zusammenfassung eingeleitet wird.

Wie führen Sie diesen Vorschlag ein? Welche Stolperfallen sind zu berücksichtigen? Wie begegnen Sie Einwänden?
Falls Sie eine der Anregungen selbst umsetzen wollen, erhalten Sie Hilfestellung zur schrittweisen *Einführung* sowie eine Darstellung der häufigsten Einwände, mit der Sie konfrontiert werden könnten.

Nutzen Sie das Kapitel auf verschiedene Weisen:
- Lesen Sie jeweils die Grundidee und entscheiden Sie, ob die Anregung für Sie interessant ist.
- Überlegen Sie, in welchem Bereich Sie aktuell die größten Herausforderungen sehen – und wählen Sie dafür die passenden Anregungen.
- Lesen Sie eine Anregung in einem für Sie interessanten Thema und erwägen Sie eine Umsetzung in Ihrem eigenen Umfeld. Dazu eignet sich beispielsweise die erste Anregung zu Stellenprofilen (S. 119).

EIGENVERANTWORTETE STELLENPROFILE UND ZIELE
Wie Wissensarbeiter ihre Produktivität steigern

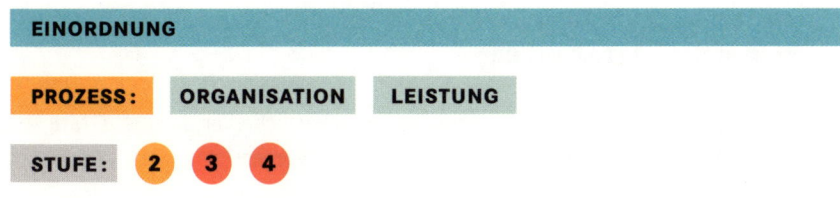

Worum geht es?

Mitarbeiter durchdenken und beschreiben ihre eigenen Aufgaben. Damit wird der Sinn der eigenen Arbeit klarer und die Produktivität höher.

Welche Vorteile bietet dieser Vorschlag?

Wenn Mitarbeiter und Teams ihre Aufgaben und Ziele selbst durchdenken und definieren, hat dies folgende zentrale Vorteile:

- Durch die erforderliche gedankliche Auseinandersetzung begreift jeder Mitarbeiter besser den Sinn seiner Tätigkeit und deren Beitrag für das Unternehmen. Dies erhöht das Verantwortungsbewusstsein, das Engagement und die Motivation.

- Das Durchdenken der eigenen Aufgaben richtet den inneren Kompass, der uns hilft, Wichtiges von Unwichtigem zu unterscheiden, besser aus. Das erhöht maßgeblich die Produktivität.

- Häufig bemerken Vorgesetzte nicht, dass ihre Vorstellungen und Anweisungen falsch kommuniziert oder verstanden werden. Wenn der Prozess beim Mitarbeiter beginnt und er seine Vorstellungen in seinen eigenen Worten formuliert, reduziert dies derartige Missverständnisse.

- Wenn Mitarbeiter ihre Aufgaben und Ziele selbst vorschlagen und verantworten, erhöht dies deren Verbindlichkeit. Damit wächst die Chance, diese zu erfüllen und zu erreichen.

- Das berechtigte Gefühl, die Gestaltung der eigenen Arbeit zumindest teilweise in der Hand zu haben, reduziert den negativen Stress, der bei fremdbestimmter Arbeit häufig entsteht.

- Der Austausch darüber, welche Hindernisse guter Leistung im Weg stehen, ist häufig schon der erste Schritt zu deren Überwindung.

Insbesondere für Stufe 3 und 4 gibt es weitere Vorteile:

- Die Diskussionen mit dem Team und den Anspruchsgruppen führen zu einem besseren Verständnis der Zusammenhänge. Daraus entstehen regelmäßig Ideen zur Verbesserung der Zusammenarbeit.

- Die Vereinbarung im Team erzeugt eine gemeinschaftliche Verpflichtung, Tätigkeiten für das Team zu übernehmen, die gegenüber einem Vorgesetzten nicht freiwillig übernommen werden würden.

- Die Selbstverpflichtung auf eine Leistung gegenüber dem Team und die Verantwortung des Teams erzeugen eine konstantere Selbst- und Fremdkontrolle, als dies durch Vorgesetzte möglich wäre. Es gibt regelmäßiger und häufiger positive Unterstützung und wenn nötig negative Konsequenzen.

Welches Problem löst dieser Vorschlag?

Kennen Sie das auch? Sie arbeiten den ganzen Tag wie ein Besessener und am Abend fragen Sie sich vergeblich, was Sie heute eigentlich erreicht haben. An anderen Tagen sprechen Sie – nicht selten zufällig – mit den richtigen Leuten, stellen die richtigen Fragen, entwickeln die richtigen Ideen, treffen die richtigen Entscheidungen und bringen so Ihre Arbeit in kurzer Zeit ein großes Stück voran. Beides sind verbreitete Phänomene unserer Zeit. Die Handarbeiter der industriellen Revolution kannten ihre Arbeit genau und konnten täglich sehen, was sie geschaffen hatten: Wer sich mehr anstrengte, konnte mehr erreichen. Bei Wissensarbeitern wird dies zunehmend schwieriger. Wir können uns der vielen Aufgaben, Projekte, Sitzungen und E-Mails kaum erwehren. Meist lenken diese von den für uns relevanten Aufgaben und Zielen ab. Es wird immer wichtiger, sich auf die wirklich wichtigen Dinge zu konzentrieren und den Hauptteil unserer Zeit und Energie darauf zu verwenden. Ein solch fokussiertes Arbeiten erfordert jeden Tag eine Vielzahl an eigenständigen Entscheidungen – insbesondere was wir in welcher Reihenfolge machen und mit welcher Energie. Dies kann uns kein Vorgesetzter abnehmen. Wir selbst müssen diese Entscheidungen treffen. Wir selbst müssen den Fokus legen und halten.

Der beste Weg, sich nicht von der Flut an Aufgaben und Beschäftigungen ablenken zu lassen, ist ein klares Verständnis von der eigenen Rolle, der eigenen Aufgabe und dem eigenen Beitrag für das Unternehmen. Dieses Verständnis dient als interner Kompass, der ständig Wichtiges von Unwichtigem trennt. Je genauer dieser Kompass ist und je besser wir auf ihn hören, desto produktiver arbeiten wir. Es führt deshalb kein Weg daran vorbei, unsere Aufgaben und Ziele selbst zu durchdenken und zu beschreiben. Dieser Aufwand ist gerechtfertigt, weil wir damit unseren eigenen Kompass auf die wichtigen Ziele ausrichten. Eine von außen vorgegebene Aufgabe oder ein von anderen auferlegtes Ziel hilft uns kaum, die größte Herausforderung für uns Wissensarbeiter – nämlich das Richtige zu tun – zu bewältigen.

Ganz nebenbei löst dieser Vorschlag das leidige Problem der ungeliebten Mitarbeitergespräche. Mitarbeiter und Vorgesetzte werden durch lange Formulare gequält, durch mathematische Definitionen von Zielerreichungskriterien und durch möglichst objektivierte Beurteilungen. Niemand ist der Meinung, dass dieser Prozess sein erklärtes Ziel erreicht, nämlich die Leistung von Mitarbeitern zu verbessern. Das vorgeschlagene Vorgehen konzentriert sich ohne Umwege auf den größten Hebel zur Steigerung der Produktivität. Es kann von jedem Mitarbeiter oder Vorgesetzten eingeführt werden, indem er einige wenige Fragen durchdenkt, die Antworten formuliert und nach diesen handelt.

Wie funktioniert das?

Bereits vor vierzig Jahren (1974) beschrieb Peter Drucker in seinem wegweisenden Buch *Management* die zentralen Fragen, die ein Wissensarbeiter für sich beantworten muss.

> „Deshalb beginnt die Arbeit an der Produktivität von Wissensarbeitern damit, Wissensarbeiter selbst zu fragen: Was ist Deine Aufgabe? Was sollte sie sein? Welcher Beitrag sollte von Dir erwartet werden? Und was behindert Dich bei Deiner Aufgabe und sollte beseitigt werden?" [60]
> *Peter Drucker*

Peter Drucker stellte diese Fragen Krankenpflegern eines großen Spitals. Die Bandbreite der Antworten auf die Frage nach den Aufgaben war groß – von *Krankenpflege* bis zu *Ärzte zufriedenstellen*. Alle waren sich jedoch einig darin, was sie hindert, gute Arbeit zu leisten: Papierkram abwickeln, Blumen anrichten, Anrufe von Angehörigen beantworten usw. Die meisten dieser Aufgaben konnten an andere, weniger qualifizierte und günstigere Mitarbeiter delegiert werden. Es brauchte Zeit und war schwierig, die Aufgaben der Krankenpfleger neu zu gestalten, bis sie tatsächlich den Beitrag leisten konnten, für den sie bezahlt wurden. Nach Drucker wird durch derartige Fragen und eine Umsetzung gemäß der Antworten die Produktivität von Wissensarbeitern um das Doppelte bis Dreifache erhöht – und das ziemlich schnell. Gemessen an der Zeit, die die Pfleger am Bett der Kranken verbrachten, erhöhte sich unmittelbar nach der Neugestaltung der Aufgaben der Krankenpfleger ihre Produktivität. Die Zufriedenheit der Patienten wuchs um mehr als das Doppelte, die zuvor katastrophal hohe Fluktuation der Krankenpfleger tendierte gegen Null – und all das in nur vier Monaten.

Wissensarbeiter sind keinesfalls nur Mitarbeiter mit weißem Kragen, die am Schreibtisch sitzen (siehe Mitarbeiter in einer komplexen Wissensgesellschaft, S. 29ff). Es sind alle Mitarbeiter, die jeden Tag entscheiden können und müssen, worauf sie sich bei ihrer Arbeit konzentrieren. Für all diese Mitarbeiter ist die Beantwortung folgender Fragen ein erster und vermutlich der wichtigste Schritt, um die Produktivität zu erhöhen.

---

60 „Work on knowledge-worker productivity, therefore, begins with asking the knowledge worker themselves, What is your task? What should it be? What should you be expected to contribute? and What hampers you in doing your task and should be eliminated?" (Übersetzung des Autors).

PRAXISTIPP: FRAGEN ZUR AUFGABENDEFINITION UND ZIELSETZUNG

- Was ist meine Aufgabe? Und was sollte sie sein?
- Was ist mein Beitrag für das Unternehmen?
- Was hindert mich daran, meine Arbeit gut zu machen? Wie kann ich das verändern?
- Was ist die Qualität meiner Arbeit? Woran beurteile ich diese?
- Was sind meine Ziele? Welche Ergebnisse erwarte ich?
- Womit können mich meine Kollegen unterstützen?
- Womit kann ich meine Kollegen unterstützen?
- Was muss ich lernen?
- Was kann ich lehren?

Es ist die ureigene Aufgabe der Mitarbeiter, sich täglich auf die wesentlichen Elemente ihrer Arbeit zu konzentrieren. Hindernisse der Produktivität aus dem Weg zu räumen ist je nach Organisationsform Aufgabe des Mitarbeiters, des gesamten Teams oder des Vorgesetzten. Schon das Durchdenken und Ausformulieren der Antworten auf die obigen Fragen ist ein erster und wichtiger Schritt zur Steigerung der Produktivität und zur Beseitigung von Hindernissen.

VORGEHEN AUF STUFE 2: EINBEZIEHENDE AUFGABENDEFINITION

Den ersten Schritt kann jede Führungskraft im eigenen Team leicht umsetzen. Stellen Sie zur Vorbereitung eines Mitarbeitergesprächs jedem Mitarbeiter diese Fragen – unabhängig davon, ob dies im Rahmen der unternehmensweiten Vorgaben vorgesehen ist oder nicht. Es genügt ein Blatt Papier, auf dem jeder Mitarbeiter seine Aufgabe beschreibt und die Fragen beantwortet.

Im Mitarbeitergespräch besprechen Sie die Antworten, ergänzen oder verändern diese mit dem Mitarbeiter gemeinsam. Wenn Sie sich in diesem Gespräch an den Antworten und Vorstellungen des Mitarbeiters orientieren, ermöglicht das einen klareren Abgleich der wechselseitigen Vorstellungen. Beginnt das Gespräch jedoch mit den Vorgaben der Führungskraft oder gar mit einer Standardvorlage aus der Personalabteilung, werden Unterschiede in den Auffassungen häufig nicht bemerkt. Auch feine Unterschiede in der Vorstellung der eigenen Aufgabe können bereits große Auswirkungen auf die Produktivität haben. Wenn Mitarbeitern diese gedankliche Auseinandersetzung abgenommen wird, enthält man ihnen den größten Hebel zur Steigerung ihrer Produktivität vor: das Verstehen und Begreifen der eigenen Aufgaben und des eigenen Beitrags für das Unternehmen.

Als Mitarbeiter kann ich mir diese Fragen selbst stellen, auch ohne dass mein Vorgesetzter mich dazu auffordert. Dies hilft mir, unabhängig von der Einstellung des Vorgesetzten, sinnvollere und damit bessere Leistungen zu erbringen. Es unterstützt mich in einer meiner wichtigsten Aufgaben als Wissensarbeiter. Peter Drucker bezeichnet diese als „Führung des Chefs"[61]: Ich weiß, was ich von meiner Führungskraft einfordern sollte, um selbst einen besseren Job machen zu können.

Auch Ziele sollte in erster Linie der Mitarbeiter selbst vorschlagen. Nach unserer Erfahrung neigen Mitarbeiter eher dazu, sich zu ambitionierte Ziele zu setzen als zu anspruchslose. Selbst wenn mit der Zielerreichung unmittelbar ein finanzieller Bonus verknüpft ist, geschieht dies häufiger, als die Ziele aus taktischen Verhandlungsgründen zu tief anzusetzen. Dies hängt maßgeblich auch von der Unternehmenskultur ab – und von der Ausgestaltung des Bonussystems. Mit diesem Aspekt beschäftigen wir uns im Kapitel Leistungsgerechte Entlohnung (S. 247ff.)

Auf dieser Stufe der einbeziehenden Weisung und Kontrolle verbleibt die letzte Entscheidung zum Stellenprofil, den Aufgaben und Zielen beim Vorgesetzten. Er entscheidet, was abschließend gelten soll. Vernünftigerweise versucht die Führungskraft, mit dem Mitarbeiter Konsens herzustellen. Gute Führungskräfte berücksichtigen die Erfahrung, dass Aufgabenbeschreibungen und Zielfestsetzungen gegen die Überzeugung des Mitarbeiters nur selten die gewünschten Ergebnisse erbringen.

VORGEHEN AUF STUFE 3: UNTERSTÜTZTE AUFGABENDEFINITION

Einen ersten Schritt in die Selbstorganisation stellt die unterstützte Aufgabendefinition dar. Jeder Mitarbeiter ist selbst für das Durchdenken und Beschreiben seiner Aufgaben und Ziele verantwortlich. Die Führungskraft unterstützt auf vielfältige Weise, trifft aber nicht die finale Entscheidung. Die Führungskraft übt sich sozusagen in therapeutischer Abstinenz, um das Verantwortungsbewusstsein der Mitarbeiter nicht zu gefährden.

Der Prozess startet damit, dass die Führungskraft ihre Mitarbeiter auffordert, die oben genannten Fragen zu durchdenken und die Antworten schriftlich festzuhalten. Oft ist es hilfreich, die Mitarbeiter aufzufordern, ihre Antworten mit Kollegen im Team zu besprechen und deren Meinung einzuholen. In manchen Fällen ist es zudem sinnvoll, Meinungen von Mitarbeitern anderer Teams zu erfragen, mit denen der Mitarbeiter zusammenarbeitet. In jedem Fall ist der Mitarbeiter aber für seine Aufgabenbeschreibung und Zielsetzung selbst verantwortlich.

Als Führungskraft begleiten Sie diesen Prozess. Sie geben Hilfestellungen, fordern Ergebnisse ein und teilen Ihre Meinung mit – aber erst, nachdem der Mitarbeiter den ersten Entwurf selbstständig erarbeitet hat. Diese eigenständige Denkarbeit ist für den

---

61 *Managing the boss*, Peter Drucker (2008).

Mitarbeiter unabdingbar, auch damit er Ihre Vorschläge und Rückmeldungen besser verstehen und einordnen kann. Sollten Sie in einigen Punkten anderer Meinung sein als Ihr Mitarbeiter, versuchen Sie zunächst, ihn von Ihrer Meinung zu überzeugen. Wenn dies nicht gelingt und er Sie umgekehrt auch nicht überzeugen kann, fragen Sie sich, welches Vorgehen zu qualitativ besseren Resultaten bei der Arbeit des Mitarbeiters führt:

- Sie zwingen dem Mitarbeiter Ihre Meinung auf.

- Sie akzeptieren die Vorschläge des Mitarbeiters.

Im ersten Fall untergraben Sie die Selbstverantwortung des Mitarbeiters: Sie greifen am Ende durch und geben eine Anweisung, die der inneren Überzeugung des Mitarbeiters widerspricht. Damit untergraben Sie die Übernahme von Verantwortung nachhaltig und geben zu erkennen, dass Sie es nicht ernst meinen mit der Forderung nach mehr Mitarbeiter-Verantwortung. Ob der Mitarbeiter anschließend seine Aufgaben tatsächlich nach Ihrer Vorstellung erledigt (oder nur so tut) und ob er tatsächlich die von Ihnen vorgegebenen Ziele besser erreicht, bleibt Ihrer Einschätzung überlassen. Die Erfahrungen zeigen, dass dies meist nicht der Fall ist (siehe dazu das Beispiel Die Illusion von der Macht des Vorgesetzten, S. 42).

Wenn Sie die Meinung Ihres Mitarbeiters akzeptieren, passieren zwei Dinge. Erstens wird der Mitarbeiter bemerken, dass Sie es ernst meinen und dass seine Meinung zählt. Das stärkt sein Verantwortungsbewusstsein. Zweitens werden die meisten Mitarbeiter mit viel Energie daran arbeiten, die selbst definierte Aufgabe möglichst gut zu erledigen und die selbstgesteckten Ziele zu erreichen. Sind die Vorschläge der Mitarbeiter halbwegs vernünftig, ist die Produktivität am Ende deutlich höher als im ersten Fall.

PRAXISTIPP: VORGEHEN BEI UNBELIEBTEN AUFGABEN

Wenn Aufgaben, die erledigt werden müssen, von niemandem im Team aufgegriffen werden, liegt es ab Stufe 3 in der Verantwortung des Teams, das Problem gemeinsam zu lösen. Dazu laden Sie alle Mitarbeiter zu einer Sitzung ein, beschreiben die Herausforderung und verlangen eine Lösung des Problems. Zu Beginn empfiehlt es sich, eine Regel aufzustellen, wie bei Uneinigkeit entschieden wird, zum Beispiel:

- Entscheidung durch die Mehrheit des Teams,
- gleichmäßige Verteilung dieser Aufgabe auf alle Teammitglieder,
- Rotieren der Aufgabe in bestimmten Zeitintervallen,
- Entscheidung eines Schiedsrichters oder Gremiums, z. B. Sie.

Die Veröffentlichung der finalen Aufgabenbeschreibung und Zieldefinition im gesamten Team ist ein wichtiger Bestandteil dieses Vorgehens. Es muss jedem Mitarbeiter von Anfang an klar sein, dass das Ergebnis den eigenen Kollegen zugänglich gemacht wird. Mitarbeiter fühlen sich Kollegen gegenüber häufig verantwortlicher als dem Vorgesetzten. Dem Vorgesetzten gegenüber versucht man eher, sich vor unangenehmen Aufgaben zu drücken – weil dieser am Schluss entscheidet und damit den Schwarzen Peter in der Hand hält. Gegenüber Kollegen gilt es hingegen als unkameradschaftlich, sich vor unangenehmen Aufgaben zu drücken und keinen hinreichenden Beitrag für das Team leisten zu wollen.

VORGEHEN AUF STUFE 4: SELBSTGESTALTETE AUFGABENDEFINITION

Eine bewährte Methode, wie Mitarbeiter selbstständig Aufgaben übernehmen, ist Scrum[62]. Sie bietet eine Veranschaulichung und ein ideales Lernbeispiel für ein allgemeines Konzept der selbstgestalteten Aufgabendefinition: Der Auftraggeber (in diesem Fall der *product owner*), stellt dem Team gereiht nach Wichtigkeit seine Anforderungen vor. Das Team entscheidet in Verhandlung mit dem Auftraggeber, welche Aufgaben es bis zum Ende des Arbeitszyklus' (meist wenige Wochen) verbindlich erledigen kann. Anschließend wählt jedes Teammitglied diejenigen Aufgaben, für die es sich am besten geeignet hält (*task picking*). Während eines Arbeitszyklus gibt es tägliche Stehungen (*daily stand-ups*), bei denen jeder kurz berichtet, was er gestern gemacht hat und was er heute zu erreichen plant. So hat das gesamte Team jederzeit den Überblick über die Fortschritte jedes einzelnen.

Wichtig dabei ist, dass sich das Team als Gesamtes zur Erledigung der Aufgaben verpflichtet. Kann ein einzelnes Mitglied des Teams seinen Teil nicht rechtzeitig oder nicht in der erforderlichen Qualität fertigstellen, muss das ganze Team einspringen und an der Erledigung mitarbeiten. Ansonsten war das gesamte Team nicht erfolgreich und hat seine Ziele verfehlt. Auf diese Weise ist jeder im Team daran interessiert, dass alle ihre Leistung erbringen – und unterstützt sich darin gegenseitig. Bei wiederholter Minderleistung Einzelner steigt der Druck des Teams. Das Team fordert dann eine Veränderung des Leistungsverhaltens ein – und unterstützt, wenn der Wille zu besserer Leistung spürbar und glaubwürdig ist.

In der Analogie zu diesem Vorgehen können Sie folgendermaßen vorgehen (auch wenn Sie nicht nach der Scrum-Methode arbeiten): Das Team benennt oder wählt einen Verantwortlichen, der den Prozess moderiert und koordiniert. Dieser Verantwortliche hat keine inhaltliche Entscheidungskompetenz, sondern achtet lediglich darauf, dass die einzelnen Schritte eingehalten werden. In erster Linie organisiert er die Sitzungen des Teams und leitet durch den Prozess. Im Idealfall rotiert diese Aufgabe im Team von Zeit zu Zeit.

---

62 http://tiny.cc/Scrum.

- Schritt 1: Aufgaben und Ziele des Teams

    Ausgangspunkt ist ein klares, untereinander abgestimmtes Verständnis aller Mitarbeiter über Aufgaben und Ziele des Teams. Das Team ist gefordert, die eigenen Aufgaben und Ziele zu beschreiben, sie mit den anderen Anspruchsgruppen zu besprechen, Rückmeldungen einzuholen und bei Widersprüchen zu verhandeln. Dies funktioniert nach einiger Zeit der Übung meist recht gut. Bei unauflösbaren Widersprüchen sollte im Vorfeld definiert sein, nach welchen Regeln diese gelöst werden (siehe Praxistipp S. 124). Die Aufgaben und Ziele des Teams können in einem ersten Schritt auch gemeinsam mit einem Vorgesetzten oder anderen Personen (analog bei Scrum durch den Auftraggeber) vereinbart werden.

- Schritt 2: Aufgaben und Ziele jedes einzelnen Mitarbeiters

    Mit den Vorgaben für das Team kann nun jeder Mitarbeiter überlegen, was seine eigenen Aufgaben und Ziele sind, um einen Beitrag für das Team zu leisten. Er holt die Meinung der Kollegen zu seinem Vorschlag ein – und lässt die Rückmeldungen in seine Beschreibung einfließen. Am Ende des Prozesses stellt jeder dem Team seinen Vorschlag vor und das Team entscheidet darüber. Auch hier sollte vorab klar definiert sein, wie diese Entscheidung gefällt wird. Meist empfiehlt sich ein Mehrheitsentscheid des Teams.

- Schritt 3: Rechenschaft vor dem Team

    Jeder Mitarbeiter sollte in regelmäßigen Abständen dem Team gegenüber Rechenschaft ablegen. Dies kann wie bei Scrum in täglichen Stehungen geschehen oder in wöchentlichen/monatlichen Sitzungen oder schriftlich auf einer dafür geeigneten Plattform. Dadurch verstärkt man die Selbstkontrolle [63] und gibt dem Team die Möglichkeiten, bei unbefriedigender Leistung rechtzeitig zu reagieren.

- Schritt 4: Rechenschaft des Teams

    Das gesamte Team sollte in regelmäßigen Abständen den Anspruchsgruppen gegenüber Rechenschaft über die eigenen Fortschritte ablegen. Dies kann in ähnlicher Form erfolgen wie die Rechenschaft vor dem Team. Der Verantwortliche nimmt an Stehungen aller Verantwortlichen eines Bereiches oder der Anspruchsgruppen teil oder es erfolgt in wöchentlichen/monatlichen Sitzungen der Verantwortlichen. Im höchsten Maß praktikabel und für alle Beteiligten transparent ist die schriftliche Rechenschaft in einer offen zugänglichen Plattform. Wurden Aufgaben und Ziele des Teams mit einer Person vereinbart, so ist dieser Person gegenüber Rechenschaft abzulegen.

    Der Bericht über den eigenen Fortschritt – als Einzelperson und als Team – stellt ein wichtiges Element für die Selbstorganisation dar. Da kein Vorgesetzter kontrolliert, belohnt und straft, muss auch diese Aufgabe vom Team ernsthaft wahrgenommen werden. Im positiven Fall durch Wertschätzung und Dank sowie im negativen Fall durch entsprechende Konsequenzen.

---

63 Siehe dazu auch die Beschreibung der Wirkung von Geschwindigkeitsanzeigesystemen (S. 40).

EXKURS: BEDEUTUNG VON KONSEQUENZEN
Wenn Kooperation zusammenbricht

Zusammenarbeit und insbesondere Selbstorganisation erfordert Kooperation. Das bedeutet, dass man unter Umständen das gemeinsame Ganze vor die eigenen Interessen stellen muss. Am anschaulichsten beobachten wir dies beim Geschirrspülen in der Kaffee-Küche, beim Aufräumen von Sitzungszimmern, beim Telefondienst oder beim Protokollieren und Dokumentieren. Wenn in einem Team nicht jeder einen fairen Beitrag für das Ganze leistet, bricht Kooperation über kurz oder lang zusammen und nur wenige setzen sich dann noch für das Gemeinwohl ein.

Wenn unkooperatives Verhalten keine Konsequenzen zeitigt, spricht die Verhaltensökonomie[64] von konsequenzfreien Räumen. Diese sind gefährlich, da Kooperation dann nicht nachhaltig funktioniert. Irgendwann stellt sich jeder die Frage, warum er etwas machen soll, wenn es ansonsten offensichtlich niemand anders macht.

Das Team und jeder einzelne im Team muss sich verantwortlich dafür fühlen, Konsequenzen einzufordern. Es empfiehlt sich, dass das Team gemeinsam definiert, welche Konsequenzen möglich sind – und nach welchen Kriterien diese angewendet werden. Meist ist die Bloßstellung schlechter Leistung vor dem Team, die durch die Rechenschaft eines jeden einzelnen erfolgt, eine erste, wichtige Konsequenz. Der Mitarbeiter muss vor den anderen eingestehen, dass er nicht hinreichend gut abgeliefert hat. Er kann sich schlecht verstecken oder die Leistung besser darstellen, als sie ist. Weitergehende Konsequenzen können bilaterale Feedback-Gespräche, Feedback-Gespräche im gesamten Team, Verwarnungen, Reduktion von variabler Vergütung oder der Ausschluss aus dem Team sein.

Die Definition und das Ergreifen von Konsequenzen erfordert ein hohes Maß an Verantwortungsbewusstsein, Sensibilität und Übung. Sie dürfen keinesfalls zu einem Instrument verkommen, das gegen unliebsame oder unbequeme Mitglieder des Teams eingesetzt wird. Dieses Mobbing ist nicht selten Ausdruck eines Konflikts, den das Team selbst nicht lösen kann und den die Verantwortlichen nicht lösen können oder wollen.[65] Je klarer die Konsequenzen für die Beteiligten sind und auch umgesetzt werden, desto geringer ist meist die Gefahr des Mobbings. Wenn es faire, transparente und bekannte Vorgehensweisen gibt, um einen Konflikt zu lösen, muss niemand zu unfairen Methoden greifen. Gerade bei Selbstorganisation ist dies wichtig, da das Team alle Konflikte selbst lösen muss. Eine gemeinsam definierte, über jeden Zweifel erhabene Schiedsinstanz ist für den Notfall jedoch durchaus sinnvoll und erforderlich.

---

64 Vgl. beispielsweise Fehr, & Gächter (2000) oder Fehr, & Fischbacher (2005).
65 Wenn das Team selbst Mitarbeiter einstellen kann (vgl. Teamverantwortete Mitarbeitergewinnung, S. 137f) und die Aufgaben selbst definiert (vgl. Fragen zur Aufgabendefinition und Zielsetzung, S. 122f), sind bereits zwei Ursachen für zweckentfremdetes Mobbing beseitigt.

Wie führen Sie diesen Vorschlag ein?

Im ersten Schritt beantworten Sie für sich selbst die Fragen zur Aufgabendefinition und Zielsetzung (siehe Praxistipp, S. 122). Wichtig ist, dass Sie dies schriftlich tun. Besprechen Sie Ihre Antworten auch mit Kollegen oder Vorgesetzten. Nur selten verweigern sich Vorgesetzte oder Kollegen einem solchen Gespräch, wenn man sie darum bittet. Dadurch haben Sie bereits einen großen Vorteil dieses Ansatzes realisiert, ohne dass andere es Ihnen gleichtun müssen, und Sie erleben selbst, welche Wirkung dies erzielt.

Immer dann, wenn Sie längere Arbeitsphasen haben, in denen Sie sich nicht besonders produktiv fühlen, wiederholen Sie die Beantwortung dieser Fragen. Möglicherweise hat sich Ihre Aufgabe verändert, sodass die bisherigen Antworten nicht mehr passend sind, oder Sie haben im Tagesgeschäft den klaren Blick auf das Wesentliche verloren. Das erneute Durchdenken und die schriftliche Beantwortung schärfen Ihren Kompass wieder. Sofern es externe Hindernisse gibt, die Sie davon abhalten, gute Arbeit zu leisten, können Sie diese bei den verantwortlichen Personen klarer adressieren. Sollte es Ihnen an Kompetenzen fehlen, gute Leistung zu erbringen, beschäftigen Sie sich damit, wie Sie diese Kompetenzen entwickeln. Fragen Sie auch regelmäßig nach Feedback, insbesondere welche Stärken Sie besser nutzen und in welchen Bereichen Sie sich entwickeln sollten.

Fordern Sie als Vorgesetzter eines Teams Ihre Mitarbeiter auf, die Fragen zu durchdenken, ihre Antworten niederzuschreiben und mit Ihnen zu besprechen. Selbst wenn die unternehmensinternen Vorgaben diese Fragen nicht vorsehen, können Sie sie eigenständig ergänzen und die Mitarbeitergespräche darauf konzentrieren – oder zumindest hinreichend Zeit darauf verwenden.

Die Einführung dieses Vorschlages durch Führungskräfte ist meist der erste Schritt zur selbstorganisierten Aufgabendefinition und Zielsetzung. Wenn dieses Vorgehen vom Vorgesetzten mehrmals auf Stufe 2 durchgeführt und eingeübt wurde und die Vorteile spürbar sind, vereinfacht dies eine schrittweise Übergabe von Verantwortung an das Team. Dann ist die Einübung auf Stufe 3 – unterstützt durch die Führungskraft – sinnvoll. In weiterer Folge nehmen Sie das Team immer weiter in die Verantwortung. Ihre Aufgabe als Führungskraft wandelt sich dann zu einem Trainer und Mentor, der für Fragen zur Verfügung steht, Chancen aufzeigt und auf Fehlentwicklungen aufmerksam macht.

Die Einführung von Stufe 2 bis Stufe 4 kann in einem Team mehrere Jahre dauern. Sie ist auch nicht in jedem Fall bis Stufe 4 sinnvoll. Lassen Sie sich Zeit, um die Vorgänge wirklich gut einzuüben und zu trainieren, bevor Sie den nächsten Schritt machen. Für manche Teams ist eine Verkürzung des Zyklus der Mitarbeitergespräche von üblicherweise einem Jahr auf halbe Jahre oder gar Quartale durchaus sinnvoll. Dadurch entsteht mehr Übung in kürzerer Zeit und man kommt schneller voran. Es kann auch sinnvoll und möglich sein, einzelne Schritte zu überspringen. Seien Sie sich jedoch bewusst, dass gut verstandene und eingeübte Regeln wichtig sind für funktionierende Selbstorganisation. Dies gelingt meist nicht von heute auf morgen.

Welche Stolperfallen sind zu berücksichtigen?

Die größte Stolperfalle besteht darin, dass ein unpassendes Vergütungs- und Bonussystem oder eine fehlgeleitete Unternehmenskultur Mitarbeiter dazu verleiten, taktisch zu agieren und nicht die Aufgaben und Ziele vorzuschlagen, die im besten Interesse des Unternehmens sind. In diesem Fall können Sie bestenfalls bis Stufe 2 gehen und müssen an Systemen und Kultur arbeiten, bevor sie fortfahren können. Dies sind herausfordernde Aufgaben. Sie benötigen Zeit und den schrittweisen Aufbau von beidseitigem Vertrauen.

Ohne klar definierte und vereinbarte Regeln zur Klärung von Meinungsunterschieden im Team, können ernsthafte Konflikte entstehen, die für das Team alleine kaum lösbar sind. Das verschwendet unnötig Energie und wandelt die positive Intention für das Team in eine negative Erfahrung.

Neue Mitarbeiter, die erst seit kurzem eine Stelle innehaben – sei es durch Rekrutierung oder Versetzung – haben noch keinen hinreichenden Überblick über Aufgaben und Ziele. Diese Mitarbeiter benötigen stärkere Unterstützung durch den Vorgesetzten oder das Team, um zu einem sinnvollen Ergebnis zu gelangen. Fehlt diese Unterstützung, wird der Mitarbeiter keine guten Ziele und Aufgaben definieren – und damit auch nicht produktiv sein.

Wenn Mitarbeiter oder Vorgesetzte nicht vom Sinn dieses Vorgehens überzeugt sind, kann der Prozess zu einer Alibi-Übung verkommen. Die Fragen werden dann oberflächlich beantwortet, ohne sie wirklich zu durchdenken, möglicherweise werden Antworten von Kollegen oder aus früheren Jahren einfach kopiert. Auf diese Weise wird der Vorgang keine Wirkung erzielen. Je selbstverständlicher Sie die Stellenbeschreibungen bei unterschiedlichen Unternehmensprozessen heranziehen, desto besser begreifen alle Beteiligten den Sinn, beispielsweise beim Erstellen von Anforderungsprofilen für die Mitarbeitergewinnung, bei Vorstellungen für Wahlen, als Basis für Feedback, als Ausgangspunkt für regelmäßige Standortbestimmungen, als Informationen im elektronischen Personenverzeichnis und in Organigrammen.

Wenn die verantwortlichen Personen, d. h. je nach Stufe Vorgesetzte oder Team und Anspruchsgruppen, die identifizierten Hindernisse nicht aus dem Weg räumen, kann der volle Produktivitätsgewinn nicht erreicht werden. Dies führt zur Frustration bis hin zu Resignation von Mitarbeitern – der Prozess schürt dann Erwartungen, die nicht erfüllt werden.

Wie begegnen Sie Einwänden?

Die Übertragung der Verantwortung zur Aufgabendefinition und Zielfestlegung trifft häufig auf Vorbehalte. Es werden berechtigterweise Zweifel angebracht, auf die wir im Folgenden näher eingehen. Die zentralen Vorbehalte sind:

- Können Mitarbeiter ihre Aufgaben und Ziele richtig definieren?
- Sind die Aufgaben und Ziele überhaupt abgestimmt auf ein großes Ganzes?
- Erzeugt man damit nicht unrealistische Erwartungen bei den Mitarbeitern?
- Ist der Aufwand nicht zu hoch für dieses Vorgehen?

All diesen Vorbehalten liegt die Annahme zugrunde, dass der Mitarbeiter auf sich alleine gestellt ist und keinerlei Unterstützung erfährt. Auf jeder Stufe gibt es jedoch Personen, mit denen sich Mitarbeiter austauschen können und sollen. Dies entschärft die meisten Vorbehalte.

KÖNNEN MITARBEITER IHRE AUFGABEN UND ZIELE RICHTIG DEFINIEREN?

HÄUFIGE EINWÄNDE

- *Mitarbeiter werden doch möglichst ambitionslose Vorschläge machen. Das macht ihre Arbeit angenehmer.*
- *Mitarbeiter optimieren eher das Bestehende. Es kommt nichts Neues oder Innovatives.*
- *Mitarbeiter fühlen sich wohl im Status quo. Sie wollen keine Veränderung – insbesondere wenn diese sie selbst gefährdet.*
- *Vorgesetzte wissen viel besser, welche Aufgaben und Ziele die richtigen sind. Dafür gibt es ja schließlich Vorgesetzte.*

Diese Einwände sind durchaus berechtigt und in einigen Unternehmen gibt das Verhalten der Mitarbeiter diesen scheinbar Recht. Gerade in diesen Unternehmen ist es kontraproduktiv, die Verantwortung auf einen Schlag vollständig an das Team zu übertragen (Stufe 4). Die einbeziehende Definition von Aufgaben und Zielen (Stufe 2), bei denen der Vorgesetzte das letzte Wort hat, bringt jedoch bereits wichtige Vorteile – ohne auf eine Absicherung zu verzichten. Im Laufe der Zeit bemerken Sie entweder, dass Sie Mitarbeitern mehr vertrauen und zutrauen können, oder die Mitarbeiter entwickeln mehr Verantwortungsbewusstsein und verdienen sich auf diesem Weg mehr Vertrauen und Verantwortung. Möglicherweise bedingt und verstärkt sich beides wechselseitig.

Unsere Erfahrungen in vielen Unternehmen haben gezeigt, dass die meisten Mitarbeiter ohne die negativen Auswirkungen von falsch konzipierten Bonussystemen durchaus ambitionierte und sinnvolle Aufgaben und Ziele vorschlagen. Und in jedem Fall bewirken sinnvolle Aufgaben und Ziele, die Mitarbeiter tatsächlich verstehen und mittragen, eine deutlich bessere Arbeitsleistung als hoch ambitionierte Aufgaben und Ziele, an die Mitarbeiter nicht glauben. Somit empfiehlt es sich in jedem Fall, Mitarbeiter ins Boot zu holen. Ansonsten gibt es am Ende des Jahres mit Sicherheit viele berechtigte Gründe dafür, dass Ziele nicht erreicht wurden, die nicht in der Verantwortung des Mitarbeiters liegen.

Die Rolle und das Selbstverständnis von Führungskräften verändern sich mit dieser Vorgehensweise. Als Führungskraft bin ich nicht mehr derjenige, der am besten weiß, was für Mitarbeiter gut ist und wer welche Aufgaben erledigen soll. Ich bin eher ein Unterstützer und Ermöglicher. Dies erfordert ein Umdenken aller Beteiligten..

Wie weit die finale Verantwortung abgegeben wird, ist eine Frage des gegenseitigen Vertrauens, der Übung aller Beteiligten und auch der Notwendigkeit.[66] Die Stufen 3 und 4 sind nicht in jedem Fall wirksamer als die Stufen 1 oder 2. Es lässt sich lediglich feststellen[67], dass für Wissensarbeiter der Prozess der eigenen gedanklichen Auseinandersetzung ein wichtiges Element ist, d. h. jedes Vorgehen ab Stufe 2.

SIND DIE AUFGABEN UND ZIELE ÜBERHAUPT ABGESTIMMT AUF EIN GROSSES GANZES?

HÄUFIGE EINWÄNDE

- *Wenn jeder seine eigenen Aufgaben bestimmt, dann fallen doch gewiss manche unter den Tisch.*
- *Mitarbeitern fehlt der Überblick und manchmal auch das Verständnis für die Zusammenhänge.*
- *Mitarbeiter werden versuchen, ihre eigenen Interessen zu optimieren. Dies geht auf Kosten der Gesamtheit.*
- *Es ist die Aufgabe von Vorgesetzten, sich strategische Überlegungen zu machen und das Team dorthin zu führen.*

Die Abstimmung auf das große Ganze passiert nicht von selbst. Auch wenn die Fähigkeiten und Einsichten von Mitarbeitern häufig unterschätzt werden, ist nicht gewährleistet, dass die Aufgabendefinition und Zielfestsetzung durch Einzelne zu einem abgestimmten Gesamtergebnis führt. Auf Stufe 2 bleibt deshalb der Vorgesetzte verantwortlich für die

---

66 Für gewisse Aufgabenprofile, beispielsweise hochspezialisierte Forscher in Pharmaunternehmen, ist ein anderes Vorgehen gar nicht denkbar.
67 Vgl. Die wissenschaftliche Perspektive (S. 95ff).

Abstimmung und die Koordination. Er sorgt dafür, dass keine Aufgaben unter den Tisch fallen. Das ist nicht viel anders, als es in zahlreichen Unternehmen heute praktiziert wird – der einzige Unterschied ist, dass der Mitarbeiter aufgefordert wird, sich zunächst selbst Gedanken zu machen und einen Vorschlag zu unterbreiten.

Auf Stufe 3 und 4 wird die koordinierende Aufgabe vom Team und den Anspruchsgruppen übernommen. Dazu werden klare Spielregeln benötigt, insbesondere der Einbezug der Teamkollegen und einzelner Anspruchsgruppen, die Feedback auf Vorschläge geben dürfen und müssen. Hierdurch entsteht ein besseres Verständnis der Zusammenhänge, als wenn der Vorgesetzte Anweisungen erteilt. Im Vorfeld definierte Regeln für die Zuordnung von Aufgaben, die sich niemand zu eigen macht und die erledigt werden müssen, entschärfen Konflikte und ermöglichen Lösungen. Das erfordert Übung und gegenseitiges Vertrauen, das schrittweise aufgebaut wird.

Vorgesetzte können ihre strategischen Überlegungen weiterhin einbringen, falls das Team diese selbst nicht anstellen kann oder will. Auf Stufe 3 und 4 bringen Vorgesetzte ihre Überlegungen jedoch nicht als Anweisungen ein, sondern als Vorschläge, Gedankenanregungen oder Darstellung von Herausforderungen. Da Vorgesetzte die Mitarbeiter überzeugen müssen, ist gewährleistet, dass die Vorschläge verstanden und akzeptiert wurden, sobald sie übernommen werden. Werden sie nicht übernommen, waren sie entweder nicht überzeugend oder andere Dinge sind aktuell relevanter. Zugleich bietet dieses Vorgehen einen Schutz vor strategischen Fehlentscheidungen, vor denen auch die klügsten Vorgesetzten nicht gefeit sind. Ein solches Vorgehen setzt eine positive und konstruktive Arbeitsatmosphäre voraus. Ist diese nicht vorhanden, kann sie durch die Einführung auf Stufe 2 schrittweise aufgebaut werden.

ERZEUGT MAN DAMIT NICHT UNREALISTISCHE ERWARTUNGEN BEI DEN MITARBEITERN?

HÄUFIGE EINWÄNDE

- *Die Aufgaben und Ziele sind vorgegeben und kein Wunschkonzert. Es gibt hier gar nicht so viel Spielraum.*
- *Wenn Mitarbeiter Vorschläge ausarbeiten, die nicht genügen, muss man ja doch mit einem Machtwort durchgreifen. Es ist also eine Alibi-Übung, und funktioniert nur solange, als Mitarbeiter das Richtige vorschlagen.*
- *Wenn man Mitarbeiter einbezieht und am Schluss enttäuschen muss, hat man ein schlechteres Ergebnis, als wenn man es von Anfang an nicht gemacht hätte.*

Diese Bedenken sind vermutlich am berechtigtsten. Es ist für alle Beteiligten sehr wichtig, realistische Erwartungen zu haben. Auf Stufe 2 handelt es sich lediglich um einen Vorschlag des Mitarbeiters. Er oder sie kann sich einbringen und Vorschläge machen. Das bedeutet nicht, dass alle Vorschläge berücksichtigt werden. Meist haben die Mitarbeiter den Eindruck, sie machen die Vorarbeit für ihre Vorgesetzten, deren Aufgabe es ist, die Stellenbeschreibung, die Aufgaben und die Ziele vorzugeben. Die Vorgesetzten delegieren diese Arbeit als Vorarbeit an ihre Mitarbeiter. Damit sind die Erwartungen noch nicht sehr hoch und alle Beteiligten können an diesem Prozess reifen.[68]

Sobald beide Seiten das Vertrauen haben, dass die Ergebnisse vernünftig sind – und keine Seite die andere übervorteilen möchte, kann man eine Stufe weiter gehen. Wird die Verantwortung übertragen, entstehen Erwartungen seitens der Mitarbeiter, dass ihre Meinung auch zählt. Einen solchen Schritt sollten Sie sich als Vorgesetzter gut überlegen – er ist ohne größeren Schaden kaum rückgängig zu machen. Deshalb ist ein fließender Übergang sinnvoll. Vorerst kann auch nur ein gelebter Prozess existieren, ohne die Verantwortung für die eigene Aufgabenbeschreibung und Zielfestlegung formell an die Mitarbeiter zu übergeben. Der Vorgesetzte hält sich dann zurück, seine Meinung durchzusetzen, ohne vorher die Mitarbeiter überzeugt zu haben.

Wichtig ist, dass mit einer Übertragung der Verantwortung nicht nur Rechte sondern auch Pflichten einhergehen. Das Team ist verantwortlich für die Konfliktlösung bei der Aufgabenzuteilung und Zielsetzung, für die Kontrolle von Leistung, für die Wertschätzung und den Dank bei Erfolg und für negative Konsequenzen bei schlechter Leistung. Wird nur eine Hälfte der Verantwortung übergeben, entstehen schnell falsche Erwartungen und die Selbstorganisation scheitert. Diese Erwartungen müssen gut kommuniziert und entsprechendes Verhalten gut trainiert und eingeübt werden.

IST DER AUFWAND NICHT ZU HOCH FÜR DIESES VORGEHEN?

HÄUFIGE EINWÄNDE

- *Das kostet zu viel Zeit. Mitarbeiter sollen doch arbeiten.*
- *Jeden nach seiner Meinung zu fragen, ist ineffizient.*
- *Die Abstimmung aller Beteiligten und das Aushandeln von Kompromissen ist zeit- und energieraubend.*
- *Ein klares Machtwort spart viel Zeit und reduziert das Konfliktpotential.*
- *Mitarbeiter können das erfahrungsgemäß selbst gar nicht leisten, egal wie lange sie miteinander diskutieren.*

---

68 Selbst wenn Vorgesetzte dies aus Bequemlichkeit tun, gibt dies den Mitarbeitern eine Chance, die sie ernsthaft ergreifen sollten.

Der zeitliche Aspekt wird häufig als Argument gegen eine umfassendere Einbindung von Mitarbeitern angeführt. Manche Vorgesetzte fühlen sich durch Erfahrungen in dieser Meinung bestätigt, wenn selbst Mitarbeiter diesen Aufwand lieber von sich abwenden.

Es ist nicht von der Hand zu weisen: Bei vielen Vorschlägen ist der erstmalige Aufwand höher als bei traditioneller Weisung und Kontrolle von oben. Kein Musiker käme auf die Idee, dass er ein Instrument virtuos spielen kann, ohne genügend Zeit zum Üben und Lernen zu investieren. Ein essenzieller Teil der Übung für Wissensarbeiter besteht darin, sich über die eigenen Aufgaben und Ziele Gedanken zu machen. Für alle Musiker gehört Übung zum Beruf – auch wenn die sichtbare Leistung nur im Konzert offenbar wird. Analog ist es ein wichtiger Bestandteil des Berufs von Wissensarbeitern, über die eigenen Aufgaben, Ziele und ihren Beitrag für das Unternehmen zu reflektieren. Wissensarbeiter, die dies nicht leisten wollen, verweigern ihre Arbeit.

Die für diesen Prozess aufgewandte Zeit ist eine gute Investition. Bei richtigem und ernsthaftem Vorgehen steigt die Produktivität deutlich. Probieren Sie dies bei sich selbst aus. Beantworten Sie die Fragen zu Aufgabendefinition und Zielen für sich selbst, räumen Sie Hindernisse aus dem Weg und erleben Sie, wie Ihre Produktivität zunimmt. Wenn Sie überzeugt sind, sollten Sie dies auch den Mitarbeitern in Ihrem Team ermöglichen.

PRAXISBEISPIEL[69]: AUFGABENDEFINITION BEI MORNING STAR
Was macht Morning Star?
Morning Star ist weltweit der größte Hersteller von Tomatenprodukten und beliefert 40 Prozent des US-amerikanischen Marktes. Der dort vorherrschende Arbeitsansatz ist durchgängig von Selbstmanagement geprägt – es gibt keine Manager, keine Aufsicht von oben und keine Jobtitel. Die Mitarbeiter definieren ihre Verantwortlichkeiten und Aufgaben selbst, bringen eigenständig Innovationen hervor und die nötigen Mittel dafür auf. In der Unternehmenspraxis führen sich die Mitarbeiter gegenseitig: Entscheidungen der Mitarbeiter werden durch bestimmte Verträge als Selbstverpflichtung zu den Kollegen bestimmt. Diese Selbstverpflichtungen werden schriftlich als Vereinbarung zwischen Kollegen – sogenannte CLOUs (*colleague letters of understanding*) – zusammengefasst. Jeder Mitarbeiter hält darin als Mission seinen persönlichen Beitrag zum Unternehmenserfolg fest. Auf diese Weise werden die Mitarbeiter befähigt, unabhängig und in Eigenregie Aktivitäten mit ihren Kollegen zu initiieren.

---

[69] Dieses und alle weiteren Praxisbeispiele von externen Unternehmen wurde von Aylin Ispaylar geschrieben.

Welche Herausforderungen hat Morning Star?

Nicht jeder Mitarbeiter ist als Gestalter geboren und für das Selbstmanagement gemacht. Besonders für Menschen, die ihr bisheriges Arbeitsleben in stark hierarchischen Strukturen verbracht haben, ist es sehr schwierig, dass sie keine Ansagen nach dem Motto *Mach mal!* oder Vorgaben zur Ausführung von Aufgaben erhalten, sondern den Truck voller Tomaten wahrlich selbstständig fahren müssen. Tatsächlich benötigen neue Mitarbeiter bei Morning Star etwa ein Jahr, bis sie sich in die Kultur eingefunden haben. Auch können durch dieses rigorose Selbstmanagement gerade dann Stolperfallen entstehen, wenn Erwartungen nicht erfüllt werden und dies unter den Kollegen nicht sorgfältig vermittelt werden kann. Hierin zeigen sich die zwei Seiten der Medaille hinsichtlich Verantwortung.

Welche Chancen bieten sich Morning Star?

Durch nicht vordefinierte Rollen werden die Mitarbeiter nicht in Schubladen eingeordnet. Dadurch hat jeder die Chance, mehr Verantwortung zu übernehmen. Auf diese Weise kann das individuelle Entwicklungspotenzial stärker gefördert werden als im Rahmen einer vorab vorgegebenen Position. Die Vorteile dieser Arbeitsweise und die von Morning Star kommunizierten Ergebnisse spiegeln sich auch in der Entwicklung der Tomatenfabrik wider:
mehr Initiative, mehr Expertise, mehr Flexibilität, mehr Kollegialität, besseres Urteilsvermögen, mehr Loyalität.

Was macht Morning Star sonst noch?

Aufgrund des No-Manager-Ansatzes werden beispielsweise zur Auflösung aufkommender Konflikte oder auch in punkto Kompensation jeweils mehrere Kollegen eingebunden, die über die entsprechenden Themen beraten und entscheiden.

Weiterführende Links

- https://hbr.org/2011/12/first-lets-fire-all-the-managers
- http://www.inc.com/audacious-companies/leigh-buchanan/morning-star.html
- https://www.youtube.com/watch?v=qqUBdX1d3ok.

neueste NACHRICHTEN
STELLENANZEIGEN

WIR SUCHEN EINEN / EINE KOLLEGIN!

TEAMVERANTWORTETE MITARBEITERGEWINNUNG
Wie Sie gute Mitarbeiter finden und überzeugen

Worum geht es?

Das Team ist in den gesamten Prozess involviert und trifft die finale Entscheidung. Das steigert die Arbeitgeberattraktivität und Qualität.

Welche Vorteile bietet dieser Vorschlag?

Die Verantwortung des Teams für die Mitarbeitergewinnung hat folgende zentrale Vorteile:

- Die Ausarbeitung des Anforderungsprofils ist qualitativ besser, da viele verschiedene Meinungen und Ansichten berücksichtigt werden.

- Das Team fühlt sich verantwortlich, wirbt in den eigenen Netzwerken (im Internet und im realen Leben) und spricht geeignete Kandidaten an.

- Die Ansprache von möglichen Kandidaten erfolgt authentisch und in der Sprache der Kandidaten.

- Für Kandidaten ist das Kennenlernen des Teams ein wichtiger Entscheidungsfaktor. In diesem Prozess lernen sich die zukünftigen Kollegen auf optimale Weise kennen.

- Die Qualität der Einstellungsentscheidung ist durch die Vielzahl an Meinungen und Ansichten besser als die von einigen wenigen.

- Die Einarbeitung des Kandidaten erfolgt durch das gesamte Team, da dieses in hohem Maße am Erfolg der eigenen Entscheidung interessiert ist.

Welches Problem löst dieser Vorschlag?

In Zeiten des Fachkräftemangels wird es zunehmend schwieriger, gute Mitarbeiter zu finden und für das Unternehmen zu gewinnen. Die Konkurrenz ist groß und das Angebot an passenden Kandidaten rar. Insbesondere gefragte Kandidaten suchen inzwischen gar nicht mehr selbst. Im aktivsten Fall geben sie ihren Lebenslauf an einen Personalberater, der sich um eine Vorauswahl geeigneter Angebote kümmert – ähnlich einem Agenten für Schauspieler. Im passivsten Fall erhalten sie zahlreiche direkte Anfragen, sodass sie niemanden mit der Suche zu beauftragen brauchen. Sie warten, bis ein interessantes Angebot zum passenden Zeitpunkt auf ihrem Tisch landet – und entscheiden ohne Druck erst dann, wenn sie wirklich überzeugt sind. Faktisch sind somit qualifizierte Kandidaten auf dem Arbeitsmarkt nicht frei verfügbar.

Die klassischen Herangehensweisen der Stellenbesetzung funktionieren kaum noch: Ohne aktiv suchende Bewerber haben Stelleninserate wenig Effekt und ziehen die falschen Kandidaten an. Personalabteilungen und Vorgesetzten, die bislang den Rekrutierungsprozess verantworten, fehlt die Zeit, aktiv nach Kandidaten zu suchen und diese anzusprechen. Wer einmal versucht hat, Kandidaten in sozialen Netzwerken erfolgreich für das Unternehmen zu gewinnen, weiß, dass dies mehr als eine Vollzeitaufgabe ist. Die Delegation der aktiven Suche an Personalberater ist kostenintensiv. Während einige Kandidaten die Ansprache durch einen professionellen Personalberater (*headhunter*) noch als schmeichelhaft empfinden, ist die Mehrzahl inzwischen eher genervt. Nur selten gelingt es Personalberatern das Unternehmen so authentisch darzustellen, dass umworbene Kandidaten tatsächlich interessiert sind. Wenn Mitarbeiter ihre eigenen Netzwerke aktivieren, ist die Erfolgswahrscheinlichkeit deutlich höher. Doch Mitarbeiter sind schwerlich für das Marketing und die aktive Ansprache zu gewinnen, wenn sie ansonsten nicht maßgeblich in den Prozess eingebunden werden.

Wie funktioniert das?

Die letztverantwortliche Einbindung des Teams in den gesamten Prozess der Mitarbeitergewinnung erhöht die Chance, gute Mitarbeiter für das Unternehmen zu gewinnen. Der Aufwand wird auf mehrere Schultern verteilt. Darüber hinaus haben die Mitarbeiter meist enge Beziehungen zur gewünschten Zielgruppe und sprechen deren Sprache. Die Einbindung muss jedoch weit darüber hinausgehen, Mitarbeiter aufzufordern, das Stelleninserat in den eigenen digitalen Netzwerken zu mögen (*like*), zu teilen (*share*) oder weiter zu zwitschern (*re-tweet*). Damit dieser Vorschlag seine volle Wirkung entfaltet, müssen Mitarbeiter einen entscheidenden Anteil am Prozess haben – und zwar von Anfang bis Ende.

Entlang des Besetzungsprozesses muss das Team zwingend in zwei Schritte eingebunden werden:

- Definition des Anforderungsprofils und der Stellenausschreibung.

- Finale Entscheidung zur Einstellung nach klar definierten Regeln.

Durch die Einbindung des gesamten Teams in zentrale Schritte der Mitarbeitergewinnung fühlt sich jeder Einzelne auch mitverantwortlich. Es wird somit zur Selbstverständlichkeit, in den eigenen Netzwerken (persönliche und digitale) für die offene Position zu werben. So erreicht das Team authentisch Personen in der entsprechenden Zielgruppe und kann diese für das Unternehmen begeistern. Alle Mitarbeiter helfen mit, neue Kollegen für ihr Team zu gewinnen.

Gute Personalabteilungen und Vorgesetzte beziehen bereits heute das Team in verschiedene Schritte der Mitarbeitergewinnung mit ein. Dieser Ansatz geht jedoch weit darüber hinaus: Das Team ist final verantwortlich. Je nach Geübtheit mit diesem Prozess kann das Team diesen alleine durchführen (Stufe 4) oder wird durch Experten der Personalabteilung oder Vorgesetzte unterstützt (Stufe 3). Wenn das Team nur selten neue Mitarbeiter gewinnt und einstellt, ist die Begleitung auf Stufe 3 wichtig und ein stetiger Prozess von Unterstützung, Feedback und Lernen aller Beteiligten. Ist das Team bereits erfahren und führt diesen Prozess auf Stufe 4 selbstorganisiert durch, sollte eine klare Beschreibung des Prozesses, der Verantwortlichkeiten und Mindestanforderungen vorhanden sein.

VERANTWORTLICHKEITEN

Verantwortlicher: Person, die für den Prozess hauptverantwortlich ist.
Sie lädt zu Arbeitssitzungen ein, koordiniert den Prozess und treibt Entscheidungen und nächste Schritte voran.

Gesprächsführer: Person, die die Interviews mit den Kandidaten durchführt. Häufig ist der Verantwortliche gleichzeitig auch Gesprächsführer, es können aber durchaus zwei verschiedene Personen sein.

Assistent: Person, die den Verantwortlichen laufend unterstützt. Auf Stufe 3 kann dies zunächst ein Experte der Personalabteilung oder der Vorgesetzte sein. Er schreibt bei Sitzungen und Interviews mit und gibt dem Verantwortlichen und dem Gesprächsführer am Ende jeder Aktivität Feedback. Auf Stufe 4 ist es ein Mitarbeiter des Teams.

Administrator: Person, die administrative Aufgaben durchführt. Dabei handelt es sich um Bewerberkorrespondenz, Terminkoordination und Ähnliches. Diese Aufgaben können ebenso vom Verantwortlichen oder dem Assistenten übernommen werden.

Einstellungsteam: Drei bis fünf ausgewählte Personen, die stark involviert sind. Das Einstellungsteam besteht aus mindestens zwei Mitarbeitern des Teams, in dem die Stelle besetzt werden soll. Sinnvoll ist es, auch mindestens eine Personen von anderen Teams, die mit dem Team zusammenarbeiten, zu integrieren.[70] Wichtig ist, dass alle Teammitglieder Zeit und Lust für diese Aufgabe mitbringen.

Team: Gesamtheit aller Mitarbeiter des Teams, für das eingestellt wird. Es ist sinnvoll, auch einzelne Vertreter von anderen Teams einzuladen, die mit dem neuen Mitarbeiter zusammenarbeiten werden. Dieses Team ist in die finale Entscheidung eingebunden.

Für die verantwortlichen Rollen können sich Mitglieder des Teams freiwillig melden. Sollten sich mehrere Personen für eine Rolle interessieren, sollte das Team entscheiden (z. B. in einer geheimen Abstimmung). Es ist durchaus sinnvoll, in verschiedenen Besetzungsprozessen jeweils unterschiedliche Mitarbeiter zum Zug kommen zu lassen.

SCHRITT 1: BEDARFSDEFINITION

Die erfolgreiche Mitarbeitergewinnung beginnt bei der Bedarfsdefinition. Der Verantwortliche lädt das Einstellungsteam zur Erarbeitung der Bedarfsdefinition ein. Eine solche Sitzung dauert meist eine bis eineinhalb Stunden. Auf Stufe 3 sind die Unterstützer (Experten der HR-Abteilung oder Vorgesetzte) ebenfalls eingeladen – sie übernehmen aber zu keinem Zeitpunkt die Sitzungsleitung. In der Medizin gibt es dafür den Begriff der therapeutischen Abstinenz. Diese ist wichtig, um die Verantwortung tatsächlich bei den Mitarbeitern zu belassen. Die Unterstützung erfolgt im Vorfeld und im Nachgang zu einzelnen Schritten im persönlichen Gespräch.

---

70 Bock (2015) von Google empfiehlt sogar, einen absolut unbeteiligten Mitarbeiter zu involvieren. Dieser kann eine unvoreingenommene Einschätzung abgeben, da er kein Interesse an einer raschen Besetzung hat – aber hohes Interesse, die Qualität der Einstellungen hoch zu halten.

Der Verantwortliche präsentiert zu Beginn der Sitzung das vorbereitete Anforderungsprofil und eröffnet damit die Diskussion:

- Welche Aufgabe wird der neue Mitarbeiter oder die neue Mitarbeiterin haben? Welchen Beitrag leistet diese Person für das Unternehmen? Woran beurteilen wir die Qualität ihrer Arbeit? Wann ist eine solche Person erfolgreich? Welches sind die drei wichtigsten Aufgaben für die Anfangszeit? Wovon machen wir eine erfolgreiche Probezeit abhängig? Auch wenn die Antworten auf diese Fragen scheinbar offensichtlich sind, lohnt die Diskussion im Team. Häufig stellt sich heraus, dass bestimmte Aufgaben gerne von anderen Teammitgliedern übernommen werden oder dass sich Aufgaben verändern und effizienter gestalten lassen. Ein gemeinsames Verständnis ist insbesondere im weiteren Prozess wichtig. Eventuell zeigt sich in der Diskussion auch, dass zusätzliche Aufgaben hinzukommen, für die das neue Teammitglied im Idealfall Kompetenzen oder Erfahrungen mitbringen sollte.
- Welche Kompetenzen werden benötigt? Fachlich, persönlich, sozial?
- Welche Eigenschaften sind notwendig für eine kulturelle Passung?
- Welche Verhaltensweisen wären unerwünscht? Was darf nicht passieren?
- Welche Berufserfahrung ist gewünscht?
- Welche Ausbildung ist vorteilhaft?
- Mit wem arbeitet die eingestellte Person häufig zusammen? Manchmal werden bei dieser Frage noch weitere Anspruchsgruppen definiert, an die man bei der Zusammenstellung des Einstellungsteams nicht gedacht hat. Deren Vertreter werden im Nachgang der Sitzung zum Anforderungsprofil befragt – und gegebenenfalls zum Einstellungsteam eingeladen.
- Welche Gehaltsspanne bieten wir an? Selbst wenn im Team keine Lohntransparenz vorherrscht, kann das Team meist die intern als fair wahrgenommenen Lohnspanne gut einschätzen. Auf Stufe 3 kann der Unterstützer (Experte der Personalabteilung oder Vorgesetzte) Leitlinien anbieten.
- Welches Profil haben typische Bewerber?
- Wo halten sie sich typischerweise auf – digital im Internet und analog in ihrer tatsächlichen Umwelt? Diese Frage dient der Identifikation von Kanälen, über die man potenzielle Bewerber ansprechen kann.

SCHRITT 2: STELLENINSERAT

Im Idealfall wird das Stelleninserat vom Einstellungsteam formuliert – zumindest jedoch vom Verantwortlichen und dem Assistenten. Das gesamte Team sollte dazu Feedback geben. Auf den ersten Blick erscheint dies als Mehrarbeit für das Team, es stellt sich jedoch als großer Vorteil heraus:

- Das Inserat wird so in der Sprache des Teams verfasst. Sie ist häufig auch die Sprache der Bewerber.

- Das gesamte Team fühlt sich für das Inserat mitverantwortlich und damit auch für dessen Erfolg.

- Ganz nebenbei macht sich das Team auch Gedanken darüber, was am eigenen Job besonders attraktiv ist.

Die Vorgesetzten und die Personalabteilung sollten Inserate – wenn überhaupt – nur sehr zurückhaltend redigieren, d.h. nur offensichtliche Fehler oder formale Mängel korrigieren. Authentizität ist bei Stelleninseraten weitaus wichtiger als ein einheitlicher – und damit auswechselbarer – Stil. Bewerber fühlen sich davon deutlich stärker angesprochen. Darüber hinaus ist es wichtig, dass das Team das Inserat weiterhin als eigenen Text empfindet und nicht lediglich als Vorschlag, der nachträglich überarbeitet oder gar verworfen wird. Wenn sich die Mitarbeiter nicht mehr als Autoren des Textes sehen, bringt dies das Engagement von Mitarbeitern sofort und nachhaltig zum Erliegen.

PRAXISTIPP: STELLENINSERAT
Als minimale Hilfestellung sollten Sie dem Team die folgenden drei zentralen Elemente eines guten Stelleninserates mitgeben:

- Werbung
  Werben Sie für die ausgeschriebene Stelle. Vermeiden Sie eine bloße Auflistung von Anforderungen. Das Stelleninserat sollte Bewerber für die offene Stelle interessieren. Kein Autohersteller käme auf die Idee, ein neues Fahrzeug mit der Auflistung aller technischen Spezifikationen zu bewerben. Stelleninserate schauen jedoch häufig so aus: eine monotone Auflistung von Anforderungen und Voraussetzungen. Das Team, das die Inhalte des Stelleninserates verfasst und gestaltet, sollte hierauf aufmerksam gemacht werden. Die Teammitglieder sollten das Inserat entlang folgender Fragen gestalten: Was würde euch ansprechen? Was würdet ihr gerne wissen vom Job? Was wären eure Gründe, euch zu bewerben?

- Team
  Stellen Sie das Team vor, das neue Kollegen sucht. Für Bewerber ist das künftige Team meist ein ausschlaggebendes Kriterium bei der Entscheidung für oder gegen eine Stelle. Rücken Sie das Team im Inserat in den Vordergrund. Dies kann durch Fotos und Aussagen von Teammitgliedern, durch Eindrücke aus dem Büroalltag oder Ähnliches erreicht werden. *Wir suchen* sollte nicht heißen: *Wir, die Firma XY, sucht ...*, sondern: *Wir, Deine künftigen Kollegen, suchen ...* Dies hat zwei Vorteile: Die potenziellen Bewerber erhalten einen ersten Eindruck ihrer künftigen Kollegen – das macht das Inserat interessant und persönlich. Die Mitarbeiter des Teams sehen sich zugleich selbst in der Verantwortung – es sind sie, die suchen.

- Titel (Schlagzeile)
  Entwickeln Sie einen ansprechenden, kreativen Titel für die Anzeige, der das Interesse des Bewerbers weckt. Die Gestaltung und Formulierung eines Stelleninserates ist mit Zeitaufwand verbunden. Im Vergleich wird erstaunlich wenig Zeit in die Entwicklung eines ansprechenden und kreativen Titels gesteckt. Investieren Sie ähnlich viel Zeit in einen knackigen Titel wie in das übrige Inserat. Das macht häufig den entscheidenden Unterschied.

SCHRITT 3: AUSSCHREIBUNG

Die Publikation der Stellenausschreibung auf der eigenen Webseite des Unternehmens ist der Dreh- und Angelpunkt für alle weiteren Aktivitäten. Dorthin verlinken die Meldungen und Beiträge in den sozialen Netzwerken und auch die Anzeigen in digitalen Jobbörsen und Stellenplattformen – sofern man solche nutzt.

Wenn das Team das Anforderungsprofil bespricht und das Inserat gestaltet, ist eine Verbreitung des Stelleninserates in den sozialen Netzwerken der Teammitglieder so gut wie sichergestellt. Dies betrifft nicht nur die digitalen Medien, sondern auch die persönlichen und beruflichen Netzwerke im realen Leben. Meist haben Teammitglieder Kontakte zu Personen, die in ähnlichen Bereichen tätig sind – sei es durch eine gemeinsame Ausbildung, über ehemalige Arbeitsstellen und -projekte, Berufsverbände oder schlicht durch gemeinsame Interessen. Allein die Diskussion darüber, wo man das gesuchte Kandidatenprofil finden könnte, regt die Überlegungen aller Teammitglieder an. Häufig fallen Mitarbeitern in der Diskussion bereits mögliche Kandidaten ein. Es geht dabei nicht um eine Belohnung von Bewerbungsempfehlungen, sondern darum, möglichst viele Personen innerhalb des Teams und darüber hinaus in die Diskussion einzubeziehen.

SCHRITT 4: DIREKTE ANSPRACHE VON KANDIDATEN

In vielen Fällen sprechen Teammitglieder potenzielle Kandidaten selbst und unaufgefordert an. Dies geschieht fast automatisch, sobald man dem Team Anlass bietet, sich neben dem Tagesgeschäft Gedanken zu möglichen Kandidaten zu machen. Wenn Teammitgliedern potenzielle Kandidaten in ihrem Netzwerk einfallen, ist es bis zur direkten Ansprache nur ein kleiner Schritt. Die direkte, persönliche Ansprache eines Bekannten ist erfolgversprechender als die Ansprache aus der Personalabteilung. Zudem findet auf diese Weise bereits eine aktive Vorauswahl statt, ob die Person zum Unternehmen und in das Team passen würde – nur solche Kandidaten werden typischerweise angesprochen. Dieser Schritt kann verstärkt werden, indem der Verantwortliche zu einer Sitzung lädt, in der in den eigenen Netzwerken nach möglichen Kandidaten gesucht wird. In einer ergebnisoffenen Denkrunde werden mögliche Kandidaten zunächst gesammelt und dann definiert, wer diese auf welche Weise anspricht. Die Sitzungsteilnehmer bringen in Gedanken ihren Bekanntenkreis und oft Notebook oder Smartphone mit, mit denen sie ihre sozialen Netze (Facebook, Xing, LinkedIn, Fachcommunities) durchsuchen.

SCHRITT 5: SICHTUNG VON BEWERBUNGEN

In den meisten Fällen ist eine erste Sichtung der Bewerbungen durch den Verantwortlichen und den Assistenten sinnvoll. Diese ist als Dienstleistung im Sinne der Effizienz für das Einstellungsteam zu verstehen – nicht alle Mitglieder des Einstellungsteams müssen sich jede Bewerbung einzeln ansehen und eine Meinung bilden. In einzelnen Fällen hat es sich allerdings als sinnvoll erwiesen, das gesamte Einstellungsteam in die Sichtung einzubeziehen. Die einzelnen Teammitglieder schauen meist aus unterschiedlicher Perspektive auf Bewerbungen. Insbesondere bei schwierig zu besetzenden Positionen kommen durch den Einbezug verschiedener Personen auch Bewerbungen zum Zug, die ansonsten eventuell übersehen worden wären. Die Einladung der vielversprechenden Kandidaten zum ersten Vorstellungsgespräch spricht meist der Administrator aus.

SCHRITT 6: DAS ERSTE VORSTELLUNGSGESPRÄCH

Das erste Vorstellungsgespräch erfolgt durch den Gesprächsführer gemeinsam mit dem Assistenten. Bei Kandidaten, die nicht in unmittelbarer Nähe des Unternehmens leben, kann dies durchaus auch ein Video-Interview (über *Skype*, *Hangouts* o. ä.) sein. Es geht hier um ein erstes wechselseitiges Kennenlernen. Der Gesprächsführer klärt vor allem Fragen, die während der Sichtung der Bewerbung im Abgleich mit dem Anforderungsprofil entstanden sind. In erster Linie geht es um die fachlichen Kompetenzen und in zweiter Linie erst um die kulturelle Passung. Es ist dabei wichtig, dem Kandidaten mindestens ebenso viel Zeit einzuräumen, eigene Fragen zu stellen. In diesem ersten Vorstellungsgespräch werden zudem die formalen Rahmenbedingungen geklärt, insbesondere die Gehaltsvorstellungen, der mögliche Arbeitsbeginn, gegebenenfalls die

Umzugsbereitschaft und die Reisekosten-Regelung. Die Lohnvorstellungen sollten unkommentiert erfragt werden. Es handelt sich hier noch nicht um eine konkrete Lohnverhandlung. Bei deutlich überhöhten Vorstellungen des Kandidaten sollte dies dem Kandidaten jedoch mitgeteilt werden. Zum Abschluss informiert der Gesprächsführer über die weiteren Verfahrensschritte und den Zeitplan.

Für unerfahrene Gesprächsführer ist eine Checkliste mit den relevanten Fragen, den zu klärenden Rahmenbedingungen und den rechtlich nicht zulässigen Fragen (Religion, Alter, Familienplanung etc.) sinnvoll. Der Assistent bereitet die Fragen gemeinsam mit dem Gesprächsführer vor. Er notiert die Antworten des Kandidaten. Nach dem Vorstellungsgespräch besprechen Gesprächsführer und Assistent die Antworten und bewerten gemeinsam den Kandidaten. Der Assistent notiert auch Beobachtungen, die er dem Gesprächsführer in Form eines Feedbacks nach dem Gespräch mitteilt. Auf diese Weise entstehen gemeinsames Lernen und stetige Qualitätsverbesserung. Für diese Nachbearbeitung sollten die beiden mindestens eine halbe Stunde nach jedem Vorstellungsgespräch einplanen. Bei unerfahrenen Gesprächsführern empfiehlt es sich, die ersten Vorstellungsgespräche ganz bewusst nicht mit den interessantesten Bewerbern durchzuführen. Diese Behandlung mag den Bewerber zu einem menschlichen Versuchskaninchen degradieren, bietet jedoch eine Chance für einen Kandidaten, dem ansonsten ohne Einräumung dieser Chance abgesagt worden wäre. Zugleich ist dies eine optimale Lernmöglichkeit für den Gesprächsführer. Nach zwei Durchläufen sind die Gespräche in Bezug auf Ablauf und Inhalt meist deutlich besser.

SCHRITT 7: ENTSCHEIDUNG ÜBER DIE EINLADUNG ZU EINEM WEITEREN VORSTELLUNGSGESPRÄCH

Nach Vorstellungsgesprächen mit mehreren Bewerbern entscheiden der Gesprächsführer und der Assistent gemeinsam, welche Kandidaten für den nächsten Schritt in Frage kommen. Eine solche Entscheidung sollte keinesfalls unmittelbar nach dem Gespräch fallen, denn oft baut sich im Gespräch eine persönliche Beziehung und wechselseitige Begeisterung auf. Diese ist positiv und zeugt von Engagement auf beiden Seiten. Für eine qualitativ hochwertige und nachhaltige Entscheidung ist jedoch das Reifen der Beobachtungen und der Vergleich mit mehreren Bewerbern sinnvoll. Manchmal kommen beide zu dem Schluss, dass bei einzelnen Kandidaten einige fachliche Fragen noch nicht hinreichend geklärt werden konnten. Dann bietet es sich an, dem Kandidaten vor der Entscheidung für den nächsten Schritt eine Aufgabe zu stellen. Dies ist keinesfalls eine Hürde für den Kandidaten, sondern dient auch als Bindungsinstrument: Der Kandidat baut durch die Bearbeitung der Aufgabenstellung – sofern diese gut und interessant ist – eine weitere emotionale Bindung zum Unternehmen auf.

SCHRITT 8: DAS VORSTELLUNGSGESPRÄCH IM EINSTELLUNGSTEAM

Die vielversprechendsten Kandidaten werden zu einem Vorstellungsgespräch mit dem Einstellungsteam eingeladen. Im ersten Moment mutet es Bewerbern wie den Teammitgliedern ungewohnt an, dass ein einzelner Bewerber dem gesamten Einstellungsteam gegenüber sitzt. Umso wichtiger ist es, den Bewerber im Vorfeld zu informieren und während des Gesprächs einen klar definierten Moderator zu bestimmen, der das Eis bricht und das Gespräch führt. Auch das Einstellungsteam muss sich auf das Gespräch vorbereiten. Es erhält das Anforderungsprofil, den Lebenslauf und weitere Bewerbungsunterlagen mit dem klaren Verweis auf die Vertraulichkeit der persönlichen Daten.

Der Verantwortliche oder der Gesprächsführer rufen dem Einstellungsteam zudem in Erinnerung, welche Ziele das Vorstellungsgespräch verfolgt:

- Ein Vorstellungsgespräch sollte immer eine Zwei-Weg-Kommunikation sein. Bewerber sollten genügend Zeit haben, selbst Fragen zu stellen.
- Bei einem Vorstellungsgespräch stellt sich nicht nur der Bewerber beim Team vor, sondern ebenso das Team beim Bewerber.
- Am Ende sollte das Team den Bewerber soweit kennengelernt haben, dass eine Entscheidung möglich ist – und umgekehrt.
- Alle Bewerber sollten einen guten Eindruck vom Team und dem Unternehmen mitnehmen – unabhängig davon, wer am Schluss ein Angebot beziehungsweise eine Absage erhält.

Nach dem Gespräch gibt jedes einzelne Mitglied des Einstellungsteams seine persönliche Einschätzung ab. Dies erfolgt entweder in einer Teamrunde direkt nach dem Vorstellungsgespräch – oder schriftlich im Nachgang. Die schriftliche Variante hat den Vorteil, dass die Meinung jedes Einzelnen berücksichtigt und eindeutig dokumentiert wird. Technisch bietet sich dafür z. B. eine virtuelle Gruppendiskussion (*WhatsApp*, *Skype*, *Lync* o. ä.) oder eine professionelle Recruiting-Software-Lösung an, sodass jeder zeitgleich über die Einschätzungen der anderen informiert ist.

SCHRITT 9: DER SCHNUPPERTAG

In vielen Konstellationen hat es sich als vorteilhaft erwiesen, einen oder mehrere Kandidaten zu einem Schnuppertag einzuladen. Dabei erlebt das gesamte Team – nicht nur das Einstellungsteam – die Kandidaten in unterschiedlichen Situationen. Die kulturelle Passung, die fachliche Kompetenz, die Auffassungsgabe, die Belastungsfähigkeit, der Arbeitsstil und andere Eigenschaften lassen sich auf diese Weise gut erkennen. Auch das gemeinsame Mittagessen und Kaffeepausen sind wichtige Elemente eines solchen Schnuppertages. Am Ende jeden Schnuppertages gibt jedes Teammitglied seine persönliche, schriftliche Einschätzung ab. Auch hier bietet die Schriftlichkeit den Vorteil, dass jeder zu Wort kommt und dies praktikabler ist, als am Ende eines Arbeitstages ein Großgruppentreffen zu veranstalten. Technisch ist auch eine virtuelle Gruppendiskussion zum Zusammentragen aller Meinungen sinnvoll.

SCHRITT 10: DIE EINSTELLUNGSENTSCHEIDUNG

Nach den Gesprächen und Schnuppertagen mit den vielversprechendsten Kandidaten entscheidet das gesamte Team, welche Kandidatin oder welchen Kandidaten sie einstellen wollen. Dazu muss im Vorfeld definiert sein, nach welcher Methode diese Entscheidung getroffen wird und wer in die finale Entscheidung eingebunden ist. Meist sind dies das Team, in das eingestellt wird, eingeladene Vertreter von anderen Teams sowie die Personalabteilung und der Vorgesetzte. Die Personalabteilung und der Vorgesetzte verfügen formal über dasselbe Stimmrecht wie alle übrigen Mitarbeiter. Informell wiegt meist das Wort des Verantwortlichen, des Gesprächsführers, des Assistenten, der Mitglieder des Einstellungsteams und eventuell unterstützender Experten der Personalabteilung und des Vorgesetzten etwas mehr. Bei der finalen Entscheidung am Ende hat jedoch jeder Einzelne nur eine Stimme und verfügt damit über gleichberechtigte Entscheidungsmacht.

METHODEN ZUR ENTSCHEIDUNGSFINDUNG

- **Demokratische Entscheidung mit vorab definierter Mehrheit**
  Jeder Entscheidungsberechtigte hat eine Stimme. Die erforderliche Mehrheit kann 50 Prozent, zwei Drittel, 90 Prozent oder auch 100 Prozent sein. Idealerweise ist sie deutlich über 50 Prozent anzusiedeln, da die Einstellungsentscheidung eine der wichtigsten Entscheidungen des Teams ist. Bei nahezu 100 Prozent ist das Konsentprinzip besser geeignet, weil es einer einzelnen Person kein Veto einräumt.

- **Konsentprinzip** [71]
  Es gibt keine schwerwiegenden und begründeten Einwände gegen eine Einstellung. Schwerwiegend meint die persönliche Einschätzung jedes Einzelnen, ob diese Einstellung dem gemeinsamen Ziel dient. Begründet meint, ob der Einwand mit Argumenten unterlegt ist, die gegen eine Einstellung sprechen. Es gibt kein Vetorecht, nur den Austausch und das Aushandeln auf der Basis von nachvollziehbaren Argumenten, um zu einer Entscheidung zu gelangen, die im Toleranzbereich eines jeden einzelnen liegt.

---

[71] Konsent ist nicht Konsens. Konsent heißt nicht *Ja, ich stimme zu!*, sondern *Ich habe keinen schwerwiegenden Einwand dagegen*. Endenburg (1998) und http://www.partizipation.at/soziokratie.html.

- **Entscheidung durch Ausgewählte mit Vetorecht des Teams**
  Ausgewählte Personen, z. B. Verantwortlicher und Assistent oder im Idealfall das gesamte Einstellungsteam, treffen die Entscheidung nach einer der oben genannten Methoden. Anschließend wird diese Entscheidung verkündet und das gesamte Team hat ein Vetorecht mit einer vorab definierten Mehrheit an Stimmen. Idealerweise sollten bereits geringe Prozentanteile (z. B. 10 Prozent bis 25 Prozent) zu einem Veto führen können.

Die Verlagerung der finalen Entscheidungsverantwortung auf das Team verändert die Wahrnehmung der Mitarbeitergewinnung. Der Prozess verwandelt sich zu einer sozialen Aktivität des gesamten Teams. Durch die Übertragung des finalen Entscheidungsrechts werden auch die notwendigen Pflichten dem Team anvertraut. Es wird zur Selbstverständlichkeit, dass das Team alle notwendigen Vorarbeiten – wie beispielsweise die Werbung im eigenen Netzwerk und die aktive Ansprache – übernimmt.

Die Kommunikation der Einstellungsentscheidung an den Bewerber wird in der Regel vom Verantwortlichen oder dem Gesprächsführer übergenommen. Dieser kann den Bewerber dabei freundlich um die Bewertung seiner Erfahrungen im Bewerbungsprozess bitten. Dies dient dem Lernprozess des Teams. Positiver Nebeneffekt: Auf diese Weise lässt sich die Anzahl an wohlwollenden Bewertungen auf Arbeitgeber-Bewertungsportalen wie *kununu* oder *Glassdoor* erhöhen.

Selbst Absagen können positiv genutzt werden. Es gibt Plattformen wie cleverheads.eu oder empfehlungsbund.de, auf die man gute Bewerber hinweisen kann. Qualifizierte Kandidaten, denen ein anderer Bewerber vorgezogen wurde, können so anderen teilnehmenden Unternehmen weiterempfohlen werden. Dies zeigt die hohe Wertschätzung gegenüber guten Bewerbern – und erhöht die Wahrscheinlichkeit einer positiven Bewertung des eigenen Unternehmens. Derartige Empfehlungen sollten Sie allerdings nur für Bewerber aussprechen, die Sie tatsächlich auch eingestellt hätten. Ansonsten nimmt der Wert einer Empfehlung für den Bewerber und auch für die teilnehmenden Unternehmen schnell ab.

SCHRITT 11: VERTRAGSAUSHANDLUNG

Den Vertrag mit dem ausgewählten Kandidaten verhandelt der Verantwortliche oder der Gesprächsführer. Im Interesse der Qualitätssicherung, zum gemeinsamen Lernen und auch zur rechtlichen Absicherung ist der Assistent mitanwesend und dokumentiert die Gespräche. Nach der Aushandlung des Vertrages erfolgt meist eine formale Zustimmung weiterer Personen und Abteilungen, wie beispielsweise des Vorgesetzten, des Vorvorgesetzten, der Personalabteilung, der Finanzabteilung oder der Rechtsabteilung.

SCHRITT 12: EINARBEITUNG

Da das Team in die Einstellungsentscheidung einbezogen war, ist die Einarbeitung (*onboarding*) deutlich einfacher. Das Team steht hinter den neuen Kollegen und ist daran interessiert, den Einstieg möglichst optimal zu gestalten. Die Zeit zwischen Vertragsunterzeichnung und dem tatsächlichen Arbeitsbeginn wird bislang kaum genutzt. Dabei sind neue Mitarbeiter hoch motiviert und möchten am liebsten gleich mit der Arbeit beginnen. Meist fallen sie dann in ein soziales Loch ohne jede Interaktion mit dem künftigen Arbeitgeber. Eine unmittelbare Vernetzung künftiger Mitarbeiter mit dem Team kann diese Lücke schließen. Moderne Technologien ermöglichen eine Einarbeitung bereits vor dem tatsächlichen Arbeitsbeginn. Die Teammitglieder können sich mit dem neuen Kollegen virtuell verbinden, Fragen beantworten und Orientierung bieten. Sie können auch alle neueintretenden Mitarbeiter über solche Plattformen vernetzen, da diese oft ähnliche Fragen haben (Wohnung, Kinderbetreuung, Schule u. ä.). Viele Unternehmen haben interne soziale Netzwerke etabliert, welche die Zusammenarbeit von Mitarbeitern unterstützen. Solche Netzwerke können und sollten für neue Mitarbeiter unmittelbar geöffnet werden. Für die Einarbeitung der neuen Mitarbeiter ist das gesamte Team verantwortlich. Die Planung und Koordination der Einarbeitung erfolgt durch den Verantwortlichen, den Administrator oder den Vorgesetzten.

SCHRITT 13: ENDE DER PROBEZEIT

Während der Probezeit ist das gesamte Team in ein regelmäßiges Feedback eingebunden. Idealerweise findet dies fortlaufend mündlich statt. Zur allseitigen Transparenz und zur Dokumentation des Fortschritts gibt es einen Ort – im firmeninternen Netzwerk oder auf Papier – an dem alle Beteiligten Feedback abgeben, also auch die Personen, an der Einstellungsentscheidung nicht beteiligt waren:

- Was läuft gut?

- Was sollte sich verbessern?

Dieses Feedback sieht auch der neue Mitarbeiter und kann sich damit optimal auf die neue Arbeitsumgebung einstellen. Am Ende der Probezeit entscheiden erneut alle Mitglieder des Teams gemeinsam, ob sie den neuen Mitarbeiter weiter beschäftigen wollen. Auch hierfür eignet sich, insbesondere in der Vorbereitung, die schriftliche Form (s. o.).

Wie führen Sie diesen Vorschlag ein?

Es ist keinesfalls sinnvoll, einen solchen Prozess gleich unternehmensweit einzuführen. Für manche Besetzungen eignet sich dieses Vorgehen nicht. Bei manchen Vorgesetzten gibt es Widerstand, den man nicht zwanghaft überwinden sollte. Im Idealfall beginnen Sie in Teams, in denen Mitarbeiter bereits in der einen oder anderen Weise eingebunden sind. Beginnen Sie mit Stellen, die schon längere Zeit vakant sind. Dort haben Sie am wenigsten zu verlieren, wenn Sie einen neuen Weg beschreiten und dieser – aus welchen Gründen auch immer – scheitern sollte.

Falls Sie anfangs Bedenken haben, Mitarbeitern die alleinige Entscheidung für die Einstellung zu übertragen, können Sie mit einer Abwandlung des Prozesses beginnen. Der Vorgesetzte trifft dann gemeinsam mit der Personalabteilung eine Vorauswahl geeigneter Kandidaten. So stellen Sie sicher, dass das Team keine ungeeigneten Kandidaten auswählt. Das Team trifft dann lediglich die Endentscheidung zwischen den Kandidaten.

Im Laufe der Zeit sammeln Sie eigene Erfahrungen und erkennen in ihrem eigenen Unternehmen, welche Vorteile dieser Vorschlag für die erfolgreiche Gewinnung neuer Mitarbeiter bietet. So schaffen Sie Erfolgsbeispiele im eigenen Unternehmen und machen diese über die Teamgrenzen hinaus bekannt. Weitere Vorgesetzte oder Teams werden sich für diesen Vorschlag interessieren und diesen ebenso einführen wollen. Auf diese Weise entsteht ein freiwilliges Mitmachen von Vorgesetzten und Teams. Bewährt sich dieses Vorgehen in Ihrem Unternehmen, können Sie die unternehmenseigenen Dokumentationen und Prozessbeschreibungen um diese Alternative erweitern.[72]

Ob dieser Prozess am Ende unternehmensweit eingeführt wird, sollte jedes Team und jeder Vorgesetzte für sich selbst entscheiden. Es gibt sicherlich Positionen, in denen ein klassischer Ansatz nach Stufe 1 oder 2 des Betriebssystems besser geeignet oder gar notwendig ist.

Welche Stolperfallen sind zu berücksichtigen?

Die größte Stolperfalle besteht sicherlich darin, dass das Team eine Fehleinstellung vornimmt. Betrachten Sie dies als Beweis dafür, dass der Prozess nicht funktioniert? Oder sind Sie sich bewusst darüber, dass nach dem klassischen Verfahren Fehlbesetzungen ebenso erfolgen können? Nutzen Sie den Fehler als Lernmöglichkeit für das gesamte Team, das dadurch kontinuierlich besser wird? Die Erfahrungen von Wikipedia (S. 78f) sollten Sie darin ermutigen, einzelne Fehler zu tolerieren ohne gleich das gesamte System in Frage zu stellen.

---

[72] Weitere Hinweise und Praxistipps für die erfolgreiche Mitarbeitergewinnung finden Sie in meinem Buch über Social Media Recruiting (Arnold 2014).

Eine weitere Stolperfalle entsteht, wenn sich das Team zu wenig Zeit für den Prozess nimmt. Es ist wichtig, die zeitlichen Anforderungen im Vorfeld zu klären und nur Mitarbeiter in das Einstellungsteam aufzunehmen oder mit besonderen Rollen zu betrauen, die eine entsprechende Einsatzbereitschaft an den Tag legen und über entsprechende zeitliche Ressourcen verfügen. Sollte sich im Verlauf des Prozesses zeigen, dass einzelne Mitarbeiter die Zeit nicht aufwenden wollen oder können, sollten sie freundlich aber bestimmt zunächst auf die Erwartungen hingewiesen werden und im wiederholten Fall sollte die Rolle neu besetzt werden.

Wenn unerfahrene Teams das erste Mal für die Mitarbeitergewinnung verantwortlich sind, ist eine tatkräftige Unterstützung auf Stufe 3 des Betriebssystems notwendig. Fehlt eine solche Unterstützung, kann der Prozess alle Beteiligten frustrieren und für eine weitere Anwendung verbrannt werden. Planen Sie genügend Zeit zur Unterstützung und für das Training der beteiligten Personen ein. Nutzen Sie die Rolle als Unterstützer aktiv, um regelmäßig gemeinsam Aktivitäten zu reflektieren und daran zu wachsen.

Wenn der Verantwortliche und der Administrator nicht eingespielt sind und ihre Aufgaben neben dem aktuellen Tagesgeschäft nicht in hinreichendem Maße wahrnehmen können oder wollen, kann es passieren, dass Bewerber zu lange auf Rückmeldung warten müssen und einen schlechten Eindruck von Ihrem Unternehmen bekommen. An dieser Stelle kann eine Recruiting-Software Abhilfe leisten: Sie unterstützt die verantwortlichen Personen darin, den Überblick zu bewahren und die Aufgaben optimal zu bewältigen. Experten der Personalabteilung können zudem die Prozesse überwachen und im Zweifel unterstützend eingreifen.

Eine weitere Schwierigkeit kann durch mangelnde Transparenz und Koordination entstehen. Wenn einzelne Teams neue Kollegen einstellen, ohne zu berücksichtigen, welche Mitarbeiter angrenzende Teams aktuell suchen, können Doppelbesetzungen entstehen. Unbesetzte Funktionen an den Schnittstellen benachbarter Teams werden dann meist von beiden Teams besetzt. Diese Gefahr kann durch den Einbezug benachbarter Teams in den Planungsprozess verringert werden. Eine unternehmensweite Übersicht über aktuelle und geplante Besetzungen für alle Teams löst das Problem systematisch.

Wie begegnen Sie Einwänden?

Die Einbindung des gesamten Teams in die Mitarbeitergewinnung stößt häufig auf Skepsis. Völlig zu Recht wird auf verschiedene Punkte hingewiesen, die im Folgenden dargestellt werden. Die kritischen Fragen lauten:

- <u>Können Mitarbeiter den Stellenbedarf richtig einschätzen?</u>
- <u>Sollten Mitarbeiter das Stelleninserat gestalten?</u>
- <u>Wollen bzw. dürfen Mitarbeiter im Inserat abgebildet werden?</u>
- <u>Können Mitarbeiter gute Einstellungsentscheidungen treffen?</u>
- <u>Wofür brauchen wir denn dann noch die Personalabteilung?</u>

All diesen kritischen Fragen liegt die Vorstellung zugrunde, dass ein Team auf sich alleine gestellt ist und keinerlei Unterstützung erfährt. Verortet man den Prozess auf Stufe 3 – in der das Team mit den Vorgesetzten und der Personalabteilung zusammenarbeitet – werden die meisten der Kritikpunkte bereits entschärft.

KÖNNEN MITARBEITER DEN STELLENBEDARF RICHTIG EINSCHÄTZEN?

HÄUFIGE EINWÄNDE

- *Mitarbeiter können doch den Stellenbedarf nicht richtig einschätzen.*
- *Die Personalabteilung und die Vorgesetzten können künftige Entwicklungen und Veränderungen viel besser einschätzen.*
- *Mitarbeiter wollen keine Veränderung, sondern nur die bestehende Lücke füllen.*
- *Für solche Spielereien hat das Team gar keine Zeit.*

Grundsätzlich lässt sich darüber diskutieren, ob Mitarbeiter ein besseres Bild von den tatsächlichen Erfordernissen haben als Vorgesetzte und die Personalabteilung. Nicht selten sprechen Vorgesetzte und Personalabteilungen diese Kompetenz den von ihnen verantworteten Teams ab. Werden sie jedoch selbst für eine Position in ihrem eigenen Team gefragt, trauen sie sich durchaus ein genaueres Bild von der künftigen Entwicklung zu, als den ihnen übergeordneten oder höher Positionierten.

Es ist keineswegs nötig, daran zu glauben, dass das Team alleine zu einer besseren Einschätzung gelangt. Der gesamte Prozess ist eine Zusammenarbeit, in die auch der Vorgesetzte und die Personalabteilung eingebunden sind. Es geht somit nicht um ein Entweder-oder, sondern um ein Sowohl-als-auch. Die Vorgesetzten und die Personalabteilung bringen ihre Überlegungen und Vorschläge ebenso ein wie jedes andere Teammitglied. Sofern diese Überlegungen überzeugend sind, werden sie vom Team auch aufgenommen.

SOLLTEN MITARBEITER DAS STELLENINSERAT GESTALTEN?

HÄUFIGE EINWÄNDE

- *Die wenigsten Teams verfügen über Fachleute für die professionelle und zeitintensive Gestaltung von Werbematerialien – dazu gehört auch das Stelleninserat.*
- *Wie kann man dessen Qualität sicherstellen?*
- *Wie können die Vorgaben der Corporate Identity eingehalten werden?*
- *Sollten Stelleninserate nicht ein einheitliches Erscheinungsbild haben?*

Auch hier geht es keinesfalls darum, das Team mit der Gestaltung des Inserates alleinzulassen. Es geht jedoch darum, dass das Team dafür verantwortlich ist. Vorgesetzte und die Personalabteilung greifen lediglich unterstützend ein. Eine Qualitätskontrolle im Sinne einer Fehlerkorrektur ist absolut sinnvoll und notwendig. Die marketingtechnische Unterstützung kann durchaus durch die Marketingabteilung erbracht werden – idealerweise im Auftrag des Teams.

In der Abwägung der Vor- und Nachteile sollte der Inhalt immer Vorrang vor der Form haben (*form follows function*). Mit anderen Worten: Die passende Sprache für Bewerber, die Individualität und Authentizität ist weitaus wichtiger als eine einheitliche Darstellung. Bewerber sehen im Laufe ihrer Bewerbungsphase verschiedene Stelleninserate von unterschiedlichen Firmen. Sie sind Abweichungen in der Darstellung durchaus gewohnt. Der Zufallsbesucher, der über einen Beitrag in einem sozialen Netzwerk oder durch direkte Ansprache auf eine Stelle aufmerksam geworden ist, sieht ohnehin meist nur das eine Inserat.

WOLLEN BZW. DÜRFEN MITARBEITER IM INSERAT ABGEBILDET WERDEN?

HÄUFIGE EINWÄNDE

- *Mitarbeiter wollen ihr Foto gar nicht im Stelleninserat.*
- *Was ist mit der Privatsphäre von Mitarbeitern?*
- *Der Betriebsrat stimmt diesem Vorgehen sicher nicht zu.*
- *Unsere Inseratsvorlagen sehen dies nicht vor.*

Die Unternehmenskultur und die Wünsche der Mitarbeiter sind bei dieser Entscheidung in jedem Fall zu berücksichtigen. Die Verwendung des eigenen Fotos zu diesem Zweck sollte immer freigestellt sein. Falls sich zu wenige Mitarbeiter des Teams dazu bereit erklären, muss nach anderen Wegen gesucht werden. Beispielsweise ließe sich auch ein Foto des Arbeitsplatzes mit nicht erkennbaren Einzelpersonen verwenden. Oder es werden Aussagen von Mitarbeitern genutzt, die anonymisiert, nur mit dem Vornamen oder Initialen zitiert werden. Die Bereitstellung von Fotos für ein Inserat, für das das Team sich nicht verantwortlich fühlt, wird kaum auf Zustimmung stoßen. Sobald aber das Team von A bis Z in die Mitarbeitergewinnung eingebunden ist, wird die Selbstdarstellung des Teams in der einen oder anderen Form zur Selbstverständlichkeit.

KÖNNEN MITARBEITER GUTE EINSTELLUNGSENTSCHEIDUNGEN TREFFEN?

HÄUFIGE EINWÄNDE

- *Das Team kann doch gar keine qualifizierte Entscheidung treffen. Dazu braucht es eine professionelle Ausbildung.*
- *Mitarbeiter stellen eher nach Sympathie ein – und nicht solche Kandidaten, die ihnen eventuell gefährlich werden könnten.*
- *Das Team stellt nur seinesgleichen ein. Es hat kein Verständnis für eine notwendige Heterogenität.*
- *Das Team kann gar nicht beurteilen, wer die zukünftigen Herausforderungen besser meistern wird.*

Der sensibelste Punkt ist die Einstellungsentscheidung selbst. Einerseits wird meist reflexartig hinterfragt, ob das Team überhaupt eine qualifizierte Entscheidung treffen kann. Andererseits ist gerade diese Befugnis ein zentraler Erfolgsfaktor für die gelungene Integration des Teams in den gesamten Prozess. Ohne die Einbindung des Teams in den Entscheidungsprozess kann dieser Vorschlag nicht funktionieren.

Personalabteilungen können viele der heute notwendigen Aufgaben gar nicht mehr leisten – weder zeitlich noch hinsichtlich der persönlichen Netzwerke. Mitarbeiter leisten diese Aufgaben nur dann, wenn sie auch an der Einstellungsentscheidung mitwirken.

Auch hier lässt sich darüber diskutieren, ob die Entscheidung eines Teams nicht zu besseren Ergebnissen führt als die eines einzelnen Vorgesetzten. Auch Vorgesetzte sind keineswegs davor gefeit, ihresgleichen auszuwählen, nach Sympathie einzustellen oder Fehleinschätzungen hinsichtlich der Kompetenzen zu fällen. Es ist gar nicht notwendig, davon überzeugt zu sein, dass das Team bessere Entscheidungen trifft. Das Team fällt die Entscheidung ohnehin gemeinsam mit dem Vorgesetzten und der Personalabteilung. Ein Veto des Vorgesetzten führt ebenso so zu einer Absage wie eine negative Entscheidung des Teams. Vorgesetzte oder die Personalabteilung sollten jedoch keinesfalls eine positive Entscheidung erzwingen können. Sie müssen das Team überzeugen können, ansonsten wird es der neu eingestellte Kollege im Team schwer haben.

WOFÜR BRAUCHEN WIR DENN DANN NOCH DIE PERSONALABTEILUNG?

Eine meist nur implizit gestellte Frage betrifft die Rolle der Personalabteilung bei der teamverantworteten Mitarbeitergewinnung. Einerseits gibt es Bedenken bezüglich der Kompetenz von Entscheidern und Umsetzern in der Linie. Verständlicherweise gibt es andererseits auch Sorgen um die eigene Rolle und Position der Personalabteilung.

Die Rolle der Personalabteilung verändert sich bei der hier vorgestellten teamverantworteten Vorgehensweise deutlich. Sie ist nicht mehr die Abteilung, bei der neue Mitarbeiter bestellt werden und von der man eine zügige Lieferung erwartet. Diese Entwicklung wird von Personalern meist als positiv und wünschenswert gewertet – wenn sie nicht bereits schon Realität ist. Darüber hinaus wird sich die Personalabteilung fragen müssen, ob sie weiterhin am Geschäftsmodell eines Reisebüros festhalten will oder ob sie stattdessen eine Plattform anbietet, mit Hilfe derer die Teams selbst neue Mitarbeiter gewinnen und einstellen können. Jede Plattform bietet eine hinreichende Anzahl wichtiger Aufgaben für eine Personalabteilung in Form von Beratung, Betreuung und Unterstützung der handelnden Personen.

Vermutlich werden Personalabteilungen am Ende bei einer hybriden Lösung landen. Diese wird eine Kombination aus klassischen Rekrutierungsaufgaben und der Unterstützung des Teams beinhalten. Sollten sich Personalabteilungen auf diese Entwicklung nicht einlassen, wird die Rekrutierung bestimmter Profile zunehmend nur noch in der Linie stattfinden. Die Personalabteilungen werden dann bewusst oder unbewusst umgangen und insgesamt weniger gefragt sein. Die mutige Einführung der teamverantworteten Mitarbeitergewinnung sichert dem Unternehmen einen nicht zu unterschätzenden Wettbewerbsvorteil. Sie positioniert die Personalabteilung zudem nach außen als eine moderne, zukunftsfähige Dienstleistungsabteilung.

PRAXISBEISPIEL: TEAMVERANTWORTETE MITARBEITERGEWINNUNG BEI DER LEOBERSDORFER MASCHINENFABRIK

Was macht die Leobersdorfer Maschinenfabrik?

Die Leobersdorfer Maschinenfabrik (LMF) aus dem niederösterreichischen Leobersdorf ist spezialisiert auf die Herstellung kundenspezifischer Hochleistungskompressoren. Um dem Fachkräftemangel im Produktionsbereich entgegenzuwirken, hat die LMF ihren Lehrlings-Einstellungsprozess seit 2010 grundlegend umstrukturiert: Die Verantwortung für den Lehrlingsnachwuchs wurde den Auszubildenden übertragen. Die Azubis haben ein inhaltlich neues Bewerbungsverfahren konzipiert: Sie haben einen schriftlichen Test für die Bewerber selbst zusammengestellt und entwickelten ein objektivierbares Punktesystem für die Bewertung. An den Bewerbertagen übernehmen die Lehrlinge maßgeblich die Führungen beim Rundgang, die Testauswertungen und die Einzelgespräche. Bei der Beurteilung sind Lehrlinge, Lehrlingsbetreuer und Personalleiter gleichermaßen stimmberechtigt.

Welche Herausforderungen hat die Leobersdorfer Maschinenfabrik?

Man kann kritisch hinterfragen, ob Azubis nicht viel zu jung für eine solche Verantwortung sind. Kann ein Bewerbungsverfahren überhaupt professionell sein, wenn der Chef quasi fehlt? Womöglich stellt eine mangelnde Übereinstimmung ein Problem bei der Bewerberbeurteilung dar? Die 85-prozentige Übereinstimmungsquote spricht hier allerdings eindeutig für ein klar definiertes Anforderungsprofil. Insbesondere bei mittelgroßen, eher unbekannten Unternehmen ist die Außenwirkung eines solchen Verfahrens ein essenzieller Erfolgsfaktor, um sich auf dem Bewerbermarkt zu etablieren und von der Konkurrenz abzusetzen. Ein solches, doch eher noch ungewöhnliches Konzept, führte anfänglich teilweise zu belächelnden Reaktionen. Dies erschwerte es der Firma zunächst, ernst genommen zu werden.

Welche Chancen bieten sich der Leobersdorfer Maschinenfabrik?

Die einzigartige Rekrutierungsmethode hat in ganz Oberösterreich von sich reden gemacht und die Bekanntheit von LMF enorm erhöht – die Aufmerksamkeit für die Firma ist deutlich gestiegen. Weitere Vorteile der Einstellung von Lehrlingen durch Lehrlinge liefern die Azubis selbst: Sie kennen die zu bewältigenden Aufgaben und damit auch die Anforderungen selbst am besten. Zudem würde ein Bewerbungsprozess auf Augenhöhe die Nervosität senken und man könne die Arbeitsatmosphäre besser einschätzen. Die bisherigen Ergebnisse sprechen für sich: Die Anzahl an Bewerbungen hat sich verfünffacht, die schulischen Leistungen der Azubis hat sich stark verbessert und es gab seither einen deutlichen Anstieg an ausgezeichneten Lehrabschlüssen. Die Erfolge zeigen, dass entgegengebrachtes Vertrauen und frühe Verantwortungsübernahme sich für LMF auszahlen.

Was macht die Leobersdorfer Maschinenfabrik sonst noch?
Über den direkten Einstellungsprozess hinaus sind die Azubis auch in das Unternehmensmarketing integriert: Bei Social-Media-Aktivitäten und auf Messeständen werden fast ausschließlich Lehrlinge eingesetzt – die Azubis bilden damit wörtlich das Aushängeschild der Firma.

Weiterführende Links
- https://newworkaward.xing.com/finalisten
- http://www.lmf.at/fileadmin/uploads/Personalmanager_032014_Artikel_Lehrlingsaufnahme.pdf
- https://spielraum.xing.com/2015/12/sieger-gesucht-wer-bekommt-den-new-work-award-2016/

DEMOKRATISCHE WAHLEN
Wie Sie die Führungszusammenarbeit verbessern

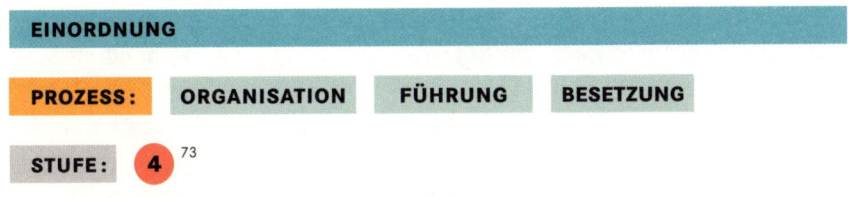

Worum geht es?

Wahlen klären Erwartungen und Rollenverständnis von Vorgesetzten und Mitarbeitern. Sie verbessern die Führungszusammenarbeit maßgeblich.

Welche Vorteile bietet dieser Vorschlag?

Die zentralen Vorteile von Vorgesetzten-Wahlen gehen weit über die Wahl zwischen mehreren Kandidaten hinaus:

- **Eine gewählte Führungskraft hat Rückhalt aus dem Team**
  Sie wurde von den eigenen Mitarbeitern gewählt. Somit haben die Mitarbeiter selbst Interesse daran, die Führungszusammenarbeit erfolgreich zu gestalten.

- **Wahlen fördern den Dialog und den Abgleich von Erwartungen**
  Kandidaten müssen durchdenken, welche Vorstellungen sie von ihrer Führungsaufgabe haben und diese gut verständlich mitteilen. Mitarbeiter müssen überlegen, welche Erwartungen sie an die Führungskraft haben und diese ebenfalls formulieren. Dadurch werden implizite Erwartungen sichtbar und können untereinander diskutiert und miteinander abgeglichen werden.

- **Die Rolle von Führungskräften wird allen klarer**
  Führungskräfte fungieren nicht selten als Ventil und Projektionsfläche für Frust bei Problemen. Gewählte Vorgesetzte eignen sich dafür weniger, da die wechselseitigen Erwartungen im Vorfeld geklärt und von den Mitarbeitern durch die Wahl bestätigt und akzeptiert wurden. Andererseits haben gewählte Führungskräfte eine größere Legitimität zu führen – und dürfen erwarten, dass Mitarbeiter ihnen im vernünftigen Rahmen folgen, ohne alles und jeden zu hinterfragen.

---

73 Die Wahl selbst ist auf Stufe 4 anzusiedeln. Wie die gewählten Personen ihre Rolle dann wahrnehmen (von Stufe 1 bis Stufe 4) ist an dieser Stelle nicht relevant. Auch Selbstorganisation auf der Stufe 4 benötigt gewisse Verantwortlichkeiten (wie beispielsweise der Scrum-Master bei agiler Software-Entwicklung). Diese Rollen werden idealerweise vom Team gewählt.

- Kommunikation bekommt eine neue Qualität
  Mitarbeiter und Führungskräfte hören sich wechselseitig anders zu. Die Mitarbeiter wissen, dass sie die richtige Entscheidung treffen müssen, den Führungskräften ist klar, dass die Entscheidung bei den Mitarbeitern liegt. Beide Parteien sind dazu angehalten, sich auszutauschen und sich dabei ernst zu nehmen – nicht nur im Vorfeld der Wahlen.

- Der Wahlkampf stärkt die Führungsqualitäten
  Wahlen sind ein Stimmungsbarometer: Einige Führungskräfte werden zwar wiedergewählt, schneiden aber schlechter ab als das letzte Mal oder als andere Kandidaten. Dies ist eine Art Verwarnung und spornt dazu an, besser zu werden. Zudem können die Kandidaten voneinander lernen.

- Wahlen stärken die Eigenverantwortung für die Karriere
  Jeder Mitarbeiter kann sich selbst zur Wahl nominieren. Somit kann er oder sie die eigene Karriere selbst lenken und ist nicht auf das Wohlwollen von Vorgesetzten angewiesen. Das Feedback im Vorfeld der Wahl gibt eine gute Einschätzung, was er oder sie benötigt, um eine reelle Chance zu haben.

- Auch eine Nicht-Wahl ist eine Wahl
  Selbst wenn es nur einen Kandidaten für eine Position gibt, bleibt eine Wahl eine Wahl. Die Mitarbeiter können dem Kandidaten ihre Stimme verweigern. Eine solche Abwahl eines Kandidaten hat sich als das wichtigere Werkzeug herausgestellt. Stößt eine Führungskraft an ihre Grenzen, wird das Problem auf diese Weise mit offenem Visier gelöst.[74]

- Limitierte Amtsperioden erhöhen die Leidensbereitschaft
  Manchmal wird jemand gewählt oder eingestellt, der dem Job nicht gewachsen ist oder der an seine Grenzen stößt. Wenn klar ist, dass ein Ende dieser schwierigen Phase absehbar ist, lässt sie sich für Mitarbeiter leichter ertragen.

- Abwahlen und Rücktritte werden zur Normalität
  Eine Abwahl oder Nicht-Wahl ist für Führungskräfte nicht leicht zu verkraften, da sie diese zunächst als Gesichtsverlust empfinden. Im Laufe der Zeit wird es jedoch zu einem natürlichen Vorgang im Unternehmen und ein freiwilliger Rücktritt zu einer selbstbestimmten Alternative.[75]

Einen guten Einblick dazu gibt Marc Stoffel (2015) in seinem TEDx Talk in Zürich zum Thema *Abschied von der Wettbewerbsfähigkeit – Unternehmen benötigen ein neues Betriebssystem*. Er beschreibt darin aus seiner persönlichen Erfahrung und an Beispielen die Vorteile von Führungskräftewahlen.

---

[74] Das Vorgehen bei einer vakanten Stelle durch Abwahl ist im Abschnitt Schritt 8: Wahl auf Seite 166f beschrieben.
[75] Mehr dazu im Kapitel Spiralförmige Karriere (S. 179f).

Welches Problem löst dieser Vorschlag?

„Menschen kommen wegen der Unternehmen, aber sie verlassen sie wegen der Vorgesetzten." [76]
Marcus Buckingham & Curt Coffmann

Der häufigste Kündigungsgrund für Mitarbeiter ist eine schlechte Beziehung zum Vorgesetzten. Vorgesetzte verfügen in klassischen Organisationen über eine weitreichende Macht über die Mitarbeiter: ihre Aufgaben, ihren Lohn, ihre Entwicklung, ihre Karriere. Im Idealfall entsprechen Vorgesetzte in solchen Konstellationen wohlwollenden Eltern oder Lehrern, die ihren Schützlingen das Beste ermöglichen wollen. Wir alle kennen aber andere Fälle, in denen dies zumindest bei Mitarbeitern so nicht ankommt.

Manche Vorgesetzte stoßen an ihre Grenzen, sei es, weil sie der aktuellen Führungsaufgabe von Anfang an nicht gewachsen waren oder sich die Anforderungen stark verändert haben. Darunter leiden nicht nur die Mitarbeiter. Häufig entsteht dadurch auch ein Problem für die nächsthöheren Vorgesetzten. Auch die überforderten Führungskräfte selbst leiden unter dem zunehmenden Druck.

Häufig sinkt dann zunächst die Stimmung im Team, dann lässt die Leistung nach. In der Folge verlassen die ersten Mitarbeiter das Team – häufig nicht die schlechtesten. Dies nennt man *Abstimmung mit den Füßen*: Wenn mir eine Umgebung nicht gefällt, dann wechsle ich in eine andere. Diese Art der Abstimmung ist heute in Unternehmen an der Tagesordnung – insbesondere bei gefragten Talenten. Erst nach dem Verlust guter Mitarbeiter kündigt entweder die überforderte Führungskraft oder ihr wird gekündigt. Für alle Beteiligten bedeutet dies einen zähen Leidensprozess, nicht zuletzt für die Mitarbeiter und die überforderte Führungskraft selbst.

Gute Vorgesetzte machen sich Gedanken über ihre Aufgabe, bevor sie ein Team übernehmen. Sie erfragen die Erwartungen und kommunizieren ihre eigenen deutlich. Mittelmäßige Vorgesetzte oder solche, die noch wenig Erfahrung haben, wählen diesen Weg meist nicht. Sie glauben, es sei klar, was von einer Führungskraft erwartet wird: Sie muss führen, den Rahmen setzen, Aufgaben verteilen, Entscheidungen treffen, Konflikte lösen, Ergebnisse kontrollieren, Leistung belohnen, Fehlverhalten bestrafen, Mitarbeiter motivieren und entwickeln. Die aktive Kandidatur für eine Vorgesetzten-Wahl erfordert als Selbstverständlichkeit, sich eigene Gedanken dazu zu machen und diese mit den Erwartungen des Teams abzustimmen. Auf diese Weise wird das oben beschriebene Verhalten guter Führungskräfte von allen Vorgesetzten übernommen und die Führungszusammenarbeit insgesamt wirksamer.

---

76 „People join companies, but leave managers" (Buckingham, Coffman, 1999) (Übersetzung des Autors).

In vielen Unternehmen ist zu beobachten, dass die Motivation eines Teams sinkt, wenn eine Person aus dem Team selbst zum Vorgesetzten befördert wird.[77] Durch die Vorgesetzen-Wahl kann man die negativen Auswirkungen zwar nicht gänzlich verhindern, in den meisten Fällen zumindest jedoch abschwächen. Die Wahl einer Mehrheit ist schlicht einfacher zu akzeptieren als die Neubesetzung einer Führungsposition durch übergeordnete Vorgesetzte, deren Entscheidungsprozess meist im Verborgenen abläuft.

Wie funktioniert das?

Je nach Unternehmen und Position können Wahlen einmalig oder regelmäßig durchgeführt werden. Wir empfehlen allen Unternehmen, die einer starken Veränderung ausgesetzt sind, die unternehmensweit wichtigen Positionen einmal im Jahr zu wählen. Dadurch wird jedes Jahr ein Abgleich der Erwartungen vollzogen – und die Organisation kann innerhalb sinnvoller Fristen reagieren, falls die Führungskraft den neuen Anforderungen nicht (mehr) genügt.

SCHRITT 1: NOMINATION

Jeder Mitarbeiter kann sich selbst oder andere für eine der bestehenden oder eine neue Führungsposition nominieren. Dieser Nominierungsprozess sollte für alle gut sichtbar und transparent erfolgen. Die Nominierenden werden gebeten, ihre Gründe für die Nomination kurz zusammenzufassen und auch das Selbstverständnis der jeweiligen Person als Führungskraft zu schildern. Andere Mitarbeiter können die Nomination befürworten. Je nach Anzahl der Wahlberechtigten muss die Befürwortung mindestens 3 Prozent, 5 Prozent oder 10 Prozent der Wahlberechtigten betragen, damit diese Person als Kandidat zur Wahl antreten kann.

Die nominierte und mit hinreichend Befürwortungen unterstützte Person muss dann erklären, ob Sie die Nomination annimmt und kandidiert. Bei einer Selbstnomination geht man davon aus, bei Fremdnominationen gibt die betreffende Person häufig eine Stellungnahme ab. Im Idealfall erfolgt der Nominierungsprozess auf einer dafür geeigneten elektronischen Plattform. Dafür genügt meist ein einfaches Diskussionsforum, im Rahmen dessen jeder Mitarbeiter selbst kommentiert und Kommentare anderer mit *Gefällt mir* unterstützt. Die Positionen sind jeweils Diskussionsbeiträge, die Nominierungen sind Kommentare und die unterstützenden Befürwortungen sind *Gefällt-mir*-Meldungen bei den Kommentaren.

---

77 Einer der ersten, der diesen Effekt von Beförderung auf die Motivation wissenschaftlich untersuchte, war Adams (1965).

SCHRITT 2: GESPRÄCHE

Jeder Kandidat tauscht sich selbstständig mit dem Team aus, das er oder sie direkt führen will. Zusätzlich kann und sollte jeder Kandidat auch das Gespräch mit Vertretern von Anspruchsgruppen suchen. Die Entscheidung, wen er dazu einlädt, liegt einzig beim Kandidaten. Ein guter und ernsthaft betriebener Prozess gibt wertvolle Hinweise zur Rollendefinition und Eignung und ermöglicht damit auch ein klares Stimmungsbild hinsichtlich der Wahlchance.

Als Fragen, die in diesen Gesprächen zu klären sind, haben sich die folgenden als geeignet herauskristallisiert:

- Was wird von dieser Rolle erwartet?

- Gibt es unklare oder falsche Verantwortlichkeiten?

- Was sollte der Fokus (die Ziele) in der nächsten Periode sein?

- Bin ich die richtige Person für diese Rolle?

- Wo sollte ich mich entwickeln und verbessern?

Nach diesem Austausch überlegt sich jeder Kandidat gut, ob er oder sie sich zur Wahl stellen will und worin sein oder ihr wichtigster Beitrag als gewählte Führungskraft besteht.

SCHRITT 3: ERSTELLUNG DER WAHLDOKUMENTE

Jeder Kandidat erarbeitet einen Vorschlag für die Stellenbeschreibung der von ihm angestrebten Führungsposition. Diese Stellenbeschreibung sollte für alle Wahlberechtigten hinreichend lange einsehbar sein, mindestens zwei Wochen.

Die Stellenbeschreibung deckt folgende Bereiche ab:

- Auftrag / Mission in einem Satz: Was ist meine Mission in dieser Rolle?

- Verantwortlichkeit: Für welche Ergebnisse fühle ich mich verantwortlich?

- Eine Auflistung von ca. drei bis sieben Verantwortungsfeldern, jeweils mit
  - Titel und Beschreibung,
  - wichtigste Aufgabe/wichtigstes Ziel in der kommenden Periode,
  - welche Unterstützung benötige ich hierbei vom Team?

Kandidaten, die bereits eine Führungsaufgabe wahrgenommen haben, sollten auch einen Rückblick auf ihre vergangenen Leistungen mit Bezug auf die Stellenbeschreibung abgeben.

Zielerreichung (in Stichworten und Prozentanteilen):

- Wichtigste Erfolge: Worauf bin ich stolz?

- Größte Fehler / Versagen: Was lerne ich daraus?

- Verhalten als Führungskraft: Welche Rückmeldungen habe ich erhalten?

Alle Kandidaten beantworten abschließend folgende Fragen:

- Fokus der Entwicklung: Worin möchte ich mich verbessern und wie?

- Unterstützung vom Team: Wie kann das Team mich dabei unterstützen?

SCHRITT 4: RÜCKMELDUNGEN ZU DEN WAHLDOKUMENTEN

Jeder Mitarbeiter kann diese Wahldokumente einsehen, Fragen stellen, Vorschläge einbringen, Ergänzungen anbieten oder Kritik äußern. Kandidaten können auf Rückmeldungen reagieren, Fragen beantworten und ihre Wahldokumente gegebenenfalls ergänzen. Auch hierfür empfiehlt sich eine elektronische Plattform, die alle Mitarbeiter von überall und jederzeit einsehen und somit dem Verlauf der Debatte folgen können. Meist genügt für diesen Zweck eine einfache Diskussionsgruppe.

SCHRITT 5: WAHLBERECHTIGTE

Die Entscheidung über die Wahlberechtigung kann auf verschiedene Weise getroffen werden. Es gibt gute Argumente dafür, dass beispielsweise neu eingestellte Mitarbeiter das Wahlrecht erst nach einer gewissen Zeit erhalten. Ebenso kann man argumentieren, dass Mitarbeiter erst nach einer gewissen Zeit das passive Wahlrecht erhalten und sich zur Wahl stellen können.

Wir sind der Meinung, dass eine möglichst offene Definition die meisten Vorteile bietet. Wahlberechtigt sind alle Mitarbeiter,

- die mindestens zu 50 Prozent der Regelarbeitszeit für das Unternehmen arbeiten oder bei niedrigerer Stundenzahl seit mindestens einem Jahr,

- die im Team der zu wählenden Führungskraft arbeiten oder in der nächstgrößeren Einheit (so wählen auch die Anspruchsgruppen).

Das passive Wahlrecht erhalten alle Mitarbeiter, die hinreichend Unterstützung aus der Belegschaft für die Nomination erhalten.

SCHRITT 6: VORSTELLUNG ZUR WAHL

Alle Kandidaten für die jeweilige Führungsposition stellen sich den Wahlberechtigten vor – und zwar in absteigender Reihenfolge der Anzahl an Unterstützungserklärungen. Sie orientieren sich an den Wahldokumenten und erläutern ihr individuelles Verständnis der angestrebten Funktion – und weshalb sie glauben, die richtige Besetzung dafür zu sein. Die Wahlberechtigten können Fragen stellen, die vom Kandidaten im Rahmen der verfügbaren Zeit beantwortet werden.

Idealerweise erfolgt die Vorstellung zur Wahl in Form einer Versammlung, bei der die Wahlberechtigten weitestgehend persönlich anwesend sind. Auch während der persönlichen Kandidaten-Vorstellung hat es sich bewährt, die Fragen auf einer elektronischen Plattform zu sammeln und in Echtzeit an die Wand zu projizieren. Auf diese Weise können andere Wahlberechtigte einzelne Fragen durch *Gefällt mir* unterstützen und somit in der Beantwortungsreihenfolge nach oben bringen. Im Raum beantworten die Kandidaten die Fragen sofort. Sollten Sie über keine geeignete Infrastruktur verfügen, dann empfehlen sich klassische Frage/Antwort-Blöcke nach jeder Vorstellung.

Wenn die Anzahl der Wahlberechtigten zu hoch, die räumlichen Gegebenheiten nicht vorhanden oder die Entfernungen zu groß sind, sollte die Vorstellung zur Wahl über eine Videokonferenz stattfinden. Diese Videokonferenz sollte aufgezeichnet werden, um sie im Verhinderungsfall (etwa bei unterschiedlichen Zeitzonen) nachträglich ansehen zu können. Spätestens bei der medialen Vorstellung zur Wahl muss eine entsprechende technische Infrastruktur vorhanden sein, um Fragen effizient von unterschiedlichen Orten aus einreichen zu können. In diesem Fall beantworten die Kandidaten alle Fragen im Nachgang schriftlich im Diskussionsforum.

SCHRITT 7: MEINUNGSBILDUNG

Die Wahlberechtigten sollten genügend Zeit haben, sich ihre Präferenzen zu überlegen und gegebenenfalls mit anderen zu diskutieren. Findet die Vorstellung zur Wahl persönlich statt, werden die Kandidaten nach draußen gebeten, um eine offene Diskussion zu ermöglichen. Bei einer überwiegend medialen Vorstellung zur Wahl sollte man für die individuellen Besprechungen einen gewissen Zeitraum einplanen und die Wahl selbst erst einige Tage nach der Vorstellung durchführen.

SCHRITT 8: WAHL

Der Wahlzettel muss gemäß eines vorab vereinbarten Auszählungsverfahrens gestaltet werden. Soll in jedem Fall eine Führungskraft gewählt werden, wird der Stimmzettel klassisch gestaltet: Jeder Wahlberechtigte hat eine einzige Stimme und gibt diese dem von ihm präferierten Kandidaten. Der Kandidat mit den meisten Stimmen (einfache, relative Mehrheit) gewinnt.

Alternativ kann festgelegt werden, dass für die verbindliche Besetzung der Stelle mindestens 50 Prozent der abgegebenen und gültigen Stimmen erforderlich sind. Bei mehreren Kandidaten kann in diesem Fall ein zweiter Wahlgang in Form einer Stichwahl zwischen den zwei Bestgereihten erforderlich sein.

Nach unserer Erfahrung gibt es in vielen Fällen nur einen Kandidaten. Das ist durchaus zu begrüßen. Wenn eine Führungskraft ihre Arbeit gut macht, gibt es kaum Bedarf für einen Wechsel – und nur wenige rechnen sich eine realistische Chance auf eine erfolgreiche Kandidatur aus. Wir empfehlen dann einen folgendermaßen abgeänderten Wahlzettel. Jeder Wahlberechtigte gibt gemäß der folgenden Skalierung für jeden Kandidaten eine Stimme ab:

Wahlzettel bei Wahlen mit nur einem Kandidaten

Die ersten drei Stimmen werden als Ja gewertet, enthalten aber durch ihre Abstufung zusätzliche Botschaften der Wähler – insbesondere von denjenigen, die während der vorangegangenen Gespräche ihre Meinung nicht mitteilen konnten oder wollten. Die beiden folgenden Antworten (extern, brauchen wir nicht) zählen als Nein. Enthaltungen fließen nicht in die Auswertung ein. Zusätzlich sollte die Möglichkeit bestehen, dem Kandidaten auf dem Wahlzettel anonym mitzuteilen, welche Erwartungen man an ihn hat, wenn er gewählt wird – unabhängig davon, ob man ihn selbst wählt oder nicht. Dies gibt dem Kandidaten wertvolle Impulse. Gewählt ist die Person, die mit den meisten Ja-Stimmen alle der folgenden definierten Hürden überschreitet.

- 50 Prozent oder 2/3 der Wahlberechtigten insgesamt
  Wahlberechtigt sind alle Mitarbeiter des Teams und der im Arbeitsablauf benachbarten Teams / nächsthöheren Einheit. Auf diese Weise werden auch teamexterne Überlegungen zur Wahl herangezogen. Wir gehen davon aus, dass Personen der benachbarten Teams / der nächsthöheren Einheit meist Anspruchsgruppen des Teams sind.

- 50 Prozent oder 2/3 des direkt geführten Teams
  Auf diese Weise wird verhindert, dass das Team gezwungen ist, mit einer Führungskraft zu arbeiten, die im Team selbst nicht mehrheitsfähig ist.

- Optional: Zustimmung des direkten Vorgesetzten
  Der oder die direkten Vorgesetzten haben bei der Wahl ein Vetorecht, weil auch die Vorgesetzten mit den gewählten Kandidaten arbeiten müssen. Fairerweise sollte die Inanspruchnahme des Vetos mindestens dem Kandidaten selbst vor der Wahl mitgeteilt werden, sodass er oder sie entscheiden kann, die Kandidatur zurückzuziehen oder trotzdem anzutreten. Wird das Vetorecht in Anspruch genommen, gilt das Vorgehen analog, als wäre der Kandidat nicht gewählt worden.

Stehen mehrere Kandidaten zur Wahl und keiner überspringt die Hürden im ersten Wahlgang, erfolgt eine Stichwahl zwischen den beiden Kandidaten mit den meisten Ja-Stimmen. Die Abstufungen von Ja sind lediglich eine Zusatzinformation für den Kandidaten – für das Wahlergebnis selbst zählt jedes Ja gleich.

Übertrifft auch im zweiten Wahlgang kein Kandidat alle Hürden – oder ist ein einzelner Kandidat bereits beim ersten Wahlgang daran gescheitert, gilt kein Kandidat als gewählt. Ist die Mehrheit der Wähler der Meinung, diese Funktion wird nicht gebraucht, kann man diese ersatzlos streichen. Wünscht die Mehrheit der Wähler extern zu rekrutieren, ist der nächsthöhere Vorgesetzte und das Team gefordert, eine Zwischenlösung zu finden, bis ein externer Kandidat eingestellt wird (für die externe Besetzung siehe Teamverantwortete Mitarbeitergewinnung, S. 137ff).

SCHRITT 9: EINARBEITUNG

Der gewählte Kandidat sollte die neue Aufgabe möglichst schnell übernehmen. Für die Einarbeitung sind der nächsthöhere Vorgesetzte und das direkt geführte Team verantwortlich. Ist der vorherige Stelleninhaber noch im Unternehmen, sollte dieser sich als Mentor und Gesprächspartner zur Verfügung stellen. Führungskräften, die zurückgetreten sind oder die abgewählt wurden, wird eine gewisse Übergangszeit gewährt, um sich neu zu orientieren und eine neue Aufgabe zu finden. Dabei ist eine starke persönliche und fachliche Unterstützung durch den nächsthöheren Vorgesetzten und das Team sehr wichtig. Ein gut verlaufender Prozess kann einen wertvollen Mitarbeiter für das Unternehmen sichern und in eine Position bringen, in der er seinen größtmöglichen Beitrag leisten kann.

SCHRITT 10: GEHALT

Das Gehalt wird durch die verantwortliche Person – üblicherweise der nächsthöhere Vorgesetzte – in Absprache mit anderen festgelegt. Der Lohn der neu gewählten Führungskraft sollte zunächst, wenn überhaupt, nur moderat angepasst werden. Nach einer gewissen Zeit der Bewährung können weitere Anpassungen vorgenommen werden. Generell sollten gewählte Führungskräfte keinen deutlich höheren Lohn erwarten als andere Experten des Unternehmens. Es empfiehlt sich, allfällige Lohnerhöhungen als Verantwortungszulagen zu gestalten. Die Zulage kann arbeitsrechtlich konform wieder zurückgezogen werden, sobald die zusätzliche Verantwortung als Führungskraft durch Abwahl oder Rücktritt nicht mehr getragen wird.

Zurückgetretene oder abgewählte Personen werden, nachdem sie ihren neuen Aufgabenbereich gefunden haben, um einen vernünftigen Vorschlag zu ihrem Lohn gebeten. Meist kennen sie das allgemeine Lohnniveau des Teams, in dem sie ihre neue Aufgabe gefunden haben. Insbesondere wenn gewählten Führungskräften klar ist, dass ein allfälliger Lohnanstieg nur temporär ist und rechtlich als Zulage gestaltet wird, kommt es meist zu vernünftigen Lösungen, auch bei abgewählten oder zurückgetretenen Führungskräften.[78]

WIE FÜHREN SIE DIESEN VORSCHLAG EIN?

Am einfachsten beginnen Sie bei Ihrer eigenen Position. Sollten Sie in eine neue Position befördert oder eingestellt werden, lassen Sie sich vom Team wählen. Sollte das Team Sie noch nicht kennen, kündigen Sie die Wahl nach den ersten 100 Tagen, nach sechs oder nach zwölf Monaten an. Auch wenn Wahlen bislang nicht vorgesehen waren, können Sie das Wahlergebnis jederzeit umsetzen: Werden Sie nicht gewählt, treten Sie zurück. Notfalls müssen Sie kündigen, wenn Sie mit Ihrem nächsthöheren Vorgesetzten keine Lösung finden. Falls ein anderer Kandidat gewählt wird, ist die Wahrscheinlichkeit hoch, dass Ihre Vorgesetzten das Wahlergebnis berücksichtigen werden.

Ein solches Vorgehen erfordert ein gehöriges Maß an Mut und Vertrauen in sich selbst und in die Mitarbeiter, die wählen dürfen. Möglicherweise reagieren Ihre Vorgesetzten nicht gerade erfreut auf die Einführung von Wahlen. Es besteht jedoch immer die Chance, sie mit der Zeit von den Vorteilen Ihres Vorgehens zu überzeugen. Zunächst betrifft das nur Sie. Es ist jedoch wahrscheinlich, dass dadurch auch Begehrlichkeiten bei Mitarbeitern auf anderen Stufen oder in anderen Teams geweckt werden.

Machen Sie klar, dass Sie mit der Wahl auch die Kompetenz einfordern, in den von Ihnen definierten Bereichen eigenständig entscheiden zu können – und dass Sie erwarten, dass Ihnen Ihre Mitarbeiter in diesen Entscheidungen folgen. Sie dürfen nicht den Fehler machen, keine klaren Erwartungen zu kommunizieren. Dann beginnt nämlich jeder, sich sein eigenes Konzept von Demokratie zu entwerfen – also zum Beispiel einen Vorgesetzten, der für jede Entscheidung jeden befragen muss. Die konkrete Ausgestaltung hängt davon ab, auf welcher Stufe Sie führen. Als Scrum-Master auf Stufe 4 benötigen Sie vor allem prozessuale Kompetenzen, als Führungskraft auf Stufe 1 und 2 auch weitreichende inhaltliche Kompetenzen.

Die Einführung einer Führungskräftewahl bietet sich zudem an, wenn der aktuelle Stelleninhaber kurzfristig für längere Zeit ausfällt oder die Führungsposition seit längerer Zeit vakant ist und zumindest eine Person im Team ist, die sich die Führungsrolle zutraut. Eine Wahl – möglicherweise auch nur auf Zeit – erleichtert es der Person aus dem Team und auch dem Team selbst.

---

78 Mehr dazu im Kapitel Spiralförmige Karriere ab Seite 179.

Verlaufen einzelne Wahlen erfolgreich, können Sie versuchen, andere Führungskräfte von dem Konzept zu überzeugen, sodass diese sich selbst oder interne Nachbesetzungen von Führungspositionen ebenfalls wählen lassen. Mit jeder erfolgreichen Wahl finden Sie weitere Nachahmer im Unternehmen, bis die Organisation als Ganze hinreichend Erfahrungen gesammelt und Vertrauen gewonnen hat, Wahlen in größeren Bereichen des Unternehmens einzuführen.

Welche Stolperfallen sind zu berücksichtigen?

Es ist zu erwarten, dass verantwortliche Personen im Unternehmen, die meist selbst eine Führungsaufgabe wahrnehmen, Widerstand gegen die Einführung von Wahlen leisten. Auch wenn Sie aktuell nur in ihrem eigenen Team wählen lassen wollen, ist den meisten klar, dass dieses Beispiel Begehrlichkeiten wecken wird. Manche Führungskräfte lassen sich grundsätzlich nicht von den Vorteilen eines demokratischen Wahlprozesses überzeugen.

Wahlberechtigte Mitarbeiter können enttäuscht sein und von einer Pseudo-Demokratie sprechen, wenn nur ein Kandidat zur Wahl steht. Sie stellen sich die Frage, welche Wahl sie denn überhaupt haben. In diesen Fällen ist es besonders wichtig, die verschiedenen Optionen des Wahlausganges zu erläutern – und auch darzulegen, dass die Bestätigung eines Amtsinhabers ohne Gegenkandidaten generell nichts Undemokratisches oder Schlechtes ist. Die Abstimmung der wechselseitigen Erwartungen, das gegenseitige Zuhören und die Möglichkeit, einer differenzierten Stimmabgabe bis hin zur Abwahl, sind ebenso wichtige Elemente des Prozesses (die allerdings nicht jederzeit von jedermann in allen Ausprägungen genutzt werden müssen).

Die Wahl der Vorgesetzten weckt fast unweigerlich die Erwartung, überall mitentscheiden zu dürfen. Diese Erwartung kann zu problematischen Situationen führen und Frustration im Team verursachen. Es ist wichtig, diese Erwartungen deutlich anzusprechen. Die Wahl eines Vorgesetzten dient dazu, in regelmäßigen Abständen jemanden zu wählen, dem andere anschließend in dessen Entscheidungen folgen. Zur freien Wahl gehört auch die freiwillige Gefolgschaft – nicht bedingungslos, aber doch ohne die permanente Forderung, überall mitentscheiden zu dürfen.

Ein einzelner Kandidat kann den gesamten Prozess zu einem negativen Wahlkampf verkommen lassen. Er stellt dann eher die Fehler und Schwächen der anderen in den Vordergrund als die eigenen Stärken und Leistungen. Es ist nur ein schmaler Grat zwischen Gesprächen mit einzelnen Wählenden und Stimmungsmache gegen einen Wettbewerber. Hier sind alle gefordert, den Wettbewerb um Wähler positiv, transparent und öffentlich zu halten. Wer im Wahlprozess genügend Foren und Möglichkeiten der Darstellung von Differenzen bietet, kann dieser Gefahr vorbeugen und den Prozess aktiv gestalten.

Bei knappen Wahlergebnissen kann im Team die Frage nach der Legitimation der Führungskraft aufkommen. Das Wahlergebnis ist transparent und das Team erkennt, wenn die Zustimmung nur knapp oberhalb der erforderlichen Grenze liegt. Insbesondere bei solchen Ergebnissen innerhalb des direkt geführten Teams kann dies zu Akzeptanzproblemen führen. Es macht die Erfüllung der Aufgaben für die Führungskraft dadurch deutlich anspruchsvoller. Dieser Effekt ist nicht zu verhindern. Es kommt darauf an, wie der knapp gewählte Kandidat mit dem Ergebnis umgeht – und ob er die Gründe für den knappen Sieg ausräumen kann.

Vorgesetzte, die zum ersten Mal eine Wahl durchführen, können sich durch den Wahlprozess gelähmt fühlen. Sie trauen sich nicht, mutige Entscheidungen zu treffen aus Angst vor einem schlechten Wahlergebnis. Gerade die Interpretation des ersten Wahlergebnisses trägt entscheidend dazu bei, ob eine Führungskraft sich lähmen lässt. Ein schlechtes Wahlergebnis lässt sich so deuten, dass man aufgrund unpopulärer aber richtiger Entscheidungen bestraft wurde. Dann wird man in Zukunft weniger mutig sein. Oder man sieht andere Gründe, die möglicherweise im eigenen Verhalten liegen. Dies ist die weitaus unangenehmere Antwort. Kann man jedoch auch solche Überlegungen zulassen, hält das Wahlergebnis nicht davon ab, in Zukunft (weiterhin) mutige Entscheidungen zu treffen. Die Empfehlungen auf den Wahlzetteln können hier gute Hinweise geben.

Eine Wahlniederlage kann für die abgewählte Person persönlich verletzend sein, insbesondere wenn diese sich aus eigener Warte stark für das Team eingesetzt und manchmal gar aufgeopfert hat. Insbesondere im Feedback-Prozess und auf den Wahlzetteln sollte allen Wählenden klar sein, dass es immer darum geht, Vorschläge zur persönlichen und fachlichen Entwicklung zu geben – und nicht um eine Abrechnung mit dem Vorgesetzten. Eine Linderung der Verletzung kann sein, wenn es im Unternehmen eine Kultur des Zurück-Tretens gibt (siehe S. 179ff).

Wie begegnen Sie Einwänden?

Bei der Diskussion um demokratische Wahlen in Unternehmen begegnet man vielen Fragen zum Vorgehen und einer verbreiteten Skepsis. Die meisten Bedenken drehen sich um folgende Punkte:

- Werden nicht nur die netten und angenehmen Personen gewählt?

- Treffen Führungskräfte dann überhaupt noch mutige Entscheidungen?

- Erzeugen Wahlen nicht unnötig Unruhe? Benötigen sie nicht unnötig viel Zeit?

- Wollen wir uns wirklich Wahlkämpfe ins Unternehmen holen?

- Verlieren wir damit nicht gute Führungskräfte für das Unternehmen?

Viele dieser Bedenken entstehen, weil man die prekären öffentlichen Wahlkämpfe der Politik mit dem Ideal vergleicht, wie klassische Beförderungsmethoden in Unternehmen funktionieren sollten. Wenn wir aber die tatsächlichen Erfahrungen von Wahlen in Unternehmen mit der Realität anderer Beförderungsmethoden vergleichen, schneiden Wahlen in der Regel besser ab.

WERDEN NICHT NUR DIE NETTEN UND ANGENEHMEN PERSONEN GEWÄHLT?

Es ist durchaus so, dass ein rüder Führungsstil bei Wahlen abgestraft wird. Dies bedeutet jedoch im Umkehrschluss keinesfalls, dass nur nette und angenehme, d. h. einfache und anforderungslose Kandidaten gewählt werden. Dem Team ist durchaus bewusst, dass ein guter – sprich: strenger – Vorgesetzter ein Team auch nach außen gut vertreten kann. Ein Vorgesetzter, der dem Team alles recht machen will, wird es auch nach außen allen recht machen wollen.

Darüber hinaus enthält unser Vorschlag die Wahlberechtigung jeweils aller Mitarbeiter benachbarter Teams / der nächsthöheren Einheit. Dadurch fließen auch die Interessen der Anspruchsgruppen ein. Zudem schlagen wir zur Sicherheit ein Vetorecht des nächsthöheren Vorgesetzten vor. Seien wir ehrlich: Auch andere Systeme der Beförderungs- und Einstellungsentscheidungen für Führungskräfte sind nicht über jeden Zweifel erhaben. Auch hier werden durchaus den Entscheidern genehme und angepasste Personen ausgewählt. Ein transparenter Wahlprozess unter Einbezug vieler Personen ist im Vergleich dazu weit weniger von persönlichen Sympathien oder Animositäten geprägt.

TREFFEN FÜHRUNGSKRÄFTE DANN ÜBERHAUPT NOCH MUTIGE ENTSCHEIDUNGEN?

Tatsächlich besteht die Gefahr, dass Führungskräfte nach einer ersten Wahl, die nicht gut für sie ausgegangen ist, den Grund in unpopulären aber notwendigen Entscheidungen suchen. Diese Erklärung lässt ein schlechtes Ergebnis oder eine Abwahl einfacher verkraften, als die Gründe im persönlichen Verhalten oder eigenen Fehlern zu suchen. Nach Dutzenden von Führungskräftewahlen und -abwahlen hat sich unsere Überzeugung gefestigt, dass Mitarbeiter durchaus unterscheiden können zwischen notwendigen und schwierigen Entscheidungen und schlechtem Führungsverhalten. Mitarbeiter zeigen auch eine hohe Toleranz, wenn Fehler ehrlich eingestanden und nicht permanent wiederholt werden.

Fragen Sie sich selbst, wie Sie wählen würden. Interessanterweise glaubt jeder von sich selbst, dass er richtig wählen würde – die anderen Mitarbeiter aber nicht. Hier sind wir durch die aktuellen Erfahrungen der Politik – mit schlechten Angeboten und hoher Unzufriedenheit der Wähler mit dem System – wohl zu stark geprägt. Wir sollten jedoch bedenken: Demokratie war über viele Jahrhunderte ein Erfolgsrezept. Im Unternehmen haben wir jetzt die Chance, eine moderne Variante von Demokratie einzuführen, die nicht an den Problemen einer volksfernen, abgehobenen Demokratie krankt.

Die Antwort auf diesen Einwand liegt im konstruktiven Umgang mit schlechten Wahlergebnissen und mit mutigen Entscheidungen. Hierdurch wird eine neue, demokratische Unternehmenskultur geprägt, in der sich Führungskräfte getrauen, schwierige und schmerzhafte Entscheidungen zu treffen – und sie erfahren, dass sie trotz dieser Entscheidungen wiedergewählt werden.

ERZEUGEN WAHLEN NICHT UNNÖTIG UNRUHE? BENÖTIGEN SIE NICHT UNNÖTIG VIEL ZEIT?

Natürlich benötigen Wahlen Zeit. Die Mitarbeiter beschäftigen sich während der Wahlphase auch mit der Fragestellung, wen man nominieren, unterstützen und wählen sollte. Ein Großteil dieser Zeit wird positiv im Sinne der Team- und Organisationsentwicklung genutzt – durch die Abstimmung von Rollenbildern und gegenseitigen Erwartungen. Dies erhöht die Qualität der Führungszusammenarbeit spürbar – und macht Führungskräfte wirksamer. Somit sind Wahlen durchaus auch als Instrumente der Personal- und Führungskräfteentwicklung zu werten.

Zudem sollten wir nicht vergessen, dass ohne klar definierte und terminierte Wahltermine und -prozesse in den meisten Unternehmen ein permanenter Konkurrenz- und Wahlkampf herrscht. Da niemand weiß, wann eine Führungsposition nachbesetzt wird, müssen sich potenzielle Kandidaten laufend in Position bringen. Ein Großteil dieses *Wahlkampfes* erfolgt informell und indirekt. Dies kostet weitaus mehr Energie, stiftet Unruhe und verschlechtert das Klima. Eine zeitlich klar begrenzte und nach transparenten Regeln unternehmensweit ablaufende Wahl reduziert diese Unruhe und ist ein positives Zeitinvestment, da die Energie zum gegenseitigen Lernen und damit zur Weiterentwicklung von Mensch und Organisation genutzt wird.

WOLLEN WIR UNS WIRKLICH WAHLKÄMPFE INS UNTERNEHMEN HOLEN?

Bei zwei oder mehreren Kandidaten für eine Position ist ein Wahlkampf unvermeidlich. Die Kandidaten versuchen, die Wähler davon zu überzeugen, dass sie der bessere Kandidat sind. Diesen Wahlkampf sollte man positiv zum Lernen aller Beteiligten nutzen. Kandidaten sollten in einem Forum ihre Positionen erläutern und Fragen beantworten. Dadurch lernen die Kandidaten auch voneinander und jeder einzelne wird die Aufgabe besser bewältigen als ohne einen solchen Wahlkampf. Dennoch sollte man die Zeit des Wahlkampfes beschränken. Unsere Empfehlung lautet: ein bis eineinhalb Monate vom Beginn der Nomination bis Vorstellung zur Wahl.

In Dutzenden demokratischer Wahlen bei Haufe-umantis hat sich gezeigt, dass Wahlen nicht durch Wahlgeschenke gewonnen werden, sondern vor allem durch den tatsächlichen Leistungsausweis und gute, konkrete und glaubwürdige Vorschläge. Und wie bereits gesagt: Erfolgt kein offizieller Wahlkampf im Unternehmen, findet dieser hinter verschlossenen Türen und mit geschlossenem Visier statt. Ob dies eine bessere Alternative im Sinne des Unternehmens und der Mitarbeiter ist, darüber lässt sich zumindest trefflich diskutieren.

VERLIEREN WIR DAMIT NICHT GUTE FÜHRUNGSKRÄFTE FÜR DAS UNTERNEHMEN?

Es kann durchaus vorkommen, dass abgewählte oder zurückgetretene Führungskräfte das Unternehmen verlassen. Diese brauchen eine starke Persönlichkeit, um trotz einer Wahlniederlage im Unternehmen zu bleiben und eine andere, meist weniger prestigeträchtige Aufgabe zu finden. Eine positive Unternehmenskultur, die Rücktritte und Abwahlen als natürlichen Prozess versteht und diesem auch positive Aspekte abgewinnt, erleichtert den Verbleib im Unternehmen. (Vergleichen Sie dazu auch die Anregung Spiralförmige Karriere, S. 179ff.)

Wenn jemand für eine Position derzeit nicht geeignet ist – oder ein anderer besser passend scheint, bedeutet dies keinesfalls, dass diese Person grundsätzlich keinen wertvollen Beitrag für das Unternehmen leistet. Es bleibt deshalb eine wichtige Aufgabe des nächsthöheren Vorgesetzten und auch des Teams, den abgewählten oder zurückgetretenen Personen eine neue Perspektive im Unternehmen aufzuzeigen. Jemand, der einen solchen Schritt erfolgreich bewältigt hat, ist häufig in der neuen Aufgabe glücklicher und zufriedener und leistet hervorragende Arbeit für das Unternehmen – in manchen Fällen entwickelt sich die Person durch diese Atempause gar so stark weiter, dass sie die nächste Führungsverantwortung deutlich souveräner meistert.

PRAXISBEISPIEL: VORGESETZTENWAHL BEI DEN BERLINER PHILHARMONIKERN

Was machen die Berliner Philharmoniker?

Die Berliner Philharmoniker gelten weltweit als eines der renommiertesten Orchester. Seit ihrer Gründung Ende des 19. Jahrhunderts – damals als rebellischer Akt gegen schlechte Konditionen – wird bei dem Spitzenensemble Selbstbestimmung groß geschrieben. So wird auch über den Chefdirigenten selbst entschieden. Für die engere Auswahl geeigneter Kandidaten werden vorab Kriterien erarbeitet. Über die Dirigenten, die konkret zur Debatte stehen, wird unter den Musikern intensiv diskutiert. Die 124 stimmberechtigten Musiker stimmen anschließend in einer geheimen Wahl ab, der eine eigens verabschiedete, erfahrungsbasierte Wahlordnung zugrunde liegt. Die finale Einstellungsentscheidung bleibt dabei tatsächlich den Musikern vorbehalten, weder der Intendant noch der amtierende Chef oder der Berliner Senat als Arbeitgeber haben hierbei eine Stimme.

Welche Herausforderungen haben die Berliner Philharmoniker?

Da ein Chefdirigent im wahrsten Sinne des Wortes den Ton angibt, prägt dieser die Interpretation der Musik und damit auch die Außenwirkung und fortwährende Reputation des Ensembles maßgeblich – er verleiht dem Orchester ein Gesicht. Alle Musiker interpretieren die Auslegung und Erwartung an die Umsetzung von Stücken sehr persönlich. Somit können die individuellen Einschätzungen einer Zusammenarbeit mit den in Frage kommenden Kandidaten bei den Kollegen weit auseinander liegen. Dies zeigt sich in der letzten – fast verpatzten – Wahl. Auch nach mehr als 12 Stunden lebhafter Diskussion kamen die Philharmoniker zu keinem Ergebnis. Erst in einem zusätzlichen Wahlgang fiel die Entscheidung mit einer großen Mehrheit für Kirill Petrenko. Hier zeigt sich, dass demokratische Prozesse nicht immer reibungslos ablaufen. Eine konstruktive Streitkultur ist dafür unerlässlich – denn Demokratie bedeutet Verantwortung.

Welche Chancen bieten sich den Berliner Philharmonikern?

Das durch die Musiker wahrgenommene gesteigerte Verantwortungsbewusstsein verleiht dem Dirigenten eine höhere Daseinsberechtigung. Durch die erhöhte Motivation ist ein harmonisches Zusammenspiel aller Beteiligten nahezu vorprogrammiert. Die hohe Akzeptanz des eigenen Chefs aufgrund des Wahlverfahrens gewährt diesem viel Spielraum für seine persönliche Interpretation der Musik. Darauf aufbauend kann ein Chefdirigent ein einmaliges Erlebnis für das Publikum kreieren – und so zugleich Mitarbeiter und Kunden mit herausragender Leistung verzaubern. Es scheint daher kaum ein Zufall zu sein, dass die Berliner Philharmoniker oftmals als besonders lebendig und emotional beschrieben werden.

Was machen die Berliner Philharmoniker sonst noch?

Die Berliner Philharmoniker sind auch in anderen Bereichen unabhängig aufgestellt: Die Musiker entscheiden eigenständig darüber, wo und wann sie ihre Konzerte geben und auch die Aufnahme neuer Kollegen ins Ensemble wird von den Musikern selbst bestimmt.

Weiterführende Links

- https://newworkbook.xing.com/newworkbook/downloads/newworkbook_2016.pdf
- http://www.berliner-philharmoniker.de/titelgeschichten/2014-2015/wahl-2015
- http://www.handelsblatt.com/panorama/kultur-kunstmarkt/berliner-philharmoniker-kirill-petrenko-wird-neuer-chefdirigent/11949614.html
- https://www.rbb-online.de/kultur/thema/2015/berliner-philharmoniker/beitraege/Philharmoniker-neuer-Chefdirigent.html
- https://www.rbb-online.de/kultur/thema/2015/berliner-philharmoniker/beitraege/berliner-philharmoniker-portraet.html

SPIRALFÖRMIGE KARRIERE
Wie Sie Führungskompetenzen entwickeln

Worum geht es?

Vorgesetzte, die zurücktreten und ins Team gehen, lernen von ihren Nachfolgern unschätzbar viel. Zugleich sind Sie deren beste Mentoren.

Welche Vorteile bietet dieser Vorschlag?

> Interessanterweise ist dies die wortwörtliche Bedeutung von zurücktreten: *zurück*treten in ein Team, das man zuvor geführt hat.

Das Zurücktreten in ein Team, das man zuvor geleitet hatte, erfolgte bei Haufe-umantis anfangs ohne klares System. In dem einen Jahr jedoch, in dem ich unter meinem Nachfolger und neuen Geschäftsführer gearbeitet habe, konnte ich die Vorteile hautnah erleben und viele wertvolle Erfahrungen sammeln. Ich berichte darüber auch im TEDx Talk: *Why bosses should step down – regularly.*[79] Zusammengefasst sind es folgende Vorteile:

- Wirksame Entwicklung der eigenen Führungskompetenzen
  Es gibt unterschiedliche Führungsstile, die zu guten oder sogar großartigen Resultaten führen. Das ist zwar offensichtlich, man muss es jedoch selbst erfahren, um es wirklich zu verinnerlichen und daraus zu lernen. Ich habe meinen Nachfolger in Situationen erlebt, in denen ich selbst vor nicht allzu langer Zeit noch war – und ich wusste genau, wie ich selbst gehandelt hätte. Er ging einen anderen Weg. Dieser führte zu anderen und häufig besseren Ergebnissen, als ich von meinem Ansatz erwartet hätte. So konnte ich meine Vorstellungen von guter Führung anpassen. Der Lerneffekt ist enorm und kommt in jeder späteren Führungsrolle positiv zum Tragen.

---

79 Hermann Arnold (2015).

- Besseres Eigenbild als Führungskraft
  Bei einem der ersten Gesprächstermine nach der Entscheidung zum Rücktritt trafen mein Nachfolger und ich potenzielle Geschäftspartner. Als ich erwähnte, dass mein Teammitglied Geschäftsführer werden würde, änderte sich die Dynamik im Raum vollständig. Unsere Gesprächspartner sprachen plötzlich vorrangig mit ihm, obwohl sie kurz zuvor meist mit mir gesprochen hatten. Zurücktreten macht uns als Führungskräfte bescheidener. Wir erkennen, dass ein Großteil unserer Macht in unserer Rolle begründet ist und nicht in unserer großartigen Persönlichkeit oder unseren überragenden Fähigkeiten.

- Bestmögliches Mentoring des Nachfolgers
  Da ich im Team meines Nachfolgers arbeitete, konnte ich für ihn ein viel besserer Mentor sein. Ich erlebte unmittelbar, wie er führte und welche Auswirkungen dies hatte. Ich konnte ihm das offen und ehrlich spiegeln. Das offene Feedback fiel mir auch deshalb leicht, weil ich unmittelbar zuvor noch sein Vorgesetzter war. Das machte auch ihn zu einer besseren Führungskraft.

- Zeit für Entwicklung außerhalb der Schusslinie
  Wenn man als Führungskraft an Grenzen stößt, ist kaum eine Entwicklung möglich. Man befindet sich im Hamsterrad, verliert an Souveränität und damit an Entwicklungsfähigkeit. Der Rücktritt zurück in das Team bietet eine Pause, während der die gemachten Erfahrungen zur Erweiterung der eigenen Führungskompetenz genutzt werden können.

- Geringerer Gesichtsverlust durch Gewohnheit
  Wenn es in Unternehmen üblicher geworden ist, zurückzutreten, verringert sich der Gesichtsverlust und der Rücktritt fällt leichter. In vielen Vereinen, Freiwilligen-Organisationen, in Universitäten und manchen politischen Systemen ist der Rücktritt absolut üblich und niemand fühlt sich als Versager oder wird als solcher angesehen. Ähnliches geschieht bereits heute in zahlreichen Unternehmen bei Projekten oder in agilen Entwicklungsgruppen.

- Bindung von guten Mitarbeitern
  Meist übernimmt jemand Führungsaufgaben, weil er oder sie die Aufgabe gut gemacht hat. Wenn es möglich ist, zurückzutreten ohne das Gefühl das Unternehmen verlassen zu müssen, kann man an anderer Position wieder einen ebenso guten Job machen. Wir haben das bei uns im Unternehmen tatsächlich dutzendfach erlebt. Das Unternehmen verliert somit seltener hoch qualifizierte Mitarbeiter.

Welches Problem löst dieser Vorschlag?

Wir alle kennen Vorgesetzte, die ihre Aufgabe nicht (mehr) gut erfüllen. Häufig leiden sie selbst und auch ihr Umfeld unter dieser Situation. Das Team ist unglücklich, die Vorgesetzten unzufrieden, die privaten Beziehungen verschlechtern sich und ihre Rolle macht sie krank und lässt sie ausbrennen. Trotzdem scheint es für Vorgesetzte undenkbar zurück zu treten.

Die am weitesten verbreitete Folge ist, dass zuerst gute Mitarbeiter das Team und oft sogar das Unternehmen verlassen. Irgendwann ergreift der Vorgesetzte selbst die Initiative und verlässt das Unternehmen – oder er wird von der nächsthöheren Ebene abberufen – worauf meist die Kündigung folgt. Im Ergebnis haben wertvolle Mitarbeiter das Unternehmen verlassen und andere arbeiten deutlich unter ihrem Potenzial. Schließlich verliert man einen Vorgesetzten, der viele Jahre lang eine gute Arbeit gemacht hat – sonst hätte man ihn nicht befördert oder eingestellt.

Es kann vorkommen, dass sich die persönliche Situation von Führungskräften verändert – etwa durch die Geburt eines Kindes oder einen Pflegefall in der Familie – oder sie entwickeln aus anderen Gründen den Wunsch, kürzer zu treten. Bislang führt dies zwangsläufig dazu, dass die Führungskraft entweder eine unbefriedigende Leistung erbringt oder das Unternehmen verlässt. Meist treten beide Alternativen hintereinander ein – begleitet vom schlechten Gewissen der Führungskraft und der Unzufriedenheit des Teams.

Wenn Rücktritte üblich sind, lassen sich derartig verfahrene Situationen auf natürliche und intelligentere Weise lösen. Die Führungskraft kann – aus welchen Gründen auch immer – zu der Entscheidung gelangen, jemand anderem eine Chance zu geben und selbst zurückzutreten. Sie kann zugleich im Unternehmen verbleiben und eine neue Aufgabe finden, bei der sie gute Leistung erbringt und damit selbst zufrieden ist. Das Unternehmen verliert keinen guten Mitarbeiter, ein Kollege erhält die Gelegenheit zur Übernahme von Führungsverantwortung und wird zudem durch seinen Vorgänger hervorragend beraten und begleitet.

Wie funktioniert das?

Das bisher übliche und akzeptierte Karrieremodell gleicht einer Kaminkarriere: rauf – rauf – rauf – raus. Es ist auch als Peter-Prinzip bekannt.[80] Die Alternative sehen wir in Form von Spiralkarrieren: rauf – runter – lernen – rauf – runter – lernen – …

Wir möchten an dieser Stelle den Begriff von Agilität in der Führung nicht überstrapazieren – am Ende läuft es jedoch genau darauf hinaus. Agilität in der Führung bedeutet, von Zeit zu Zeit auch mal zurückzutreten in ein Team, das man zuvor geführt hat. Man lernt von seinem Nachfolger und unterstützt ihn oder sie, eine bessere Führungskraft zu werden. Eine solche Spiralkarriere ist ideal, um die Führungskompetenz von allen Beteiligten kontinuierlich weiter zu entwickeln.

Kaminkarriere

Spiralkarriere

80 Laurence / Hull (1969): „In a hierarchy every employee tends to rise to his level of incompetence."

DIE VORBEREITUNG

Als Führungskraft sollten Sie sich einmal im Jahr die Zeit nehmen, um ernsthaft darüber nachzudenken, ob Ihre aktuelle Aufgabe noch immer Ihren Stärken und Neigungen entspricht. Ist dies nicht der Fall, können Sie versuchen, die Aufgabe anders zu gestalten, sodass sie besser zu Ihnen passt. Sollte dies nicht möglich sein oder Sie während der Auseinandersetzung zu dem Schluss kommen, dass eine andere Aufgabe im Team attraktiver für Sie wäre, sollten Sie sich ernsthaft Gedanken über einen Rücktritt machen. Die möglichen positiven und negativen Konsequenzen sollten Ihnen dabei bewusst sein:

- Sie verlieren an Ansehen und Macht – im Unternehmen und im privaten Umfeld.

- Sie werden vermutlich weniger verdienen.

- Sie könnten Ihrer Karriere mit diesem Schritt nachhaltig schaden.

- Sie fühlen sich befreit von einer Last, unter der auch Ihr Umfeld leidet.

- Sie haben (wieder) mehr Freude an einer neuen Aufgabe, die besser zu Ihnen passt.

- Sie können sich wirksamer entwickeln – auch für eine spätere Verantwortung.

- Sie verdienen Respekt und erhöhen langfristig Ihre beruflichen Chancen.

Als Vorgesetzter von Führungskräften können Sie diese Überlegungen anregen, besonders wenn Sie der Meinung sind, eine Führungskraft ist ihrer Aufgabe nicht (mehr) gewachsen. Ermutigen Sie diese Führungskraft, nachzudenken und sich hinein zu versetzen, wie sich eine mögliche andere Aufgabe anfühlen würde. Sie sollten ihr auch ein wenig die Angst nehmen, dass ein Rücktritt zu große negative Konsequenzen haben würde – und darlegen, dass die Vorteile vermutlich die Nachteile überwiegen.

Manchmal ist es notwendig, den Rücktritt zu fordern, obwohl die betreffende Führungskraft diese Notwendigkeit nicht sieht. Wenn Sie dies mit Respekt für die Person und einem klaren Fokus für deren Stärken und Fähigkeiten machen, die in einer anderen Aufgabe besser genutzt sind, kann sich die Person möglicherweise auf den Rücktritt einlassen und einer neuen Konstellation eine Chance geben. Falls sich im Unternehmen bereits eine Kultur des Zurücktretens etabliert hat, wird Ihnen dies leichter fallen. Es geht aber insbesondere darum, einen gesichtswahrenden Weg zu finden. Dieser Aspekt ist meist deutlich wichtiger als die Frage der Entlohnung.

DER RÜCKTRITT

Der Vorgang und die Dramaturgie des Rücktritts sind wichtig für ein nachhaltiges Gelingen. Auch wenn es sich um eine Wahlniederlage handelt, kann man einen Rücktritt würdevoll, wertschätzend und positiv gestalten. Dies betrifft sowohl den Umgang mit dem Zurücktretenden selbst als auch die Kommunikation gegenüber anderen.

PRAXISTIPP: SO GESTALTEN SIE DEN RÜCKTRITT POSITIV
Kommunikation gegenüber dem Team und dem Unternehmen

Stimmen Sie die Kommunikation des Rücktritts mit der zurücktretenden Führungskraft ab. Häufig möchte die Führungskraft zumindest ihr Team selbst darüber informieren. Bereiten Sie für diesen Fall Ihre eigene Stellungnahme dazu vor und kommunizieren Sie diese im Anschluss. Legen Sie den Schwerpunkt der Kommunikation auf die positiven Aspekte. Unabdingbar ist ein aufrichtiger und konkreter Dank für die Leistungen der Person in ihrer Führungsrolle. Heben Sie den Vorbildcharakter des Rücktritts hervor – sei es ein freiwilliger Rücktritt oder eine Rückkehr ins Team nach einer Wahlniederlage. In beiden Fällen verdient dieser Schritt höchsten Respekt. Stellen Sie die neuen Aufgaben vor – sofern diese bereits definiert sind – und warum die Person dafür gebraucht wird.

Stellenbezeichnung, Titel

Ein besonderer Titel hilft unter Umständen über den ersten Verlust hinweg. Fragen Sie die zurücktretende Führungskraft, welchen Titel sie für ihre Visitenkarte und die Signatur wünscht. Meist kann man in diesem Punkt einfache Kompromisse schließen, sofern keine falschen Signale ins Unternehmen und nach außen gesendet werden. So können Sie den besonderen Kompetenzen, über die diese Person verfügt, Rechnung tragen.

Auszeit

Gestatten Sie dem Zurückgetretenen eine angemessene Auszeit, bevor er seine Aufgabe als Teil des Teams übernimmt. Diese ermöglicht die Verarbeitung von Kränkungen, die trotz aller Wertschätzung auftreten können. Eine Auszeit erleichtert es auch dem Team, den früheren Chef wieder als Kollegen aufzunehmen. Dem Nachfolger verschafft sie Zeit, seine Führungsrolle zu festigen, bevor der ehemalige Chef als Mitarbeiter zurückkehrt. Selbst wenn der Rücktritt nicht in dasselbe Team erfolgt, ist eine Auszeit empfehlenswert. Die Dauer einer optimalen Auszeit hängt von vielen Faktoren ab – und kann von wenigen Tagen bis zu mehreren Monaten reichen.

Gehalt

Vertagen Sie die Verhandlungen um das Gehalt auf einen späteren Zeitpunkt – in Anschluss an die Auszeit und den Start in die neue Aufgabe. Die Kosten einer solchen Überbrückung sind überschaubar, der Vorteil jedoch groß. Man befreit damit die schwierigste Zeit von einem wichtigen Element des Verlustes. Zu einem späteren Zeitpunkt hat die zurückgetretene Führungskraft bereits einige Vorteile ihrer neuen Aufgabe erfahren und kann ein solches Gespräch anders bzw. rationaler angehen (siehe S. 186ff).

Rücktrittsfeier

Zelebrieren Sie den Rücktritt als Dank an den Zurückgetretenen. Mitarbeiter, die mit ihm als Vorgesetzten Probleme hatten, können nach dem verkündeten Rücktritt ehrlichen Dank ausdrücken. In unserem Unternehmen gab es schon stehende Ovationen für eine Führungskraft, die zuvor aufs Schärfste kritisiert worden war. Um einem möglichen Einwand gleich vorzubeugen: Es geht hier nicht um Heuchelei, sondern um eine ehrliche Anerkennung der Leistungen nach Klärung eines Problems oder Konflikts. Probleme wurden von der Führungskraft zumeist nicht bewusst oder gewollt herbeigeführt. Mindestens vom ehemaligen Vorgesetzten der zurückgetretenen Führungskraft und von ihrem Nachfolger sollte ein deutlich erkennbarer Dank ausgesprochen werden.

DIE RÜCKTRITTSKULTUR PRÄGEN

Jeder Rücktritt, ob gewollt oder ungewollt, ob mit positivem oder negativem Ergebnis für die Beteiligten, ist ein kulturprägendes Ereignis. Seien Sie sich dieser Tatsache bewusst, und machen Sie auch die anderen Beteiligten, insbesondere Vorgänger und Nachfolger, darauf aufmerksam. Ihr Verhalten, sowie das der beiden unmittelbar Betroffenen und bestimmter Meinungsführer während und unmittelbar nach dem Rücktritt, prägen die Einschätzung, wie der Rücktritt zu werten ist: als Versagen oder als vorbildlichen Schritt, der Respekt verdient.

Die wichtigste Maßnahme dabei lautet: Fragen Sie sich selbst, ob Sie persönlich den Schritt als vorbildlich erachten. Versetzen Sie sich in die betreffende Person hinein und suchen Sie eine ehrliche Antwort darauf. Nur wenn Sie selbst ehrlichen Respekt vor diesem Schritt haben, können Sie glaubwürdig eine positive Rücktrittskultur prägen. Wenn Sie dies nicht können, suchen Sie jemanden, der einen ehrlich gemeinten Dank aussprechen kann.

DAS GEHALT ANPASSEN

Das Gehaltssystem ist häufig ein Hemmnis für Rücktritte. Dies ist absolut nachvollziehbar: Wer möchte schon freiwillig weniger verdienen, insbesondere wenn man sich an einen gewissen Lebensstandard gewöhnt hat und finanzielle Verpflichtungen eingegangen ist? Aber welches Unternehmen kann und will es sich leisten, zurückgetretenen Führungskräften ihren vollen Lohn weiter zu bezahlen? Zu diesen ökonomischen Grenzen hinzu kommt die Frage der internen Lohngerechtigkeit. Es ist kaum nachvollziehbar, dass ein Mitarbeiter für dieselbe Arbeit deutlich mehr verdient, nur weil er vorher Führungskraft war.

In der Regel muss der Lohn nach unten angepasst werden. Dies funktioniert allerdings nur in gegenseitigem Einvernehmen – oder wenn bei einer allfälligen Beförderung, Einstellung oder Wahl der höhere Lohn als Verantwortungszulage strukturiert wurde. Im Folgenden listen wir die wichtigsten Argumente auf, weshalb die zurückgetretene Führungskraft einer Lohnreduktion zustimmen sollte – und warum das Unternehmen doch einen angemessen höheren Lohn bezahlen sollte als einem anderen Mitarbeiter des gleichen Teams. Diese Überlegungen können dazu führen, dass beide Seiten einen Schritt aufeinander zugehen können und einen Kompromiss finden.

Gründe für die zurückgetretene Führungskraft, weniger zu verdienen

- Fairness
  Die Mitarbeiter des Teams, die ähnliche Aufgaben erfüllen und ähnliche Verantwortung tragen, verdienen weniger.

- Investition
  Der Rücktritt ins Team ist ein sehr gutes Führungstraining. Ohne diesen Rücktritt hätte die ehemalige Führungskraft möglicherweise selbst in eine andere Fort- und Weiterbildung investiert. Diese Kosten spart sie nun ein.

- Lebensqualität
  Durch den Rücktritt fällt ein Teil des Drucks und der Last ab. Das kann und sollte ein Stück Lohnreduktion wert sein.

- Zukunft
  Mit diesem Schritt zeigt die zurückgetretene Führungskraft Größe und Fairness. Dies kann sich in Zukunft an anderer Stelle bezahlt machen.

Gründe für das Unternehmen, in angemessenem Umfang mehr zu zahlen:

- Kompetenz
  Die Führungskraft wurde auf diese Position befördert oder eingestellt, weil sie über besondere Kompetenzen verfügt, die über dem Teamdurchschnitt liegen. Selbst wenn diese für die Führungsrolle nicht ausreichend waren, bleiben sie dennoch überdurchschnittlich und kommen in der neuen Aufgabe wieder stärker zum Tragen.

- Führungserfahrung
  Die Führungserfahrung ermöglicht der zurückgetretenen Führungskraft, im Team ganz anders zu wirken. Sie kennt die Herausforderungen ihres Nachfolgers genau und kann das Team unterstützen und für Verständnis sorgen. Sie wird selbst auch im Team Verantwortung übernehmen.

- Mentoring
  Die zurückgetretene Führungskraft kann und sollte ihrem Nachfolger als Mentor zur Seite stehen. Wenn dieses Mentoring funktioniert, ist es deutlich wirksamer als weitaus teurere Optionen. Diese Ersparnis können Sie in den höheren Lohn investieren.

- Investition
  Eine Führungskraft, die freiwillig ins Team zurück tritt, entwickelt sich mit hoher Wahrscheinlichkeit positiv – und leistet einen größeren Beitrag für das Unternehmen. Dies rechtfertigt eine Investition.

Folgendes Vorgehen hat sich als wirkungsvoll herausgestellt:

- Die Gehaltsverhandlungen sollte nicht der Nachfolger führen, sondern entweder die nächsthöhere Führungskraft, die Personalabteilung oder eine andere Person beiderseitigen Vertrauens.

- Wenn nicht klar ist, dass ein Rücktritt auch eine Lohnkürzung nach sich zieht, sollten Sie dies noch während der Vorbereitung thematisieren. Wenn es klar öffentlich kommuniziert oder Teil der gelebten Unternehmenskultur ist, müssen Sie den Lohn in diesem frühen Stadium nicht zum Thema machen. Insbesondere sollten Sie in dieser Phase keine Verhandlungen führen. Es empfiehlt sich, diese auf einen späteren Zeitpunkt zu vertagen.

- Während der Vorbereitung oder während des Rücktrittsprozesses kündigen Sie an, dass Sie über das Gehalt im Monat nach dem Rücktritt sprechen möchten.

- Nach dem Rücktritt, wenn die ehemalige Führungskraft in ihrer neuen Rolle angekommen ist – aber auch nicht zu spät – fragen Sie sie, welchen Lohn sie selbst für gerecht empfindet. Da sie die Löhne ihrer Kollegen aus ihrer Führungsposition kennt, kann sie dies realistisch einschätzen. Ob sie dennoch aus taktischen Überlegungen oder Notwendigkeiten einen überhöhten Lohn fordert, oder auf ihrem vertraglich zugesicherten Lohn besteht, hängt stark von der Unternehmenskultur, der Persönlichkeit und den äußeren Umständen ab. Wir haben die Erfahrung gemacht, dass eine Kultur, die von wechselseitigem Respekt und Vertrauen geprägt ist, konstruktive Verhandlungen ermöglicht, die zu einem für beide Seiten vertretbaren Ergebnis führen.

- Sollte keine vertretbare Einigung erzielt werden, müssen Sie sich fragen, ob sie bereit sind, die Person weiterhin zu diesem Lohn im Unternehmen zu beschäftigen. Falls Sie sich trennen möchten, sind die dabei entstehenden Kosten erfahrungsgemäß weniger hoch als die Kosten des Verbleibs der Führungskraft in ihrer ursprünglichen Rolle. Ein solches Vorgehen sollte allerdings gründlich abgewogen werden, da es dem Ziel, eine positive Rücktrittskultur zu prägen, entgegensteht.

Bei neuen Führungskräften sollten Sie bereits anlässlich der Beförderung oder dem Antreten zur Wahl darauf hinweisen, dass allfällige Lohnerhöhungen im ersten Schritt moderat erfolgen. Dies vereinfacht die Lohnminderung für den Fall, dass es nicht gut läuft. Auf diese Weise können Sie bei der Auswahl von Führungskräften mutig sein und ein gewisses Risiko eingehen. Wenn sich die Führungskraft bewährt, heben Sie nach einer gewissen Zeit den Lohn auf ein angemessenes Niveau an.

Bei einer Beförderung oder Wahl sollten die Kandidaten zustimmen, dass bei einem Rücktritt oder Abwahl der Lohn auch wieder nach unten angepasst wird. Rechtlich können Sie dies als Verantwortungszulage strukturieren.

Dieses Vorgehen ist durchaus unüblich. Wir denken jedoch, dass es ein erster Schritt hin zu einem agilen Gehaltsmodell sein kann, in dem der Lohn eines Mitarbeiters von seinem aktuellen Beitrag für das Unternehmen abhängt – und schwanken kann.

DAS VERHALTEN ALS ZURÜCKGETRETENE FÜHRUNGSKRAFT

Als zurückgetretene Führungskraft ist die Situation für Sie zunächst ungewohnt. Sie arbeiten als Kollege in einem Team, dessen Chef Sie vorher waren und Ihr neuer Chef war möglicherweise zuvor Ihr eigener Mitarbeiter. Dies erfordert besonders in der ersten Zeit ein besonderes Fingerspitzengefühl. Eine Auszeit ist hilfreich, um eine Zäsur zu setzen zwischen der alten und der neuen Rolle – und auch, um sich darauf vorzubereiten.

Versuchen Sie in der ersten Zeit zurückhaltend zu sein, was Ihre Einflussnahme auf das Team angeht. Sie sollten als Kollege wahrgenommen werden und nicht als jemand, der weiterhin versucht (wenn auch indirekt), der Chef zu sein. Dies bedeutet keinesfalls, dass Sie Ihre eigenen Aufgaben nicht verantwortungsvoll und initiativ nach vorne bringen. Denken Sie während der Auszeit über Ihre neue Rolle und Aufgabe nach (siehe Praxistipp S. 122ff), und stimmen Sie sich mit Ihren Kollegen dazu ab. Die Klärung der Rollen und Erwartungshaltungen mit Ihren Kollegen vereinfacht Ihren Einstieg.

Seien Sie sich zugleich Ihrer (zumindest anfangs) besonderen Rolle im neuen Team bewusst. Selbst wenn Sie nur fragen, warum etwas so ist, wie es ist, kann dies als Kritik oder Aufforderung aufgefasst werden. Als Vorgesetzter hatten Sie möglicherweise auf diese Weise Gedankenanregungen oder gar indirekte Anweisungen gegeben. Es hat sich bewährt, bei Fragen oder Bemerkungen über den neuen, direkten Verantwortungsbereich hinaus, jeweils eine entsprechende Anmerkung – im Sinne einer Packungsbeilage – voranzustellen, etwa „Das ist jetzt meine Meinung und kein Auftrag. Entscheiden musst Du selbst." oder „Wenn Du eine Entscheidung von jemandem brauchst, dann wende dich bitte an meinen Nachfolger."

Gegenüber Ihrem Nachfolger sollten Sie sich besonders in Zurückhaltung üben. Er oder sie wird Dinge anders machen als Sie. Teilen Sie ungefragt Ihre Meinung mit oder bieten Ihren Rat an, wird Ihr Nachfolger dies nicht schätzen, auch wenn er das nicht direkt zeigt. Ihre Rolle als Mentor nehmen Sie am besten wahr, wenn Sie um Rat gefragt werden. Achten Sie darauf, Ihren Rat nur in bilateralen Gesprächen zu geben und nicht in der großen Runde. Seien Sie selbst dann zögerlich, wenn Sie von Ihrem Nachfolger in Anwesenheit anderer Teammitglieder dazu aufgefordert werden.

Es liegt einzig im Ermessen Ihres Nachfolgers, ob er Ihrem Rat folgt oder nicht. Akzeptieren Sie kommentarlos, wenn er sich anders und somit gegen Ihren Rat entscheidet. Widerstehen Sie der Versuchung, ihn darauf aufmerksam zu machen, wenn er Ihrem Rat nicht folgt und das Ergebnis nicht so gut ist. Eine Bemerkung wie *Ich hab's dir ja gesagt* schadet auf jeden Fall der Mentoring-Beziehung zu Ihrem Nachfolger.

Verstehen Sie Ihre Aufgabe als Mentor so, dass Sie indirekt durch Ihren Nachfolger wirken. Das bedeutet weder *neben* Ihrem Nachfolger noch *gegen* Ihren Nachfolger. Es wird manchmal an Ihrem Ego kratzen, wenn Ihr Nachfolger mit einem Ihrer Vorschläge erfolgreich ist, besonders wenn er Sie als Ratgeber nicht erwähnt. Es ist jedoch nicht sinnvoll, Sie als Ideengeber zu benennen. Er würde damit seine Rolle untergraben – und Ihre eigene Rolle im Team gestaltet sich schwieriger. Sie sollten keinesfalls den Platz der grauen Eminenz einnehmen. Sie bieten Ihrem Nachfolger lediglich Ihren Rat an. Die Verantwortung und Entscheidung liegt allein bei der neuen Führungskraft, die – wie Sie selbst erlebt haben – häufig von mehreren Seiten ungefragt Ratschläge erhält. Eine ihrer erfolgskritischen Aufgaben ist zu entscheiden, welchem Rat sie selbst folgt. Es ist somit ihr Erfolg, wenn sie Ihren Rat befolgt und sich dies als vorteilhaft herausstellt.

Falls Ihr Nachfolger Sie anfangs nicht nach Ihrer Einschätzung fragt, akzeptieren Sie dies. Ein Aufdrängen ist in einer solchen Situation kaum hilfreich. Wenn Sie als Mentor wirken wollen, muss Ihr Nachfolger selbst auf die Idee kommen, Sie einzubeziehen. Weisen Sie ihn ein bis zwei Mal ohne konkreten Anlass darauf hin, dass Sie jederzeit zur Verfügung stehen, sofern er einen Gesprächspartner braucht. Wenn er darauf nicht reagiert, warten Sie und üben sich in Zurückhaltung. Als letzten Hinweis schenken Sie ihm gern dieses Buch – mit Lesezeichen in diesem Kapitel. Er kann auch die übrigen Teile lesen, um zu verstehen, wie Sie Ihre neue Rolle wahrnehmen.

DAS VERHALTEN ALS NACHFOLGER

Als Nachfolger einer zurückgetretenen Führungskraft wollen und müssen Sie sich abgrenzen von Ihrem Vorgänger. Erschwert wird diese Abgrenzung dadurch, dass Ihr Vorgänger nun Teil Ihres Teams ist. Dies kann jedoch eine große Chance darstellen, sofern Sie beide diese nutzen können. Viele der folgenden Empfehlungen sind generell gültig, wenn Sie eine Führungsaufgabe übernehmen – auch wenn Ihr Vorgänger nicht zurückgetreten ist. Falls Ihr Vorgänger zu Ihrem Team gehört, ist deren Berücksichtigung umso wichtiger.

Zollen Sie Ihrem Vorgänger Respekt für dessen Beitrag und dessen Leistung für das Team. Es gibt bei jeder Führungskraft positive und negative Aspekte. Beschäftigen Sie sich besonders mit den positiven, um diesen Respekt tatsächlich auch empfinden zu können – und auch um nachzuvollziehen, was Ihre Mitarbeiter an Ihrem Vorgänger geschätzt haben.

Danken Sie Ihrem Vorgänger öffentlich vor Ihrem Team gleich wenn Sie die Verantwortung übernehmen. Von *großen Fußstapfen* über ein *wohl bestelltes Haus* bis hin zu *gestärktem Fundament* und *sonnigen Aussichten* gibt es genügend schöne Metaphern dafür, was Ihr Vorgänger geleistet hat und wofür Sie ihm dankbar sind. Es geht hier nicht um Lobhudelei, sondern darum, dass Sie sich ernsthaft mit den positiven Seiten Ihres Vorgängers und mit seinen Leistungen auseinandersetzen und diese öffentlich und konkret anerkennen und wertschätzen.

Geben Sie Ihrem Vorgänger im persönlichen Gespräch zu erkennen, dass Sie seinen Rat schätzen. Bitten Sie ihn, Ihnen offen und ehrlich Rückmeldung zu geben. Wenn Ihr Vorgänger seine neue Rolle ernst nimmt und gut erfüllt, drängt er sich Ihnen dennoch nicht auf. Wenn Sie häufig das Bedürfnis nach Beratung oder einer zweiten Meinung haben, nutzen Sie Ihren Vorgänger als Mentor. Dies stellt die größte Wertschätzung dar, die Sie ihm entgegenbringen können – auch dann, wenn Sie seinem Rat nicht folgen.

Sollten Sie eher selten das Bedürfnis haben, Ihren Vorgänger nach seiner Einschätzung zu fragen, vereinbaren Sie dennoch regelmäßige Treffen. Dies schafft einen idealen Rahmen, sich auszutauschen und der zurückgetretenen Führungskraft Wertschätzung entgegenzubringen.

Nutzen Sie Ihren Vorgänger insbesondere als Feedback-Kanal. Er ist einer Ihrer Mitarbeiter und war bis vor kurzem Ihr Chef. Er ist freiwillig zurückgekehrt in das Team. Dies ist die ideale Voraussetzung für offenes und ehrliches Feedback. Ihr Vorgänger kann Sie darin unterstützen, in Ihrer neuen Rolle nicht abzuheben. Er hat am eigenen Leib erlebt, dass ein großer Teil seiner Macht und seines Einflusses nicht seiner Persönlichkeit, sondern seiner Rolle geschuldet war. Davon können Sie profitieren.

DIE NÄCHSTE CHANCE

Als zurückgetretene Führungskraft sollten Sie sich nach etwa einem Jahr überlegen, ob für Sie diese Konstellation noch immer stimmig ist und für Sie längerfristig passt. Es kann durchaus sein, dass Sie Ihre neue Aufgabe schätzen, weiterhin einen spürbaren Beitrag zum Erfolg des Unternehmens leisten und insgesamt erfolgreich und zufrieden sind. Sie müssen in diesem Fall nicht zwingend eine neue, formelle Führungsposition anstreben. Vermutlich haben Sie im Lauf der Zeit bemerkt, dass Sie weiterhin Führungsaufgaben wahrnehmen – indirekter und informeller, jedoch nicht weniger wirksam und befriedigend. Sie haben möglicherweise auch bemerkt, dass Sie von Ihren Teamkollegen und Ihrem Nachfolger eine Art von Wertschätzung erfahren, die Ihnen zuvor als Vorgesetzter verwehrt war. Vielleicht ist dies genau die Position und Rolle, die für Sie perfekt passt – und in der Sie sich persönlich, fachlich und auch finanziell weiterentwickeln können. Wenn das finanzielle Fortkommen der einzige Grund ist, erneut eine formelle Führungskarriere anzustreben, versuchen Sie ohne formelle Führung einen entsprechenden Lohn zu verhandeln. Falls Ihr Beitrag überdurchschnittlich ist, gibt es möglicherweise auch Verhandlungsspielräume beim Lohn.

Es kann jedoch sein, dass Sie mittel- bis langfristig mit dieser Teamrolle nicht zufrieden sind. Suchen Sie dann zunächst das Gespräch mit Kollegen und Ihrem Nachfolger, um abzugleichen, ob diese das ähnlich einschätzen. Vielleicht treibt Sie der Wunsch nach Karrierefortschritt und die formelle Führungskarriere ist dafür die einzige Perspektive in Ihrem Unternehmen. Möglicherweise haben Sie sich in dieser Zeit auch so weiterentwickelt, dass die Mehrzahl Ihrer Gesprächspartner der Meinung ist, Sie sollten erneut einen Schritt in eine formelle Führungskarriere machen. Gleichen Sie Ihren Wunsch mit den Erfahrungen ab, die zu Ihrem Rücktritt geführt haben. Ist der Wunsch eher grundsätzlicher Natur oder tatsächlich konkret, selbst wenn Sie alle anstrengenden und problematischen Aspekte einer formellen Führungsaufgabe reflektieren? Es gibt einige ehemalige Geschäftsführer und Führungskräfte, die aus Überzeugung sagen, nie wieder eine formelle Führungsverantwortung übernehmen zu wollen.

Als Nachfolger und Vorgesetzter sollten Sie diese Überlegungen ebenfalls im Hinblick auf Ihren Vorgänger anstellen. Im besten Fall hat er sich als loyaler Mentor erwiesen, der Ihnen den Rücken gestärkt und einen wesentlichen Beitrag dazu geleistet hat, dass Sie und das Team erfolgreich sind. Dann ist es Ihre Aufgabe und Pflicht, mit ihm auch seine Karriereplanung zu besprechen. Regen Sie ihn zu oben genannter Reflexion an, falls er dies nicht aus eigenem Antrieb bereits getan hat. Falls Sie beide zum Ergebnis kommen, dass er wieder eine formelle Führungsaufgabe oder eine andere Aufgabe übernehmen sollte, unterstützen Sie ihn, eine entsprechende Aufgabe im Unternehmen oder außerhalb zu finden und zu erhalten. Die wechselseitige Unterstützung stellt für Sie beide ein starkes Band dar und ist eine große Chance für die Zukunft.

Wie führen Sie diesen Vorschlag ein?

Im Kapitel Die Vorbereitung (S. 183f) wurden bereits verschiedene Szenarien beschrieben.

- Leiten Sie Ihren eigenen Rücktritt ein, wenn dies für Sie aktuell der richtige Schritt ist.

- Machen Sie Führungskräfte, bei denen Sie eine Notwendigkeit sehen, auf die Möglichkeit aufmerksam und unterstützen Sie sie bei diesem Schritt.

- Wirken Sie als Vorgesetzter von Führungskräften, bei denen Sie eine Notwendigkeit sehen, auf einen Rücktritt hin.

Insbesondere die ersten Rücktritte innerhalb eines Unternehmens sollten wohlüberlegt sein, begleitet werden – und idealerweise auf freiwilliger Basis erfolgen. Das vereinfacht es, eine positive Rücktrittskultur zu prägen. Aber auch bei von außen angestoßenen Rücktritten kann das Ergebnis dazu führen, dass am Ende alle Beteiligten die Vorteile erkennen. Das ermutigt etwaige Nachahmer. Es versteht sich von selbst, dass Rücktritte von Vorgesetzten kein Selbstzweck sind. Sie sollen dann erfolgen, wenn die aktuelle Führungskraft ihre Aufgabe nicht mehr hinreichend gut erfüllen kann oder will.

Welche Stolperfallen sind zu berücksichtigen?

Die Verlustängste sind so groß, sodass überhaupt kein Rücktritt stattfindet. Ein Rücktritt bedeutet zweifelsohne Verlust an Macht, Ansehen und Gehalt und gewisse Risiken, wie etwa ein Karriereende auf dem Abstellgleis. Diesen Ängsten kann man nur durch positive Beispiele und einen verantwortungsvollen und fairen Umgang mit Rücktritten begegnen. Die ersten Rücktritte benötigen schlichtweg Mut.

Sobald eine Führungskraft in das Team zurückgetreten ist, kann ein gekränktes Ego eine gute Zusammenarbeit erschweren bis verhindern. Einen Rücktritt anzustoßen ist eine Sache, tagtäglich mit den Konsequenzen zu leben eine andere. Wenn die betreffende Person mit dem Rücktritt nicht zurechtkommt, versucht sie, ihr Selbstwertgefühl zu steigern – manchmal auf Kosten anderer. Sollte sie nicht über ihren Rücktritt hinwegkommen, ist ein konstruktiver Verbleib im Team kaum vorstellbar.

Der Rollentausch kann durch eine nicht funktionierende Zusammenarbeit zwischen Vorgänger und Nachfolger zu einer negativen Leistungs- und Verhaltensdynamik führen. Der ehemalige Vorgesetzte muss sich unterordnen, die neue Führungskraft muss ihren ehemaligen Vorgesetzten führen. Dies ist eine herausfordernde Konstellation und bedarf viel Toleranz und Verständnis für den anderen. Falls die Zusammenarbeit nicht nachhaltig funktioniert, sollte die zurückgetretene Führungskraft in ein anderes Team wechseln.

Es können Integrationsschwierigkeiten der zurückgetretenen Führungskraft im Team vorkommen. Falls im Vorfeld des Rücktritts zu viele persönliche Kränkungen und Probleme entstanden sind, kann es möglich sein, dass das Team die Führungskraft nicht in die eigenen Reihen aufnehmen will oder die Führungskraft sich nicht vorstellen kann, in das Team zurückzutreten. Dies sollte man keinesfalls erzwingen und die Führungskraft sollte in diesem Fall in ein anderes Team zurücktreten.

Ein Rücktritt kann durch einen Lohnkonflikt gefährdet werden. Damit die Lohnverhandlungen in ein positives Ergebnis münden, müssen sich beide Parteien aufeinander zubewegen. Ist eine Seite nicht oder zu wenig verhandlungsbereit – meist hat in derartigen Konstellationen die zurückgetretene Führungskraft rechtlich eine bessere Ausgangslage – ist eine Einigung schwierig bis unmöglich. Dies ist bereits zu Beginn des Prozesses daran messbar, wie bereitwillig die betreffende Person zurücktritt. Selbst wenn die Kosten einer erzwungenen Trennung hoch sind, liegen sie vermutlich deutlich unter dem Gesamtschaden, den eine nicht wirksame Führungskraft beim Verbleib in ihrer Funktion verursacht (Mitarbeiterunzufriedenheit, Fluktuation, Leistungsminderung im Team, etc.).

Manchmal gibt es ungeahnten Widerstand von Vorgesetztenkollegen. Grundsätzlich halten sie es meist nicht für problematisch, dass ein Kollege zurücktritt. Sollte dies aber im Unternehmen Schule machen, könnten Sie selbst später auch einmal von einer Rücktrittsforderung betroffen sein. Die Diskussion über eine Rücktrittskultur anlässlich eines konkreten Beispiels kann somit zu einem Schattengefecht mit Kollegen führen. Diesen Knoten kann man nur durch positive Beispiele lösen. Die ersten Fälle im Unternehmen sollten unbedingt als Einzelfälle gehandhabt werden – ohne dass eine Kultur des Zurücktretens in der Unternehmung ausgerufen wird.

Wie begegnen Sie Einwänden?

Rücktritte in Unternehmen sind (noch) kein natürlicher Vorgang. Der Wechsel auf einer Führungsposition erfolgt regulär bei Beförderung, Arbeitgeberwechsel, Kündigung, Pensionierung und bei Skandalen. Bislang spricht man nur in letzterem Fall von einem Rücktritt. Dabei handelt es sich jedoch keinesfalls um einen Rücktritt im Sinne dieses Buches. Ein Rücktritt im Sinne von *Zurücktreten in das Team, das man zuvor geleitet hat* oder zumindest eine Stufe zurück, findet bislang eher selten statt. Es scheint deshalb für viele schwer vorstellbar, dieses Vorgehen zu einem regulären Prozess im Sinne eines agilen Führungsverständnisses – und damit im Interesse des Unternehmens und der persönlichen Entwicklung – zu verändern. Die häufigsten Einwände lauten:

- Wer gibt denn freiwillig seine hart erarbeitete Macht ab?

- Wer verzichtet denn freiwillig auf einen Teil seines Gehalts?

- Ist ein Rücktritt nicht ein Zeichen von Schwäche und das Ende der Karriere?

- Ist das nicht eine Sozialutopie von und für Gutmenschen?

Viele dieser Einwände sind in der aktuellen Unternehmenswelt und -kultur berechtigt. Wie die folgenden Ausführungen zeigen, kennen wir andere gesellschaftliche Bereiche, in denen Rücktritte vollkommen normal sind, sodass sie uns kaum auffallen. Dies ist ein gutes Zeichen, weil es die Hoffnung nährt, dass sich auch in Unternehmen eine neue Normalität entwickeln kann, in der Rücktritte natürlich, notwendig und auch vorteilhaft sind.

WER GIBT DENN FREIWILLIG SEINE HART ERARBEITETE MACHT AB?

Formelle Macht und Einfluss abzugeben, ist ein großer Schritt. Wenn wir aber davon ausgehen, dass die Situation vor dem Rücktritt suboptimal war, stellt sich die Frage, wieviel Macht die Führungskraft tatsächlich hatte. Es ist anzunehmen, dass sie nach einem geglückten Rücktritt wesentlich größeren informellen Einfluss hat als in einer schwierigen Führungsposition – bei gleichzeitig mehr persönlicher Zufriedenheit. Die meisten Menschen klammern sich gerade in Situationen des Machtverlustes an formelle Merkmale der Macht. Es ist kein einfaches Unterfangen, dieses Verhalten zu durchbrechen und die Chance eines Rücktritts zu sehen.

Auch wenn alles zunächst einfach und positiv klingt: Tatsächlich ist es so, dass ein Rücktritt, selbst wenn er freiwillig erfolgt, schmerzt. Es gibt definitiv eine Phase der Trauer. Wenn man aber über diese Trauerphase hinwegkommt und sich auf die neue Situation einlässt, erfährt man eine neue, informelle Macht. Informelle Macht ist deutlich befriedigender: Man spürt, dass Menschen folgen aufgrund natürlicher Autorität und Macht und nicht aufgrund formeller Macht, die zunehmend zur Illusion wird (siehe S. 42f).

WER VERZICHTET DENN FREIWILLIG AUF EINEN TEIL SEINES GEHALTS?

Berücksichtigt man die Situation vor dem Rücktritt, kann man auch hier die Frage stellen, ob es sich um ein wirklich verdientes Gehalt handelt. Übernimmt jemand eine Aufgabe, die nicht den eigenen Stärken und Präferenzen entspricht oder gar zu einer Qual wird – und damit keine optimale Leistung erbringt – ist dann der volle Lohn gerechtfertigt? Würde angesichts dieser Situation die Führungskraft diesen Lohn auch noch längerfristig verdienen? Oder liefe dies ohnehin auf eine Trennung hinaus, die potenziell mit weit größerem Lohnverlust verbunden ist?

Wir sind der Meinung, dass Lohnsysteme in Zukunft agiler werden müssen, um Veränderungen der Aufgaben und des jeweiligen Beitrages zum Unternehmen abbilden zu können. Es sollte dann auch möglich und üblich werden, dass ein hervorragender Experte innerhalb eines Teams deutlich mehr verdient als eine Führungskraft. Dies würde die Lohndiskussion anlässlich eines Rücktritts entschärfen.

Unsere Erfahrung zeigt, dass bei entsprechender Unternehmenskultur und Dynamik in der Unternehmensentwicklung immer wieder neue Herausforderungen und Möglichkeiten entstehen, sodass eine Lohnreduktion von zurücktretenden Führungskräften verstanden und akzeptiert wird. Sobald die Kultur des Zurücktretens gelebt wird, ist es einfacher. Alle Betroffenen haben dann erfahren, wie andere diesen Schritt vollzogen und bereits den nächsten Entwicklungsschritt genommen haben.

IST EIN RÜCKTRITT KEIN ZEICHEN DER SCHWÄCHE UND DAS ENDE DER KARRIERE?

Wie berechtigt dieser Einwand ist, hängt maßgeblich davon ab, wie das Unternehmen mit Rücktritten umgeht. Wird ein Rücktritt als Auszeit für Entwicklung verstanden, und es arbeiten Personen im Unternehmen, die danach besser und erfolgreicher Führungsaufgaben wahrnehmen, ist dieser Schritt nicht mehr so schwierig. Eine spiralförmige Karriere ist eine gute Führungsausbildung. Es ist eine weitaus bessere Schule als überteuerte Führungskräfte-Trainings und persönliches Coaching fernab vom Arbeitsalltag. Somit kann ein Rücktritt als Beschleuniger der eigenen Karriere verstanden werden.

Als Beispiel betrachten wir eine der erfolgreichsten Karrieren unserer Zeit. Wir nehmen diese jedoch nicht als diesbezügliches Vorbild wahr, weil wir unter anderer Perspektive darauf schauen: Steve Jobs, der heldenhafte Anführer von Apple, wurde von seinem Chefsessel gefeuert. Das war eine öffentliche Erniedrigung. Ohne diese Kündigung wäre er jedoch keine so erfolgreiche Führungsperson geworden. Er sagte selbst:

> „Ich sah es damals nicht, aber es stellte sich heraus, von Apple gefeuert zu werden, war das Beste, was mir jemals hätte passieren können. Die Schwere, erfolgreich zu sein, wurde ersetzt durch die Leichtigkeit, wieder ein Anfänger zu sein, sich der Dinge weniger sicher zu sein. Es befreite mich, in eine der kreativsten Phasen meines Lebens einzutreten." [81]
> *Steve Jobs*

Natürlich hängt ein solcher Erfolg von den handelnden Personen, dem Unternehmen und den äußeren Umständen ab. Genauso wenig wie man sicher sagen kann, dass ein Rücktritt das Karriereende bedeutet, genauso wenig kann man behaupten, dass es auf jeden Fall die Karriere beflügelt. Beides ist möglich und dazwischen viele Graustufen.

IST DAS NICHT EINE SOZIALUTOPIE VON UND FÜR GUTMENSCHEN?

Im ersten Moment wirkt ein freiwilliger Rücktritt auf viele, insbesondere auf starke Führungspersönlichkeiten wie ein Selbstfindungstrip für Schwächlinge. Diese negative Einordnung hängt maßgeblich damit zusammen, dass Rücktritte in Unternehmen unüblich sind. Wenn Rücktritte zu einer erfolgreichen Karriere als Normalität dazugehören, würden dieselben Führungskräfte vermutlich, ohne mit der Wimper zu zucken, mehrfach freiwillig zurücktreten. Steve Jobs und Larry Page sind nur zwei herausragende Beispiele, die nach einem unfreiwilligen bzw. freiwilligen Rücktritt weltweit führende Unternehmen erfolgreich leiteten bzw. leiten.

---

81 Steve Jobs (2005): „I didn't see it then, but it turned out that getting fired from Apple was the best thing that could have ever happened to me. The heaviness of being successful was replaced by the lightness of being a beginner again, less sure about everything. It freed me to enter one of the most creative periods of my life." (Übersetzung des Autors).

Sobald wir beginnen, nach Rücktritten zu suchen, finden sich unzählige Beispiele, bei denen Zurücktreten sogar ganz normal ist. Nehmen wir beispielsweise Freiwilligenorganisationen, sei es eine Laien-Schauspielgruppe, ein Sportclub, eine Wohltätigkeitsorganisation oder eine Studentenverbindung. Zuerst treten wir als normale Mitglieder ein und sind froh, dass andere die Führungsaufgaben übernehmen. Eines Tages werden auch wir gebeten, einen Beitrag zu leisten, und wir übernehmen Führungsaufgaben. Nach einer gewissen Zeit, in der wir diesen Zusatzaufwand geschultert haben, treten wir zurück und überlassen anderen die Führung. Wir werden wieder einfache Mitglieder. Das ist hier Normalität. Niemand spricht von uns als Versager, sondern man ist dankbar. So wird unser Ego nicht gekränkt. Wir sind stolz auf das, was wir geleistet haben.

Ähnliche Vorgänge sind im Rahmen der Selbstverwaltung von Universitäten (Professor – Dekan – Professor) oder in der Politik (Bürger – Bürgermeister/Präsident – Bürger) üblich. Ein beachtenswertes Beispiel ist der Präsident der Schweiz: Diese Aufgabe rotiert jährlich unter den sieben Bundesräten.

Diese Organisationen haben eigene Wege gefunden, dem Ego des Zurückgetretenen zu schmeicheln.

- Die Führungsrolle ist von Anfang an temporär – es gibt Legislaturperioden. Damit wird ein Rücktritt nicht als persönliches Versagen gewertet.

- Ehemalige Stelleninhaber werden Altrektor, erfahrener Staatsmann (*elder statesman*) oder Altpräsident genannt. Jimmy Carter, die Bushs und Bill Clinton werden beispielsweise weiterhin mit *Herr Präsident* angesprochen.

Wenn wir es schaffen, auch in Unternehmen Spiralkarrieren als geeignetes Karrieremodell zu etablieren, können und wollen dies mehr Leute akzeptieren.

PRAXISBEISPIEL: SPIRALFÖRMIGE KARRIERE BEI SEMCO
Was macht Semco?
Der brasilianische Maschinenbauer Semco ist durch seine innovativen Managementmethoden weltweit ins Rampenlicht gerückt. Das Unternehmen besteht aus mehreren autonomen und demokratisch organisierten Einheiten aus je maximal 150–200 Mitarbeitern. Es gibt dort keinen fixen Geschäftsführer, keine Stellenbeschreibungen oder -profile und keine dauerhaften Positionen. Ohne feststehendes Organigramm können sich die Strukturen jederzeit agil verändern. Die Mitarbeiter übernehmen in kleinen, unabhängigen Teams komplette Produktionsprozesse und treiben selbstständig Themen und Projekte voran. Der regelmäßige Wechsel der veränderlichen Aufgaben wird durch halbjährliche Leistungsbewertungen angeregt, nach denen sich die Mitarbeiter stets neu bewerben müssen. Auch Stellenrotationen werden gefördert, indem kein Mitarbeiter einen speziellen

Job mehr als fünf Jahre lang machen soll. Auch wenn jemand in einem Projekt in leitender Funktion war, werden die Karten – also die Verteilung der Verantwortlichkeiten – beim nächsten Projekt dennoch wieder neu gemischt. Damit wird die Führungsaufgabe stets auf einen bestimmten Zeitraum begrenzt.

Welche Herausforderungen hat Semco?

Ein regelmäßig vorgegebener Rollenwechsel verlangt nicht nur Flexibilität, sondern auch Offenheit gegenüber dem hautnah erlebten Perspektivwechsel. Die verschiedenen Rollen, die eine Person inne hat, scheinen in ähnlichen Situationen bzw. mit bestimmten Personen oftmals einfacher, da sie stark verinnerlicht sind – etwa die vom Alter unabhängige, konstante Eltern-Kind-Rolle. Im Unterschied dazu erfordert der Wechsel von verschiedenen Ebenen im Unternehmenskontext wie beispielsweise der Rücktritt von der Chef- auf die Mitarbeiterstufe ein positives, offenes Betriebsklima und allgemein flache Hierarchien, um einen potenziell empfundenen Gesichtsverlust gar nicht erst zu ermöglichen. Dieser Rahmen ist bei Semco grundsätzlich gegeben.

Welche Chancen bieten sich Semco?

Durch den (regelmäßigen) Wechsel von Rollen inklusive variierender Führungsverantwortung ergeben sich Möglichkeiten, wechselseitig voneinander zu lernen und sich persönlich weiterzuentwickeln. Da wiederholter Erfolg oftmals zu weniger Reflexion verleitet, kann es umso wertvoller sein, sich in einer anderen Rolle beispielsweise wieder als Anfänger zu fühlen – gepaart mit all den empfundenen Unsicherheiten. Die schon in den 1980er Jahren demokratisch organisierte Firma Semco verzeichnet seit Jahrzehnten ein jährliches Umsatzwachstum von etwa 20 Prozent. Hieran zeigt sich, dass agile Konzepte nicht auf Start-ups beschränkt bleiben müssen, sondern durchaus auch in Großunternehmen mit mehreren Tausend Mitarbeitern funktionieren.

Was macht Semco sonst noch?

Bei Semco werden zahlreiche innovative, autonomiefördernde Ansätze verfolgt. Ein Teil der Unternehmensgewinne wird etwa an die Mitarbeiter ausgezahlt, wobei diese demokratisch über die individuelle Höhe entscheiden.

Weiterführende Links

- http://www.agreatsupervisor.com/articles/lessons.htm
- http://www.managementexchange.com/blog/forget-empowerment-aim-exhilaration
- http://www.newunionism.net/library/case%20studies/SEMCO%20-%20Employee-Powered%20Leadership%20-%20Brazil%20-%202005.pdf
- http://www.freibergs.com/resources/articles/leadership/semco-insanity-that-works/

PRAXISBEISPIEL: DIE HELDEN DER SPIRALKARRIERE
Kulturprägende Vorbilder

Wir bei Haufe-umantis sind dankbar und stolz auf all die Kollegen, die mutig und charakterstark eine Spiralkarriere in unserem Unternehmen eingeschlagen haben. Manche taten dies lange bevor wir die spiralförmige Karriere als erstrebenswerte Praxis identifiziert hatten und auch bevor ich selbst diese Erfahrung machen durfte. Die meisten von ihnen haben inzwischen erneut andere Führungsaufgaben übernommen, teils formell, teils informell. Alle haben dadurch sich selbst und unser Unternehmen stark weiterentwickelt: Romeo Arpagaus, Juliane Bürkle, Mallku Caballero, Jutta Dobner, Verena Dönni, Bastian Färber, Agron Fazliu, Rade Kolbas, Marco Rüegger, Jörg Störrle und weitere. Dies zeigt, dass ein Kulturwandel in Unternehmen möglich ist.

GEMEINSAME STRATEGIEENTWICKLUNG
Wie Sie Strategien erfolgreich umsetzen

Worum geht es?

Alle Mitarbeiter werden in die Strategieentwicklung eingebunden. Dies reduziert die Gefahr strategischer Fehler und erhöht das Engagement.

Welche Vorteile bietet dieser Vorschlag?

Eine gute Strategie kann Energien im Unternehmen freisetzen und die Kräfte auf ein gemeinsames Ziel bündeln. Mit allen Mitarbeitern und weiteren Anspruchsgruppen die Strategie gemeinsam zu entwickeln, hat folgende zentrale Vorteile:

- Viele Mitarbeiter haben regelmäßigen und direkten Kontakt zu Kunden, Lieferanten, Wettbewerbern und sind nah an den Entwicklungen des Marktes. In einer gemeinsamen Strategieentwicklung kann all dieses Wissen berücksichtigt werden.

- Strategische Fehlentscheidungen können Unternehmen in den Abgrund führen. Nokia, Kodak und andere ehemalige Weltmarktführer zeugen davon. Die Gesamtheit aller Mitarbeiter verhilft häufig zu einer realistischen Einschätzung von Erfolgschancen.

- Die gemeinsame Strategieentwicklung verbessert das wechselseitige Zuhören und Mitdenken aller Beteiligten. Es entsteht ein besseres, gemeinsames Verständnis der Herausforderungen und Zukunftschancen.

- Eine gemeinsam entwickelte und verabschiedete Strategie erhöht die Chance, dass alle dahinter stehen und diese zum Erfolg führen wollen. Dies stellt eine wichtige Voraussetzung für die Wirksamkeit einer Strategie dar.

- Ein auf breiter Basis abgestützter Strategieprozess kann mit weniger Aufwand regelmäßig wiederholt werden, um die Strategie anzupassen oder weiterzuentwickeln. Nach dem erstmaligen Kraftakt sind die nachfolgenden Durchführungen leichter.

Welches Problem löst dieser Vorschlag?

Folgende Beispiele beschreiben das Problem hervorragend: Die digitale Kamera wurde im Jahr 1975 von einem Mitarbeiter von Kodak erfunden. Der Erfinder Steven J. Sasson fasste die Reaktion des Managements seinerzeit so zusammen:

> „Aber weil es filmlose Photographie war, war die Reaktion des Managements: ‚Das ist nett – aber erzähl niemandem davon.'" [82]

Das Management von Kodak wollte das eigene, hochprofitable Filmrollen-Geschäft nicht gefährden und überließ das digitale Zukunftsgeschäft den Wettbewerbern. Nach dem Konkursverfahren von 2012 bis 2014 ist Kodak nur noch ein Schatten seiner selbst. Dem Firmengründer George Eastman war es zwei Mal in der Firmengeschichte gelungen sein eigenes, profitables Geschäft zu kannibalisieren: beim Übergang von photographischen Platten zu Filmrollen und von der qualitativ besseren Schwarz-weiß-Fotografie zum Farbfoto. Das spätere Management führte Kodak mit einer einzigen strategischen Fehleinschätzung in die Bedeutungslosigkeit. Die Mitarbeiter hatten rechtzeitig die Chance von Digitalkameras erkannt. Sie verließen seinerzeit das Unternehmen, da es ihnen nicht gelang, das Management zu überzeugen.

Nokia war lange Zeit der unangefochtene Weltmarktführer für Mobiltelefone. Das Management ignorierte jedoch die hauseigene Entwicklung einer neuen Plattform-Technologie für intelligente Telefone (*Maemo*), lange bevor die neuen Konkurrenten Apple und Google den Markt übernahmen. Den Todesstoß versetzte Nokia im Jahr 2011 der erst sechs Monate zuvor neu eingesetzte Geschäftsführer Stephen Elop mit der Entscheidung, Nokia strategisch auf die Microsoft-Plattform auszurichten.[83] Am Ende wurde die gesamte Telefonsparte an Microsoft verkauft. Der Verkaufspreis betrug lediglich einen Bruchteil früherer Bewertungen von Nokia – und dennoch musste Microsoft fünf Jahre später die Totalabschreibung des Kaufpreises vornehmen.

An diesen Beispielen ist deutlich zu erkennen, dass die Strategie erfolgsentscheidend für Unternehmen ist. Viele Lehrbücher sehen die Entwicklung der Strategie als zentrale Aufgaben der Geschäftsleitung. Gut ausgebildete und intelligente Menschen werden deshalb in die Geschäftsleitung berufen, von Experten beraten sowie mit Informationen von Fokusgruppen und Mitarbeitern ausgestattet. Sie verwenden viel Zeit auf die Erarbeitung einer Strategie und verkünden diese Mitarbeitern und einer interessierten Öffentlichkeit – multimedial unterstützt. Doch was passiert, wenn Mitarbeiter die Strategie nicht kaufen? Wenn sie schlicht nicht davon überzeugt sind? Jede noch so optimal ausgearbeitete Strategie ist zum Scheitern verurteilt, sobald die Mitarbeiter daran zweifeln. Sie sind es, die am Ende die Strategie umsetzen – und damit über deren Erfolg und Misserfolg entscheiden.

---

82 „But it was filmless photography, so management's reaction was, ‚that's cute – but don't tell anyone about it.'", New York Times (2008) (Übersetzung des Autors).
83 Einen Einblick in diese Zeit und die Proteste von Mitarbeitern geben Nykänen, & Salminen (2014).

Die Mitarbeiter in ihrer Gesamtheit können in vielen Bereichen sehr gut abschätzen, ob eine strategische Initiative Erfolgspotenzial hat oder nicht. Vor dem digitalen Wandel musste dieses Wissen über hierarchische Strukturen, Stabsabteilungen und Berater nach oben aggregiert werden. Dabei gingen häufig wertvolle Informationen, Ideen und Einschätzungen verloren. Die neuen Technologien für Kommunikation und Zusammenarbeit ermöglichen einen direkteren Kontakt zwischen Geschäftsleitung und Mitarbeitern sowie zwischen den Mitarbeitern untereinander und mit Kunden. Es wird höchste Zeit, diese Möglichkeiten zu nutzen.

Wie funktioniert das?

Der Einbezug von Schwarmintelligenz (*crowd sourcing*), die aufwärtsgerichtete Erarbeitung (*bottom up*) oder demokratische Ansätze werden häufig missverstanden als führungslos und zufällig. Falsch umgesetzt kann dies tatsächlich der Fall sein und zu schlechten und frustrierenden Ergebnissen führen.

Unsere Erfahrung zeigt, dass gerade Selbstorganisation nicht führungslos sein darf. Im Gegenteil, sie erfordert eine starke Führung – allerdings eine andere, als die Führung durch Weisung und Kontrolle von oben nach unten. Führung in der Selbstorganisation kann von einer oder mehreren Personen übernommen werden. Sie kann formell gewählt sein oder faktisch durch persönliche Autorität ausgeübt werden. In einem selbstorganisierten Umfeld entscheiden die (freiwilligen) Anhänger über erfolgreiche Führung – entweder durch Wahlen oder durch faktische Gefolgschaft.

Dennoch bleibt es weiterhin Aufgabe der Geschäftsleitung, den Prozess der Strategieentwicklung voranzutreiben, ihre Perspektive prominent einzubringen und dafür zu werben. Zugleich wird jeder einzelne Mitarbeiter ermächtigt und aufgefordert, seine Meinung und eigene Vorschläge einzubringen und diese hörbar zu vertreten. Am Ende ist es die Aufgabe aller Mitarbeiter, sich im Hinblick auf die Strategie untereinander abzustimmen und die Entscheidung gemeinsam zu treffen.

Im Folgenden stellen wir den idealtypischen Prozess der Strategieentwicklung auf Stufe 3 und 4 vor. Sie sollten in regelmäßigen Abständen die Strategie Ihres Unternehmens oder Ihres Bereichs überprüfen. In den meisten Unternehmen erfolgt dies einmal jährlich. Alle drei bis sieben Jahre sollten Sie im Verlauf des Strategieprozesses auch die Basis der eigenen Strategie, die Vision und die Mission einer kritischen Prüfung unterziehen. <u>Sind diese noch zeitgemäß? Oder bedürfen sie einer Anpassung, Neuinterpretation oder einer gänzlichen Neuausrichtung?</u>

Der gesamte Prozess sollte von einer oder mehreren Personen moderiert und unterstützt werden. Dazu eignet sich meist die Assistenz der Geschäftsleitung, eine inhaltlich dafür geeignete Stabsabteilung, wie z. B. die Unternehmensentwicklung, oder ein externer Berater.

SCHRITT 1: IDEENSAMMLUNG

Bitten Sie alle Mitarbeiter, ihre Ideen und Vorschläge für die zukünftige Strategie einzubringen. Stellen Sie dazu die bestehende Strategie vor. Je nach verfügbarer Zeit und Notwendigkeit können Sie auch eine Stärken/Schwächen/Chancen/Gefahren-Analyse[84] im Vorfeld durchführen. Stellen Sie anschließend folgende Fragen zur Anregung:

- Hast Du Fragen oder Bemerkungen zur bestehenden Strategie?

- In welchen Aspekten würdest Du die aktuelle Strategie ändern?

- Gibt es Punkte in der aktuellen Strategie, von denen wir uns trennen sollten?

- Welche neuen Elemente würdest Du in die Strategie aufnehmen?

Die meisten Unternehmen sind zu groß, um diese Ideen im Rahmen einer Mitarbeiterversammlung zusammenzutragen. Zudem sollten die Mitarbeiter die Möglichkeit erhalten, sich intensiv mit ihren eigenen Vorschlägen und denen anderer auseinanderzusetzen. Dazu bietet sich eine elektronische Plattform an. Inzwischen gibt es dazu zahlreiche Angebote auf dem Markt. Diese erlauben Mitarbeitern und – falls gewünscht – auch Kunden und Partnern, Ideen einzubringen, andere Ideen zu unterstützen und auch weiterzuentwickeln. Wichtig ist, dass alle Vorschläge und Ideen über diese Plattform eingebracht und diskutiert werden – somit auch die von Seiten der Unternehmensleitung.

Jeder Beteiligte kann die Beiträge kommentieren und durch seine Stimme unterstützen. Beiträge mit maßgeblicher Unterstützung werden so deutlich identifizierbar. Jeder Einzelne kann ein Thema vorantreiben, indem er es auf der Plattform entsprechend platziert. Ob er selbst mit diesem Thema dann eine führende Funktion für die Strategieentwicklung des Unternehmens übernehmen kann, hängt auch von der Stärke der Unterstützung ab, also von seiner Gefolgschaft.

Der Vorteil eines solchen Verfahrens besteht darin, dass jeder einen Beitrag leisten kann und alle eine Chance haben, gehört zu werden. Niemand kann behaupten, er hätte sich nicht einbringen können – oder die Unternehmensleitung hätte seinen Vorschlag nicht berücksichtigt. Eine solche Plattform bietet eine gute Selektion von Ideen: Gute Ideen erhalten eine Bühne. Ideen, die nicht gut sind, erhalten weniger Unterstützung. Insbesondere Ideengeber mit wenig Unterstützung akzeptieren ein Urteil ihrer Kollegen eher als eine abschlägige Antwort der Geschäftsleitung. Auf der Plattform erkennen sie selbst, dass sie innerhalb des Unternehmens nur wenig Befürworter finden – und die Idee deshalb wohl nicht gut war.

---

84 SWOT (strengths, weaknesses, opportunities, and threats), vgl. Learned/Christensen/Andrews/Book (1969).

SCHRITT 2: ERARBEITUNG

Meist kristallisieren sich aus den zahlreichen Vorschlägen der Beteiligten wenige Schwerpunkte heraus, die dann für die Überarbeitung der Strategie weiterverfolgt werden. Wer einen Beitrag eingebracht hat, der umfassend unterstützt wurde, kann diesen nun vertiefen. Vorab kann festgelegt werden, dass entweder alle Vorschläge mit einer bestimmten Mindestzahl von Unterstützungen oder eine bestimmte Anzahl der am stärksten unterstützten Vorschläge weiterverfolgt werden. Konkret könnte das heißen: alle Vorschläge, die von mindestens 5 Prozent oder 10 Prozent der Mitarbeiter unterstützt werden oder die 10 bis 20 Vorschläge mit den meisten Unterstützungen.

Grundsätzlich sind im Folgenden dann diejenigen verantwortlich, die erfolgreiche Vorschläge eingebracht haben. Sie entscheiden, ob sie mit anderen zusammenarbeiten möchten oder wen sie für die weitere Erarbeitung einbinden möchten. Ähnliche oder sich ergänzende Vorschläge können von den Verantwortlichen als gemeinsamer Gesamtvorschlag erarbeitet werden. Diejenigen, die den Vorschlag durch Kommentare ergänzt und weiterentwickelt haben, können in die Erarbeitung eingebunden werden. Die Verantwortlichen entscheiden am Ende über die Entscheidungsvorlage. Sinnvollerweise laden sie bei Unklarheiten oder bei verschiedenen Alternativen jeweils alle Unterstützer zur Mitarbeit oder Abstimmung ein. Das Ergebnis einer solchen Erarbeitung ist eine konkrete Entscheidungsvorlage, die unternehmensweit abgestimmt wird.

SCHRITT 3: ABSTIMMUNG

Die ausgearbeiteten Entscheidungsvorlagen werden allen Mitarbeitern von den jeweils Verantwortlichen vorgestellt. Auch hierzu empfiehlt sich der Einsatz einer Plattform. Ein einheitliches Vorlagenformat erleichtert allen Mitarbeitern die Orientierung. Falls sich einzelne Vorlagen widersprechen, sollten die Verantwortlichen der Vorlagen klar darauf hinweisen.

Die Abstimmung verläuft in drei Phasen:

- Phase 1: Jeder Mitarbeiter kann Verbesserungsvorschläge zu den Vorlagen einbringen und/oder Empfehlungen aussprechen. Eine Plattform mit Kommentar- und Unterstützungsfunktion vereinfacht den Prozess.

- Phase 2: Die Verantwortlichen bekommen dann die Möglichkeit, ihre Vorlage aufgrund der Anmerkungen anzupassen. Zur Abwägung ihrer Entscheidung ist die Stärke der Unterstützung für die einzelnen Kommentare hilfreich.

- Phase 3: Zu einem vorab fest definierten Zeitpunkt wird über die Anpassungen der Strategie entschieden. Alle Vorlagen sollten bis dahin übersichtlich dargestellt sein, mit einer kurzen Zusammenfassung beginnen und die Entscheidungsempfehlung von unterschiedlichen Personen und der Geschäftsleitung ausweisen. Vorlagen mit über 50 Prozent Zustimmung (oder einer anderen Mehrheit) gelten als angenommen und werden in die Strategie eingearbeitet. Falls sich Vorschläge widersprechen, gilt der Vorschlag mit der höheren Mehrheit als angenommen.

Dieser Prozess kann und sollte nicht nur schriftlich ablaufen. In Versammlungen oder Videokonferenzen sollten Vorlagen diskutiert und erarbeitet werden und die Verantwortlichen so die Möglichkeit haben, ihre Vorlagen zu erläutern und um Unterstützung zu werben.

SCHRITT 4: UMSETZUNG

Als Zeichen der Ernsthaftigkeit des Prozesses und um das Engagement der Mitarbeiter nicht zu enttäuschen, muss sich die Geschäftsleitung vorab auf die Umsetzung der Ergebnisse verpflichten. Sie kann durch eigene Vorlagen, Kommentare und Empfehlungen und – sofern vom Ideengeber gewünscht – die Mitarbeit bei der Erarbeitung anderer Vorlagen versuchen, die Entscheidungen in ihrem Sinne zu beeinflussen. Diese Beeinflussung sollte jederzeit transparent und mit einer gewissen Zurückhaltung erfolgen, da auch bei demokratischen Entscheidungsprozessen die Geschäftsleitung großen Einfluss hat. Sollte die Mehrheit der Mitarbeiter eine Vorlage befürworten, die der expliziten Priorität der Geschäftsleitung entgegensteht, muss sie diese dennoch umsetzen. Tut sie dies nicht, verkommt dieser Prozess zur Farce und macht ihn innerhalb kurzer Zeit zu einer Spielwiese für die Radikalforderungen einiger weniger – die große Mehrheit engagiert sich dann nicht mehr. Das führt einen solchen Prozess innerhalb kurzer Zeit ad absurdum.

Der große Vorteil in der beschriebenen Umsetzung liegt darin, dass viele Mitarbeiter, insbesondere Meinungsmacher und Multiplikatoren, sich lange vor der Abstimmung mit den Vorschlägen auseinandergesetzt, diese diskutiert und sich untereinander abgestimmt haben. Wenn diese Vorlagen positiv entschieden sind und in die konkrete Umsetzungsphase eintreten, muss die Geschäftsleitung die Strategie nicht mühsam und aufwendig ins Unternehmen kommunizieren und die Mitarbeiter davon überzeugen. Sie muss lediglich die Energie der Verantwortlichen und ihrer Unterstützer entfesseln und eine Umgebung schaffen, in der die Mitarbeiter die Umsetzung erfolgreich realisieren können.

Auch die Mitarbeiter, die eine Strategieänderung nicht gutheißen – und diese gibt es immer – sind in einen solchen Prozess anders eingebunden. Bei der Strategieentwicklung von oben geben diese Mitarbeiter häufig Störfeuer und erschweren die Umsetzung von Strategien. Durch eine demokratische Strategieentwicklung wurden auch ihre Vorschläge gehört. Sie beugen sich der Mehrheitsentscheidung und akzeptieren diese einfacher, als einem ihnen widerstrebenden Beschluss der Geschäftsleitung.

Nach einigen Wiederholungen gewinnen alle Beteiligten Vertrauen in diesen Prozess. Mitarbeiter engagieren sich stärker, da sie erleben, dass ihre Vorschläge ernst genommen und bei hinreichender Unterstützung auch umgesetzt werden. Der Mut der Geschäftsleitung, Mitarbeiter verantwortlich in die Strategieentwicklung einzubeziehen, wird auf diese Weise belohnt: Es entsteht Raum für viele gute Ideen und Vorschläge, schlechte oder unsinnige Vorschläge setzen sich nicht durch und angenommene Vorschläge, selbst wenn diese zunächst nicht die Unterstützung der Unternehmensleitung fanden, erzielen meist positive Ergebnisse. Selbstverständlich werden auch Entscheidungen fallen, die sich im Nachhinein als falsch erweisen. Zu solchen Fehlentscheidungen kommt es jedoch auch in anderen Strategieprozessen – dort aber weniger einfach revidierbar. Die positiven Auswirkungen überwiegen bei weitem und rechtfertigen den Mut der Geschäftsleitung und das Engagement der Mitarbeiter allemal.

Wie führen Sie diesen Vorschlag ein?

Es empfiehlt sich, den Vorschlag schrittweise einzuführen, sodass alle Beteiligten allmählich Erfahrung mit und Vertrauen in dieses Instrument gewinnen. Als schrittweise Einführung werden beispielsweise zunächst Teamziele und -strategien erarbeitet und nicht sofort die Strategie für das Gesamtunternehmen. In diesem kleineren Rahmen benötigen Sie zunächst keine elektronische Plattform, sondern können den Vorschlags- und Entscheidungsprozess in Form von Teamsitzungen unterstützt von Pinnwänden organisieren. Vorschläge werden auf Papier ausformuliert und angepinnt, Ergänzungen und Kommentare können auf Haftnotizen geschrieben und angeheftet werden. Die Unterstützung für Vorschläge kann mit farbigen Klebepunkten auf den Haftnotizen oder Vorschlägen visualisiert werden.

Wichtig ist auch hier, die Ergebnisse des Prozesses verbindlich umzusetzen. Eine schrittweise Einführung bedeutet keinesfalls, das Verfahren zunächst lediglich fakultativ durchzuführen und die finale Entscheidung oder ein Vetorecht bei der Führungskraft zu belassen. Das Instrument entwickelt erst dann seine positive Wirkung, wenn es ohne Sicherungsnetz durchgeführt wird. Mitarbeiter engagieren und bringen sich nur dann verantwortlich ein, wenn Entscheidungen gemeinsam erarbeitet, getroffen und wirksam umgesetzt werden – nicht nur diejenigen, die dem Willen der Führungskräfte entsprechen. Um dies zu erreichen ist es manchmal nötig, eine Fehlentscheidung umzusetzen. Dies veranlasst verantwortungsbewusste Mitarbeiter, sich in Zukunft stärker zu engagieren und einzubringen. Wenn Sie als Führungskraft Fehlentscheidungen gar nicht erst zulassen, kann das Instrument seine Wirkung nicht entfalten.

Eine schrittweise Einführung ist insofern sinnvoll, da Sie zunächst erste Erfahrungen in einzelnen Teams sammeln. Es handelt sich dann um ein räumlich begrenztes Experiment und bei Irrtümern und Fehlanwendungen hält sich der Schaden in Grenzen. Führen Sie den Prozess zunächst auf Teamebene ein, hat dies den Vorteil, dass unterschiedliche Teams den Prozess variieren, voneinander lernen und damit die Methoden, Prozesse und

Instrumente passend für Ihr eigenes Unternehmen entwickeln können. Ebenso können Teams sich entscheiden, diesen Weg nicht zu beschreiten. Sobald sich ein gewisses Vertrauen, eine gewisse Übung und gewisse Instrumente entwickelt haben, lassen sich die einbezogenen Ebenen schrittweise erweitern, bis schließlich die Strategie des gesamten Unternehmens auf diese Weise erarbeitet und weiterentwickelt werden kann.

Welche Stolperfallen sind zu berücksichtigen?

Der größte Fehler besteht darin, demokratische Elemente fakultativ einzuführen. Das Instrument verkommt so zu einer reinen Mitarbeiterbefragung, die entweder die Unternehmensführung unterstützt oder keinerlei Berücksichtigung findet. Das führt zu Zynismus gegenüber dem Verfahren. Die breite, vernünftige Mitte engagiert sich nicht, weil dies offensichtlich keine Wirkung hat. Randgruppen instrumentalisieren das fakultative, demokratische Mittel als Sprachrohr für ihre radikalen Forderungen. Insgesamt wird es somit radikaler und weniger verantwortlich genutzt. So entsteht ein Teufelskreis, der das Instrument in kurzer Zeit desavouiert.

BEISPIEL
Obama und die Legalisierung von Marihuana
Eines der ersten, breitenwirksamen Experimente in diesem Zusammenhang war das Buch mit Vorschlägen der US-Bürger an Präsident Barack Obama. Das Überleitungsteam des neugewählten Präsidenten hatte die Idee, alle Bürger aufzufordern, ein Buch zusammenzustellen, ähnlich den täglichen Informationen, die der Präsident erhält. Bürger konnten Vorschläge einbringen, Kommentare dazu erfassen und mit ihrer Stimme unterstützen. 125.000 Nutzer brachten so 44.000 Ideen und über 1,4 Mio Unterstützer ein.[85] Auf Wikipedia (2016d) sind sowohl die Funktionsweise als auch Kritik und Anerkennung gut zusammengefasst. Der Prozess war einerseits nur konsultativ und zudem nahm damals vermutlich nur eine eingeschränkte Zielgruppe (junge, progressive Internetnutzer) teil. Die meisten Stimmen (66.170) erzielte seinerzeit die Forderung nach der Legalisierung von Marihuana. Die Reaktion eines Sprechers von Obama lautete postwendend, dass Präsident Obama diesen Schritt nicht unterstützt. Dies setzte dem Instrument in der Administration Obama ein Ende.

Wenn Sie bei wirklich wichtigen Entscheidungen die Mehrheit übergehen, hat dies einen ähnlichen Effekt: Es untergräbt den verantwortlichen Umgang mit dem Instrument. Sie müssen lernen, aus Ihrer Sicht falsche Entscheidungen auszuhalten und diese bestmöglich umzusetzen. Wenn sich die Entscheidung tatsächlich als Fehler erweist, wird die Mehrheit rechtzeitig darauf reagieren. Möglicherweise lagen auch Sie selbst falsch – und Ihre Mitarbeiter hatten Recht.

85 White House (2009).

Die Geschäftsleitung beeinflusst das Ergebnis übermäßig. Zwischen der Mitarbeit an einem solchen Prozess, dem Voranbringens eigener Vorschläge, dem Einbringen der eigenen Meinung zu anderen Vorschlägen einerseits und der Einschüchterung anderer Initiativen andererseits gibt es nur einen schmalen Grat. Dafür gibt es keine Zauberformel. Sie sollten sich stets bewusst sein, dass die Meinung der Unternehmensleitung großen Einfluss hat – und den Mut anderer im Keim ersticken kann, wenn sie unangenehmen Vorschlägen ihr gesamtes Gewicht entgegensetzt. Dies verängstigt nicht nur die Ideengeber, sondern schreckt auch andere ab, die das Geschehen zunächst beobachten, bevor sie selbst etwas einbringen oder eben nicht.

Der Prozess ist zeitaufwendig und schreckt einflussreiche Mitarbeiter ab, sich zu beteiligen. Warum sollten sich einflussreiche Mitarbeiter in einem solchen Prozess aktiv einbringen, wenn sie ohnehin gute Kontakte zu den Verantwortlichen haben – und ihr Ansinnen weitaus effizienter platzieren und umsetzen können? Sofern verschiedene Wege parallel bestehen, wählen gut vernetzte Mitarbeiter zweifelsohne einfachere Wege. Damit verkommt das Instrument zu einem Aufbegehren für weniger einflussreiche Mitarbeiter. Nur dann, wenn alle Beteiligten, d. h. auch einflussreiche Mitarbeiter und die Geschäftsleitung selbst, dieses Instrument aktiv nutzen, lassen sich viele Mitarbeiter erfolgreich aktivieren und einbinden.

Wie begegnen Sie Einwänden?

Die Einwände gegen demokratisch erarbeitete Strategien sind vielfältig. Sie widersprechen allem, was wir gelernt haben und in der Unternehmensrealität bewusst wahrnehmen: Heldenhafte Anführer führen Unternehmen aus der Krise, schädliche Anführer führen Unternehmen in die Krise. In unserer personifizierten Welt steht immer die Person an der Spitze im Fokus. In manchen Fällten gibt es auch Helden aus den Reihen der Mitarbeiter, wie etwa Eric Favre, der die Nespresso-Kapseln in seiner Freizeit entwickelte, da das Management nicht von deren Erfolg überzeugt war.[86] Aber selbst diese Heldentaten werden Einzelpersonen zugeordnet und sind nicht Ergebnis der Zusammenarbeit vieler oder gar aller Mitarbeiter.

HÄUFIGE EINWÄNDE

- *So entsteht doch eine Weichspül-Strategie, weil alle mitreden können. Demokratie führt zur Mittelmäßigkeit und nicht zu visionären Strategien.*
- *Eine demokratisch erarbeitete Strategie ist wenig kohärent, da lediglich viele Einzelentscheidungen addiert werden.*

---

86 Siehe Interview mit GCR (2011).

- *Der Aufwand, alle Mitarbeiter einzubeziehen, ist kolossal und nicht gerechtfertigt. Mitarbeiter sollen arbeiten und sich nicht um die Erarbeitung von Strategien kümmern.*
- *Mitarbeiter mit innovativen Vorschlägen können diese manchmal nicht gut vertreten. Damit erhalten diese Vorschläge keine Chance auf Umsetzung.*
- *Manche Vorschläge werden angenommen, weil sie populistisch und manipulativ eingebracht werden – obwohl sie nicht im Interesse des Unternehmens sind.*
- *Welche Aufgabe hat denn dann noch die Geschäftsleitung, wenn dieser wichtige Verantwortungsbereich ausgelagert wird?*

Zwei zentrale Argumente stehen all diesen Einwänden entgegen: Einerseits geht es nicht um die Wahl zwischen Geschäftsleitung *oder* Mitarbeitern – es geht vielmehr um die Frage Geschäftsleitung alleine oder alle Mitarbeiter *inklusive* der Geschäftsleitung. Andererseits wird man mit der Zeit die Erfahrung machen und das Vertrauen entwickeln, dass die Mehrheit der Mitarbeiter in der Regel in der Lage ist, durchaus sehr vernünftige und teilweise auch sehr mutige Entscheidungen zu treffen.

SO ENTSTEHT DOCH EINE MITTELMÄSSIGE WEICHSPÜL-STRATEGIE

Der Prozess einer demokratischen Strategieentwicklung hat vor allem zwei große Vorteile. Die Ideen und Meinungen aller Mitarbeiter werden sichtbar und können unabhängig von ihrer Herkunft erfolgreich sein. Auch die Führung muss ihre Vorschläge einbringen und sie einer kritischen Prüfung durch alle anderen unterziehen. So werden Defizite von Vorschlägen offen gelegt und entschärft, selbst wenn diese von der Geschäftsleitung stammen.

Dieses Vorgehen ist auch dann wirksam, wenn es um Leben und Tod geht. Der bekannte US Vier-Sterne-General Stanley McChrystal (2015) untersuchte die Effektivität von Teams in verschiedenen Situationen, z. B. Notaufnahme, Feuerwehr, Delta Force, Special Operations, SEALs. Er fand heraus, dass ein offenes Ohr und die ernsthafte Auseinandersetzung mit allen Vorschlägen im Rahmen der Erarbeitung einer Strategie erfolgskritische Faktoren sind. (Ebenso wie eine dann klar angeführte Umsetzung.) Entsteht durch eine Einbindung aller Mitarbeiter eine gute, präzise Strategie, erhält diese die Unterstützung der Geschäftsleitung und auch anderer Meinungsbildner – und setzt sich in der Abstimmung erfolgreich durch. Entstehen keine guten Vorschläge, ist auch die finale Strategie nicht gut. Sie ereilt dann dasselbe Schicksal, das eine Strategieentwicklungen von oben nach unten häufig erleidet: sie verpufft ohne Wirkung.

EINE DEMOKRATISCH ERARBEITETE STRATEGIE IST WENIG KOHÄRENT

Tatsächlich besteht die Gefahr, dass einer demokratisch erarbeiteten Strategie die Kohärenz fehlt. Diese Gefahr ist auch anderen Strategieentwicklungen immanent und kann nur durch großes Engagement von zahlreichen Beteiligten gebannt werden. Immer wenn bequeme Kompromisse einer intensiven Auseinandersetzung vorgezogen werden, wird es der Strategie an Kohärenz mangeln, völlig unabhängig davon, auf welchem Weg sie erarbeitet wurde.

Formulieren Sie zu Beginn des Gesamtprozesses das klare Ziel einer kohärenten Strategie. Definieren Sie, was Sie darunter verstehen. So lässt sich der Prozess an diesem Ziel ausrichten und dorthin führen. Wenn mehrere Vorschläge eingebracht werden, die sich gegenseitig zwar nicht ausschließen aber dennoch die Kohärenz der Strategie gefährden, kann über diese alternativ entschieden werden: Es wird nur der Vorschlag angenommen, der die höhere Zustimmungsrate erhält, auch wenn beide Vorschläge eine Mehrheit erhalten sollten. Dieses Verfahren stellt einen sehr formalistischen Zugang zu einer kohärenten Strategie dar. In den meisten Fällen genügt bereits die Zielausrichtung auf Kohärenz und ein möglicher formaler Lösungsweg, damit sich die Verantwortlichen zusammensetzen und sich wechselseitig abstimmen.

DER AUFWAND, ALLE MITARBEITER EINZUBEZIEHEN, IST KOLOSSAL UND NICHT GERECHTFERTIGT

Keine Frage: Der Aufwand eines solchen Prozesses ist hoch. Die Mitarbeiter müssen sich mit zahlreichen Ideen und Überlegungen befassen, die ihnen bislang abgenommen wurden. Oft hört man auch, dass viele Mitarbeiter gar nicht daran interessiert sind, an der Strategieentwicklung mitzuwirken.

In einem derartigen Prozess gibt es immer engagierte Mitarbeiter, die sich stärker einbringen und andere, die sich weniger damit beschäftigen. Diese engagierten Mitarbeiter machen sich auch ohne demokratische Prozesse eigene Gedanken und versuchen, andere von ihren Ideen und Meinungen zu überzeugen. Somit wenden motivierte Mitarbeiter meist nicht wesentlich mehr Zeit auf, als sie ohnehin investieren würden. Weniger interessierte Mitarbeiter verhalten sich entsprechend, um nicht übermäßig viel investieren zu müssen. Sie enthalten sich etwa der Abstimmung und überlassen die Entscheidung anderen – was durchaus angemessen sein kann. Alternativ zur Enthaltung folgen sie den Empfehlungen von Personen, denen sie vertrauen. Dadurch müssen sie sich nicht vertieft mit den Inhalten auseinandersetzen. Diese Mitarbeiter werden die so entwickelte Strategie in den meisten Fällen akzeptieren und unterstützen.

Der größte Vorteil wird erkennbar, wenn man den Gesamtaufwand einer Strategieentwicklung *und* -implementierung in den Blick nimmt. Eine Strategieentwicklung allein ist im Elfenbeinturm der Unternehmensleitung sicherlich weniger aufwendig. Sobald man jedoch Informationen aus dem Umfeld mit einbeziehen will, beginnt die aufwendige Befragung von Kunden-Fokusgruppen und Mitarbeitern. Neben dem Zusatzaufwand ist das Ergebnis meist wenig aussagekräftig, da es sich um eine reine Befragung handelt und nicht um verantwortungsvolle Mitentscheidungen. Bei der Strategieumsetzung schließlich unterscheiden sich beide Ansätze fundamental: Eine von allen Mitarbeitern miterarbeitete und mitentschiedene Strategie wird mit weit weniger Aufwand im Unternehmen umgesetzt als eine von oben verordnete. Die Kommunikation und Werbung für die neue Strategie – womöglich gegen die Widerstände von Mitarbeitern, die nicht einverstanden sind – sind bei einer von oben verordneten Strategie deutlich aufwendiger.

MITARBEITER MIT INNOVATIVEN VORSCHLÄGEN KÖNNEN DIESE MANCHMAL NICHT GUT VERTRETEN.

Es ist nicht von der Hand zu weisen, dass die Art der Präsentation Einfluss auf die Erfolgsaussichten eines Vorschlags hat. Dies ist bei anderen Konzepten der Strategieentwicklung nicht anders. Mitarbeitern, die sich in einem demokratischen Prozess nicht durchsetzen, gelingt dies auch nicht in einem von oben gesteuerten Prozess. Wenn eine weitsichtige Unternehmensleitung die Genialität eines Vorschlags in einem klassischen Prozess von oben nach unten berücksichtigt, kann sie das auch in einem Prozess, der von allen gemeinsam getragen wird. Sie kann sich immer hinter einen guten Vorschlag stellen und ihm zum Erfolg verhelfen. Gute Vorschläge von schlechten Verkäufern haben durch die große Anzahl an Beurteilern zudem mehr Chancen, entdeckt und von guten Verkäufern unterstützt zu werden. Im Rahmen eines demokratischen Prozesses ist die Wahrscheinlichkeit weitaus größer, dass gute Vorschläge Gehör finden und realisiert werden.

MANCHE VORSCHLÄGE WERDEN ANGENOMMEN, WEIL SIE POPULISTISCH UND MANIPULATIV EINGEBRACHT WERDEN.

Die demokratischen Vorgänge in der Politik lassen häufig Zweifel am grundsätzlichen Vertrauen auf die Vernunft der Bevölkerung aufkommen. Sieht man jedoch genauer hin, treffen Populismus und Manipulation nur dann auf fruchtbaren Boden, wenn das System ansonsten keine direkte Einflussnahme zulässt. Extremistische Parteien werden dann gewählt, wenn die Unzufriedenheit an der Basis überwiegt und kein anderes Ventil existiert. Analog dazu werden in Unternehmen nur dann extreme Positionen unterstützt, wenn die Mehrheit überzeugt ist, die Strategie zielt in die falsche Richtung und es gibt keine Alternative der Einflussnahme.

Die direkte Einbindung aller in den Prozess beugt derartigen Überreaktionen vor. Zwar werden auch Entscheidungen getroffen, die der Unternehmensleitung nicht genehm sind. Diese fungieren jedoch als wirksames Instrument, den Kontakt zu und die Abstimmung mit der Basis zu erhalten. Geht dieser Kontakt verloren, kann auch eine aus Sicht der Unternehmensführung ideale Strategie nicht erfolgreich umgesetzt werden.

WELCHE AUFGABE HAT DENN DIE GESCHÄFTSLEITUNG NOCH, WENN DIESER WICHTIGE VERANTWORTUNGSBEREICH AUSGELAGERT WIRD?

Die Geschäftsleitung muss auch in demokratischen Prozessen eine weiterhin starke Führungsrolle einnehmen. Von ihr kommen wichtige Impulse für die Strategie und ihre Einschätzung beeinflusst die Abstimmungen maßgeblich. Sie wird sich allerdings nicht gegen den Widerstand oder ohne Zustimmung der Mehrheit der Mitarbeiter durchsetzen können – sie muss diese überzeugen.

Der Unterschied besteht somit lediglich im Zeitpunkt dieser Überzeugungsarbeit. Bei einer demokratischen Strategieentwicklung muss sie die Mitarbeiter *vor* der Entscheidung überzeugen, bei einer von oben gesteuerten Strategieentwicklung ist dies *nach* der Entscheidung erforderlich. Häufig ist es einfacher, andere *vor* einer Entscheidung nachhaltig zu überzeugen, da alle wechselseitig besser zuhören. Meinungen werden zudem meist konstruktiver mitgeteilt, wenn es darum geht, eine künftige Entscheidung zu verbessern und nicht, eine bereits erfolgte Entscheidung zu kritisieren.

PRAXISBEISPIEL: UNTERNEHMENSSTRATEGIE BEI RAIFFEISEN
Was macht Raiffeisen?
Als drittgrößte Bankengruppe in der Schweiz hat die Raiffeisen seit 2010 ihre Grundstrategie und Werte überarbeitet, um im dynamischen Bankenumfeld weiter erfolgreich agieren zu können. Besonders auffällig ist daran der starke Einbezug der Mitarbeiter. Anhand eines mehrjährigen Prozesses wurde dabei in vier Schritten vorgegangen: (1) Ausarbeitung, (2) Diskussion / Überarbeitung, (3) Finalisierung und (4) Verankerung. In der ersten Phase entwickelte die Bank gemeinsam mit 1.500 Kadermitgliedern einen Entwurf für Grundstrategie und Werte. Die Beteiligten konnten sich dabei zu den verschiedenen Themen äußern. Anschließend wurden 3.000 Hinweise und fast 2.000 Änderungen des ersten Entwurfs diskutiert, bewertet und größtenteils in die Strategie übernommen. Die Krönung der Verankerungsphase stellte im Herbst 2015 ein riesiger Event dar, zu dem sich 10.000 Mitarbeiter an einem Ort versammelten, die Diskussionen in Foren fortführten und die Überarbeitungen der Grundstrategie abschlossen. Zur Entwicklung der neuen Strategie wurde somit eine kulturelle Intervention genutzt.

Welche Herausforderungen hatte Raiffeisen?

Die großen Teilnehmerzahlen spiegeln wider, dass diese Vorgehensweise ein komplexer Prozess ist. Die größten Herausforderungen bestanden darin, diesen langwierigen Prozess anzustoßen und über mehrere Jahre hinweg konstruktive Diskussionen nachhaltig zu implementieren bzw. aufrecht zu erhalten. Gerade für selbstständig organisierte Genossenschaften stellte es eine nicht zu unterschätzende Hürde dar, mehreren tausend Meinungen Gehör zu verschaffen, diese in einer Unternehmensstrategie tatsächlich aus- bzw. einzuarbeiten und die neuen Kulturwerte anschließend übergreifend zu integrieren.

Welche Chancen bieten sich Raiffeisen?

Die Raiffeisen Schweiz hatte sich zum Ziel gesetzt, einen Top-Down-Ansatz zu vermeiden. Die Strategie sollte keinesfalls von oben nach unten vorgegeben und hingenommen werden. Der stellvertretende Geschäftsführer Patrik Gisel nennt als entscheidende Voraussetzungen Mitbestimmung und Eigenverantwortung, damit die neue Unternehmensstrategie erfolgreich verstanden und die Werte aktiv gelebt werden können. Der Zwischenabschluss von 2015 schrieb mit einem gesteigerten Gewinn der Gruppe äußerst positive Zahlen – ein positiver Zusammenhang mit der Einbindung der Mitarbeiter ist dabei nicht unwahrscheinlich.

Was macht Raiffeisen sonst noch?

Als selbstständige Genossenschaft mit beschränkter Gewinnausschüttung handelt die Raiffeisen in eigener Verantwortung bei der Bildung von Eigenmitteln.

Weiterführende Links

- http://tiny.cc/Raiffeisen-Dialog bzw. https://www.raiffeisen.ch/raiffeisen/internet/db_news.nsf/$UNID/76C65593A8DE588EC1257ECB004CE26F/$file/Medienmitteilung-Raiffeisen-Dialog.pdf
- http://www.unternehmerzeitung.ch/news/einzelansicht/article/raiffeisen-macht-gemeinsam-den-weg-frei/
- http://tiny.cc/Raiffeisen-Prozess bzw. https://www.raiffeisen.ch/raiffeisen/internet/db_news.nsf/$UNID/76C65593A8DE588EC1257ECB004CE26F/$file/Uebersicht-Prozess.pdf
- http://tiny.cc/Raiffeisen-Fuehrung bzw. https://www.raiffeisen.ch/raiffeisen/internet/db_news.nsf/$UNID/10483ED84F5A1331C1257E030059743F/$file/Raiffeisen-richtet-Fuehrungsstruktur-staerker-aus.pdf

PRAXISBEISPIEL: EINE INTERNE REVOLUTION
Strategieänderung von unten

Die heutige Haufe-umantis war damals noch relativ jung: sie war ungefähr vier Jahre alt und hatte etwa 40 Mitarbeiter. Zu dieser Zeit programmierten wir individuell angepasste Weblösungen für das Talentmanagement von Unternehmen. Als Geschäftsführer war mir klar, dass es über kurz oder lang notwendig sein wird, auf die Herstellung von Standardprodukten umzustellen. Wir waren jedoch mit unseren bestehenden und den neuen Kunden sowie unserem Wachstum hinreichend ausgelastet. Ich stellte die Umstellung hintan, weil sie viel Zeit, Geld und Umsatz kosten würde.

Eines Tages luden mich unsere Kundenberater zu einer Besprechung ein. Sie hatten dafür ein externes Sitzungszimmer in der Altstadt von St. Gallen reserviert. In einer hervorragenden Präsentation zeigten sie auf, welche Probleme die aktuelle Strategie für unsere Kunden, für ihre eigene Arbeit und für unser gesamtes Unternehmen beinhaltete. Sie schlossen die Präsentation mit der klaren Ansage: „Hermann, wenn wir nicht auf Standardprodukte umstellen – und zwar heute und nicht erst morgen – dann glauben wir nicht mehr an die Zukunft des Unternehmens und werden es verlassen."

Ich bin heute noch dankbar, dass dieses Team den Mut aufgebracht hat, eine solche Präsentation zu halten – und so klare Worte zu finden. Obwohl die Firma noch überschaubar war, hatte ich als Geschäftsführer damals bereits zu viel Abstand zu den Kunden und den Mitarbeitern, sodass ich die Dringlichkeit der Umstellung unterschätzte. In wie vielen Unternehmen verlassen die besten Mitarbeiter das Schiff, das nach ihrer Meinung in die falsche Richtung segelt? Die Umstellung hat uns nahezu das Genick gebrochen. Hätten wir sie jedoch nicht umgehend realisiert, gäbe es das Unternehmen heute nicht mehr.

Dies war eines der Schlüsselerlebnisse für unsere Überzeugung, dass die Mitarbeiter, die im täglichen Kontakt zum Kunden, zum Markt und zum Wettbewerb stehen, meist besser und früher wissen, welche Strategie das Unternehmen einschlagen sollte, beziehungsweise welche Strategie zum Scheitern verurteilt ist. Es geht auch hier keinesfalls um entweder Chef oder Mitarbeiter, sondern um ein *Zusammenarbeiten von sowohl Chef als auch Mitarbeitern*.

ANREGUNGEN – TEIL 3: INSPIRATIONEN
Wie Sie Ihr Betriebssystem aktualisieren

In dritten Teil der Anregungen werden einzelne Themen in kurzer Form aufgegriffen und die Grundüberlegungen dargestellt. Sie sollen zum Weiterdenken und Experimentieren anregen.

SCHWARMFINANZIERUNG VON INNOVATIONEN
Wie Sie die Kreativität Ihrer Organisation entfesseln

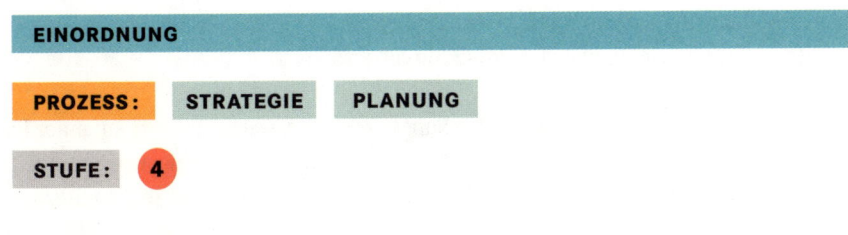

Worum geht es?

Viele Mitarbeiter haben Ideen zu Produkten oder Prozessen. Ein Investitionsbudget für jeden regt unternehmerische Innovationen an.

Status quo: Mangelnde Innovation

Viele Unternehmen beklagen die Innovationsträgheit ihrer Mitarbeiter. Belohnungen, Beförderungen, Bewunderung – nichts davon scheint das Potenzial der Mitarbeiter zu heben, von dessen Existenz alle überzeugt sind. Gleichzeitig beklagen viele Mitarbeiter die Innovationsträgheit ihrer Unternehmen. Hat ein Mitarbeiter eine Idee, greifen sofort aufwendige Prozesse und Kontrollmechanismen. Vom ersten Formular, das auszufüllen ist, bis hin zu etlichen Gremien, welche die Idee des Mitarbeiters permanent verändern, erlebt der Ideengeber das volle Spektrum an Misstrauen und Kontrolle. Deutschland gilt als das führende Mobilitätsland der Welt und beschäftigt nach der Statistik der Bundesagentur für Arbeit (2015) mehr als 3,3 Mio. Menschen in Fahrzeugbau, Verkehr und Logistik. Dennoch erstarrt das Land im Schock vor einem Unternehmen namens Uber mit ein paar Tausend Mitarbeitern. Die geballte Innovationskraft von 3,3 Mio. Menschen müsste eigentlich mehr zustande bringen können.

Anregung: Eine Innovationskreditkarte für jeden

Nehmen Sie 5 bis 10 Prozent Ihres Forschungs- und Entwicklungsbudgets und verteilen Sie diese Mittel gleichmäßig auf alle Ihre Mitarbeiter – vom Portier bis zum Vorstandsvorsitzenden. Gemäß Statistik der Europäischen Kommission (2015) entsprechen 5 Prozent bei Volkswagen und Daimler etwa 1.000 EUR pro Mitarbeiter, bei BMW 2.100 EUR. Betrachtet man alle tausend europäischen Unternehmen mit Investitionsausgaben in Forschung und Entwicklung von über 5,5 Mio. EUR, liegt dieser Betrag bei 1.800 EUR pro Mitarbeiter.

Autorisieren Sie Ihre Mitarbeiter, dieses Geld ganz nach ihrem eigenen Ermessen in Innovationsprojekte von sich oder anderen zu investieren – ganz gleich, ob diese Prozessverbesserungen, Produktneuheiten oder die Arbeitsinfrastruktur betreffen. Sie müssen für diese Investition nicht um Erlaubnis bitten, es ist jedoch für alle transparent und sichtbar, wer wie viel in welches Projekt investiert.

Mitarbeiter, die eine innovative Idee haben, können diese als Projekt auf einer Plattform für Schwarmfinanzierung (*crowd funding*) vorstellen. Als Beispiele für eine derartige Plattform – außerhalb von Unternehmen – sind Kickstarter und Indiegogo bekannt.[87] Wenn das Projekt eine hinreichende Finanzierung über andere Mitarbeiter erhält, die die Investitions- und Arbeitskosten deckt, können sie dieses starten.

PRAXISBEISPIEL: INNOVATIONSFINANZIERUNG BEI PACKSYNERGY[88]

Was macht PackSynergy?

Die deutsche Firma PackSynergy mit Sitz in Ravensburg ist im Bereich der Verpackungsindustrie angesiedelt. Sie förderte Innovationen auf eine ganz besondere Art – nämlich durch individuell erhältliche Finanzierung. Für jede Idee gab es dort Budget. Hatte ein Mitarbeiter eine neue Idee, konnte er Geld aus dem sogenannten Ideen-Kapital-Topf entnehmen und mit einem eigens zusammengestellten Team loslegen – ohne diese Idee diskutieren oder verteidigen zu müssen. Der Ideengeber unterschrieb die nötigen Unterlagen selbst und haftete auch dafür. Wie das funktioniert? Die Firma zahlt einen Grundbetrag in den Ideen-Kapital-Topf und zusätzlich zahlt jeder Mitarbeiter, der keine eigenen Ideen hat, zehn Euro pro Monat in den Topf. Jeder Mitarbeiter verfügt über eine EC-Karte, mit der er auf dieses Gesamtbudget zugreifen kann – ein Controlling existiert nicht. Gewinne, die aus den Ideen erwirtschaftet werden, wandern zu 50 Prozent in den Topf zurück.

Welche Herausforderungen hat PackSynergy?

Wie war Ihre erste Reaktion auf dieses Finanzierungskonzept? Die Befürchtung, dass das freie und ohne Kontrolle zur Verfügung stehende Budget schlicht in den Sand gesetzt wird? Theoretisch ist das möglich. Allerdings gilt: Wer seinen Mitarbeitern viel Freiheit einräumt, fordert auch viel. Das ist auch Robert Ehlert, Mehrfachunternehmer und ehemaliger Vorstand der PackSynergy, bewusst. Tatsächlich waren etwa zwei Jahre Ermutigung nötig, bis sich jemand getraut hat, das Budget für eine Idee einzusetzen. Ob eine

---

87 Über die Erfahrungen bei IBM mit unternehmensinterner Schwarmfinanzierung berichten Muller, Geyer, Soule, Daniels, & Cheng (2013).

88 Robert Ehlert ist inzwischen nicht mehr Geschäftsführer von PackSynergy und die Innovationsfinanzierung wurde von seinen Nachfolgern umgestellt. Inzwischen berät Ehlert andere Unternehmen bei der Einführung solcher Konzepte.

Idee Früchte trägt, kann niemand vorher wissen. Ehlert gibt zu, er habe panische Angst vor Mitarbeitern, die *nichts bringen*. Dieses Risiko bleibt bestehen. Auch auf Mitarbeiterseite kann so viel Freiheit bedrohlich wirken und dazu führen, dass Mitarbeiter die Firma verlassen.

Welche Chancen bieten sich PackSynergy?

Ehlert betrachtet die Sache unter dem Motto: *Wer nicht wagt, der nicht gewinnt!* Er spricht seinen Mitarbeitern sehr viel Vertrauen und Eigenverantwortung zu und ist überzeugt, dadurch die Innovationskraft seiner Firma fördern zu können. Die Unternehmensentwicklung seiner Zeit als Vorstand zeigt, dass PackSynergy kontinuierlich ein organisches Wachstum und finanziellen Erfolg aufweist. Mit den eingeräumten Freiheiten und der Einstellung, dass Arbeitszeit auch Lebenszeit bedeutet, gelingt es Ehlert offensichtlich, dass seine Mitarbeiter sich freiwillig selbst verpflichten und zur Umsetzung innovativer Ideen motiviert sind. Zudem führt sein Konzept quasi unweigerlich zu einer Selbstselektion: Wer sich mit dieser Firmenkultur nicht identifizieren kann, verlässt die Firma – am Ende bleiben die unternehmerischen Geister, die der Unternehmer auch gerne bei Ausgründungen unterstützt.

Was macht PackSynergy sonst noch?

Bei PackSynergy gab es einen sogenannten Vertrauensvertrag – ein leeres Blatt Papier, worauf je zur Hälfte der Chef und der künftige Mitarbeiter die wechselseitigen individuellen Erwartungen formulieren. Arbeitsverträge wurden häufig lediglich mündlich vereinbart. Urlaubstage und Arbeitszeiten sowie das Wunschgehalt wurden jeweils individuell festgelegt.

Weiterführende Links

- http://www.gea.de/magazin/heimat+und+welt/vertrauen+sie+ihrem+chef+.2139663.htm
- https://www.xing.com/communities/posts/konventionelle-denkmuster-in-frage-gestellt-1008799016
- http://www.foerster-kreuz.com/robert-ehlert-interview/
- http://www.forschungsnetzwerk.at/downloadpub/VR158_April2011.pdf

VONEINANDER LERNEN
Wie Sie den Lerntransfer erhöhen

Worum geht es?

Der größte Lerneffekt entsteht, wenn 70 Prozent des Lernens während der Arbeit geschieht. Die Kollegen sind Lehrer, die selbst dabei lernen.

Status quo: Verschwendete Aus- und Weiterbildungsbudgets

Bei den meisten Unternehmen ist die Aus- und Weiterbildung der größte Kostenpunkt der Personalausgaben nach den Löhnen. Seien wir ehrlich – auch auf die Gefahr hin, uns bei Lernexperten unbeliebt zu machen: Wie viel bringen dem Unternehmen diese Veranstaltungen wirklich? Konkrete fachliche Informationen kann man heute zugeschnitten auf den jeweils spezifischen Bedarf häufig kostenlos über das Internet abfragen. Selbst spannende Erkenntnisse aus Sozialkompetenz-Seminaren schaffen nur selten den nachhaltigen Transfer in den Arbeitsalltag. Angeordnete Fortbildungen sind noch weniger effektiv. Unfreiwillige Lerner gehen bereits mit großer Abneigung zur Schule – egal ob virtuell oder analog. Die besten Beispiele dafür sind Brandschutzübungen, Unfallverhütungslehrgänge mit anschließenden Tests für das Fahren von Betriebsfahrzeugen oder unternehmensinterne Schulungen zur Einhaltung von sonstigen Vorschriften. Von vielen Teilnehmern werden diese Veranstaltungen lediglich als aktive Erholungspause mit durchwachsener Verpflegung genutzt. Der reale Lerntransfer ist minimal. Die industrielle Massenausbildung hat Hervorragendes geleistet in einer Zeit, in der Wissensvermittlung das wichtigste Ausbildungsziel war und es keine alternativen Vermittlungswege gab. Auch heute ist sie sinnvoll zur Vermittlung von Überblickswissen, das jeder dann bedarfsgerecht selbst vertiefen kann. Für viele Anwendungen des betrieblichen Alltags hat sie allerdings ihre Schuldigkeit getan. Warum investieren wir trotzdem auch heute noch immer so viel Zeit und Geld in veraltete Ausbildungskonzepte?

Anregung: Lernen durch Lehren

Inzwischen hat sich die Erkenntnis durchgesetzt, dass wirksames Lernen zu einem großen Teil während der Arbeit selbst geschieht. Es handelt sich meist um bedarfsorientiertes Lernen, in dem Moment, wenn wir auf eine konkrete Herausforderung stoßen. Heute ist fachliches Wissen vielfach per Knopfdruck verfügbar, etwa in digitalen Wissensplattformen oder Foren zum Erfahrungsaustausch, in denen wir Antworten auf ähnliche Fragen nachlesen können oder eigene Fragen direkt beantwortet werden. Viele Techniken und Fertigkeiten, nicht zuletzt auch die Informationsbeschaffung und das Erfahrungslernen selbst, lernt man am besten bei der Anwendung, weil es vor allem eine Frage der Übung ist. Hier können Kollegen häufig weit hilfreicher sein als ein externer Trainer, der zur falschen Zeit am falschen Ort die falschen Inhalte lehrt.

Wenn sich alle im Unternehmen zugleich als Lernende und Lehrende verstehen, hat dies einige Vorteile.

- Lerninhalte werden dann wirksam vermittelt und eingeübt, wenn sie tatsächlich gebraucht werden. Das erhöht den Lerntransfer und die Nachhaltigkeit des Lernens.

- Lehrende im Unternehmen lernen durch Lehren selbst weiter. In der Schule geben gute Schüler ihren Mitschülern Nachhilfestunden – oder war es eher so, dass diejenigen, die anderen etwas erklärt haben, sich dadurch selbst verbesserten?

- Die Kosten und unproduktiven Zeiten der Aus- und Weiterbildung sinken.

Zur Umsetzung von gegenseitigem Lernen und Lehren im Unternehmen ist das gemeinsame Wollen und eine technische Infrastruktur erforderlich, die Nachfrage und Angebot zusammenführt. Damit werden keinesfalls alle Präsenzseminare, ob vor Ort oder über Videoplattformen, überflüssig. Ein Großteil lässt sich jedoch mit einer Kombination aus bedarfsorientiertem Zugang zu Wissen und unternehmensinternen Experten günstiger und vor allem wirksamer ersetzen. Die Anbieter von Präsenzseminaren werden in vielen Bereichen ihren Zweck überdenken und sich wie Reisebüros oder Büchereien neu erfinden müssen.

PRAXISBEISPIEL: GEMEINSAMES LERNEN BEI UPSTALSBOOM
Was macht Upstalsboom?
Upstalsboom ist ein Betreiber von Ferienhotels und -wohnanlagen. Der Firmensitz ist im nordfriesischen Emden mit Standorten an Nord- und Ostsee sowie in Berlin. Über lange Zeit standen dort nur Zahlen – sprich reine Gewinnmaximierung – im Fokus. Das verheerende Ergebnis einer Mitarbeiterbefragung im Jahr 2010 offenbarte die starke Vernachlässigung der Mitarbeiterbedürfnisse und gab für den Geschäftsführer Bodo Janssen schließlich Ausschlag dafür, einen neuen, anderen Weg für Upstalsboom einzuschlagen:

Wertschöpfung durch Wertschätzung, d. h. Persönlichkeitsentwicklung als Ziel, gepaart mit der Vision von zufriedenen Mitarbeitern. Die neue Kultur sollte durch Transparenz und gemeinsames Lernen erschaffen werden: Nach der Umfrage wurden zunächst die Kritikpunkte offengelegt. Weiterhin wurden regelmäßig abteilungsübergreifend zehn Mitarbeiter zufällig ausgelost, die zu einem Frühstück zusammensitzen, um den Austausch sowie wechselseitige Anregungen zu ermöglichen und zu fördern. Auch auf Führungskräfteebene wurde ein Veränderungsprozess angestoßen. Der Geschäftsführer besuchte über längere Zeit Führungskräfteseminare in einem Kloster und lud dazu alle 70 Führungskräfte des Unternehmens mit ein. Auf diese Weise sollte über die folgenden Jahre insgesamt ein Gesamtlernprozess in Gang gesetzt werden, bei dem Probleme offen angesprochen und angegangen werden, Mitarbeiter motivierter mitdenken, sich weniger gefallen lassen bzw. umgekehrt formuliert: selbstbewusster ein positives Bild ihrer Arbeit wahrnehmen.

Welche Herausforderungen hatte Upstalsboom?
Auch wenn alle die schlechte Stimmung im Unternehmen wahrnehmen, ist es nicht leicht, spezifische Kritikpunkte offen zu kommunizieren. Dies gilt insbesondere dann, wenn der Mensch nicht im Zentrum der Unternehmenskultur steht und Offenheit und Feedback (noch) nicht verankert sind. Nach der schonungslosen Offenlegung der Ergebnisse kündigten 15 Führungskräfte, da sie mit dieser offenen Art von Kritik nicht umgehen konnten oder wollten. Eine neue Kultur kann nicht einfach ausgerollt werden – im Gegenteil – ein solcher Wandel ist immer ein längerer Prozess. Für gemeinsames Lernen ist es essenziell, den Mitarbeitern mit Offenheit und Transparenz zu begegnen und die Mitarbeiter müssen sich darauf einlassen können.

Welche Chancen bieten sich Upstalsboom?
Gerade im Dienstleistungssektor ist unmittelbar ersichtlich, dass die Zufriedenheit der Kunden sehr stark von der Zufriedenheit der Mitarbeiter – d. h. deren Motivation und Engagement – abhängt. Tatsächlich ist es bei Upstalsboom gelungen, eine Kultur zu etablieren, in der Mitarbeiter Probleme als Chance für gemeinsames Wachstum nutzen, ihre Potenziale frei entfalten können und dadurch ihre Aufgaben zufriedener bewältigen. Wurden die Mitarbeiter zuvor bei Entscheidungsprozessen außen vor gelassen, können sie heute sogar die Preise für Hotelzimmer mit festlegen. Die Zufriedenheit der Upstalsboomer ist seit 2011 um 80 Prozent gestiegen und sowohl die Zahl der Krankmeldungen als auch die Fluktuation sind deutlich gesunken. Auch die Verweildauer von Mitarbeitern beträgt dort etwa sieben Jahre, wohingegen der allgemeine Branchendurchschnitt bei weniger als zwei Jahren liegt. Die primäre Fokussierung auf Mitarbeiter statt auf bloße Zahlen schlägt sich somit am Ende wieder in Zahlen nieder: Der Umsatz konnte seit 2009 verdoppelt werden. Zufriedene Mitarbeiter fördern letztlich den Unternehmenserfolg – eine Kultur, die die Mitarbeiter ins Zentrum rückt, lohnt sich also.

Was macht Upstalsboom sonst noch?

Upstalsboom ist auch sozial engagiert. Das Unternehmen fördert beispielsweise in einem Projekt gemeinsam mit einer Stiftung den Bau von Schulen in Ruanda und setzt sich somit für Bildung in Afrika ein.

Weiterführende Links

- http://www.der-upstalsboom-weg.de/wp-content/uploads/2015/06/PR_Mappe_Upstalsboom.pdf
- http://www.upstalsboom.de/der-upstalsboom-weg.html
- http://www.upstalsboom.de/filme.html

GETEILTE VERANTWORTUNG
Wie Sie effiziente und wirksame Entscheidungen ermöglichen

Worum geht es?

Eine entlang vereinbarter Prinzipien flexible Vorgehensweise bei Entscheidungen erhöht die Entscheidungsqualität, -effizienz und -autonomie.

Status quo: Jeder ist zuständig und niemand verantwortlich

Moderne Führungskonzepte bergen die Gefahr von Unklarheit. In einer klassischen Hierarchie ist allen klar, wer Entscheidungen trifft und für deren Umsetzung und Erfolg verantwortlich ist. Schon in Matrix-Organisationen wird dies unscharf. Wenn durch den Einbezug von Mitarbeitern demokratische Entscheidungsfindungen oder ähnliche Konzepte gelebt werden, führen unterschiedliche Auffassungen bezüglich Kompetenzverteilung zu unklaren Verantwortlichkeiten und zu Unzufriedenheit. Jeder Mitarbeiter hat dann eine eigene Vorstellung, wie ein solches Konzept funktionieren sollte. Meist sind diese nicht klar formuliert, sondern bestehen aus impliziten Erwartungen, die nicht besprochen werden. Damit laufen wir alle in die Gefahr eines unbewussten Rosinen-Pickens: *Ich darf die Dinge (mit-)entscheiden, die mir wichtig sind. Für die Umsetzung dieser Entscheidungen sind jedoch andere verantwortlich – ebenso wie für unangenehme Angelegenheiten und für die Lösung von Konflikten.*

Es gibt keine miteinander abgestimmte Klärung der Fragen: Wer darf und muss was entscheiden? Wer kann und soll sich einmischen? Wer ist für die Umsetzung verantwortlich? Wer darf wem einen Auftrag erteilen? Ohne die transparente und praktizierte Klärung von Entscheidungskompetenzen und Umsetzungsverpflichtungen münden moderne Führungsansätze schnell im Chaos wechselseitiger Blockierung oder eines Entscheidungsvakuums.

Anregung: Klärung von Rechten und Pflichten

Es ist ein aufwendiger, aber notwendiger Prozess, sich intensiv mit den Kompetenzen und Verantwortlichkeiten für zentrale Aufgabenbereiche auseinanderzusetzen:

- Wie wird über bestimmte Fragestellungen entschieden?

- Wer trägt die Verantwortung für die erfolgreiche Umsetzung?

- Wer kann und muss Vorschläge / Widerspruch auf welche Weise einbringen?

- Wer muss den finalen Entscheidungen folgen?

- Wer darf was an wen delegieren?

Die Aufgabenbereiche, für die diese Fragen beantwortet werden müssen, können zum Beispiel sein:

- operative Fragen (Zuteilung von Aufgaben, Kontrolle und Freigabe von Ergebnissen, Arbeitseinsätze, Ferienkoordination, Arbeit von zu Hause),

- strategische Fragen (Mission, Vision, Ziele, Strategie, Geschäftsplan),

- Organisation (Verantwortlichkeiten, Rollen, Arbeitsabläufe, Berichtswege),

- Mittelverwendung (Investitionen, Kosten, Spesen, Ausbildungen),

- Einstellungen, Beförderungen, Lohnentwicklung, Bonus,

- und ganz allgemein ein Vorgehen für Bereiche, die nicht explizit definiert sind.

Möglich sind folgende Regelungen:

- Die (gewählte) Führungskraft darf und muss entscheiden.
Sie sollte vor ihrer Entscheidung die Einschätzung des Teams einholen – ist dazu aber nicht verpflichtet. Sie muss ihre Entscheidung gut kommunizieren und – spätestens auf Nachfrage – erklären. Das Team hat den Entscheidungen prinzipiell zu folgen. Möglichen Widerspruch muss das Team deutlich formulieren. Wird keine Einigung erzielt, muss das Team die Fragestellung an die nächsthöhere Ebene eskalieren. Diese entscheidet final nach Anhörung beider Seiten.

- Das Team darf und muss entscheiden.
Das Team kann vor der Entscheidung die Meinung des Vorgesetzten (sofern vorhanden) einholen – ist dazu aber nicht verpflichtet. Die Entscheidung erfolgt gemäß einem vorab festgelegten Verfahren, wie z. B. eine offene Diskussion mit Entscheidung nach dem Mehrheitsprinzip mit einfacher oder qualifizierter Mehrheit oder nach dem Konsentprinzip (siehe S. 147) oder einem anderen, klar beschriebenen Prozess. Das Team ist auch für die Umsetzung der Entscheidung verantwortlich und muss sich entsprechend selbst organisieren. Eine Delegation der aufwendigen oder unangenehmen Aufgaben ist nicht vorgesehen – insbesondere nicht nach oben.

- Vorgesetzter und Team entscheiden gemeinsam.
In diesem Fall hat entweder der Vorgesetzte formell eine einfache Stimme im Team, ein Vetorecht oder den Stichentscheid bei Stimmgleichheit. Alternativ kann der Vorgesetzte entscheiden, aber das Team kann bei hinreichender Mehrheit eine Teamabstimmung verlangen – dies entspricht etwa dem Referendum in direkten Demokratien. In jedem Fall muss auch geklärt werden, wer die Verantwortung für die Umsetzung trägt. In der Regel tragen diejenigen, die entscheiden, auch die Verantwortung.

Einige Kritiker assoziieren demokratische Entscheidungsprozesse mit langwierigen und ineffizienten Verhandlungen, bis am Ende alle überzeugt sind und ihre Zustimmung gegeben haben. Das Gegenteil ist der Fall: Bei demokratischen Entscheidungen bestimmt die Mehrheit – entweder eine relative oder eine andere qualifizierte Mehrheit. Wenn alle Meinungen gehört wurden, gibt es einen festen Zeitpunkt der Abstimmung. Dann gilt das Votum der Mehrheit. Diese Methode ist weitaus effizienter als eine Konsensentscheidung, die jedem Einzelnen ein Veto einräumt. Sie ist auch deutlich effizienter als das Machtwort eines starken Führers bei strittigen Entscheidungen – ein solches ist zwar schnell gesprochen, jedoch wird die anschließende Umsetzung häufig torpediert. Selbst wenn wir anderer Meinung sind, fällt es uns allen leichter, einem Votum der Mehrheit zu folgen, als der einsamen Entscheidung eines einzelnen Vorgesetzten.

Unabhängig von der Art der Entscheidungsfindung ist ein gemeinsames Verständnis davon wichtig, wer auf welche Weise Entscheidungen treffen kann und soll. Damit einhergehen muss auch ein grundsätzliches Vertrauen, dass diese Person oder Gruppe von Personen gute Entscheidungen fällt, die man nicht reflexartig hinterfragt.

PRAXISBEISPIEL: SITUATIVE ENTSCHEIDUNGEN BEI BUURTZORG

Was macht Buurtzorg?

Das holländische Unternehmen Buurtzorg (holländisch für Nachbarschaftshilfe) ist im Bereich der häuslichen Pflege tätig. In den Fokus der Aufmerksamkeit gerückt ist der Dienstleister durch seinen innovativen Einsatz des Pflegepersonals. In der Regel werden bei Pflegediensten mehrere Personen mit unterschiedlichen Qualifikationsstufen eingesetzt. Da nicht alle Einsätze Erfahrung oder medizinische Kompetenzen erfordern, wird für einfachere Unterstützungstätigkeiten im Alltag häufig weniger gut ausgebildetes – und dadurch günstigeres – Personal beauftragt. Buurtzorg verfolgt ein anderes Konzept: Hier sind die Krankenpfleger für die gesamte, breit angebotene Palette an Pflegetätigkeiten verantwortlich. Sie kümmern sich zusätzlich neben der medizinischen Versorgung beispielsweise auch um die Erstellung und Umsetzung von Pflegeplänen, Verwaltung von Antragsformularen oder Abrechnungen. Der ganzheitliche Ansatz verfolgt die Absicht, die Unabhängigkeit der Patienten durch Trainings zur Selbstpflege zu maximieren und Netzwerke aus nachbarschaftlichen Ressourcen zu fördern. Zugleich werden durch geringeren *fliegenden* Wechsel Arbeitsstunden und damit Kosten reduziert. Die Belegschaft besteht seit 2015 insgesamt aus 8.000 Krankenpflegern, welche in über 700 Teams ohne Manager arbeiten. Ihre Arbeit können sie dabei situativ und individuell auf die Patienten abstimmen und jeweils unabhängig spezifische Entscheidungen im bestmöglichen Sinne für die Patienten treffen.

Welche Herausforderungen hat Buurtzorg?

Buurtzorg versucht sich an dem Konzept der integrierenden Vereinfachung – ein breites Angebot an Dienstleistungen wird in flachen Organisationsstrukturen abgebildet und durch informationstechnologische Prozesse vereinfacht. Das schnelle Wachstum von Buurtzorg (2007 gab es nur ein einziges Team) war allerdings von kritischen Meinungen begleitet, die unterstellten, die Firma picke sich absichtlich Patienten mit multiplen Bedürfnissen heraus, um die abzurechnenden Stunden bei längerer Verweildauer zu erhöhen. Weiter wurde kritisch hinterfragt, dass bei unerwartetem Pflegenotstand Patienten andere Unternehmen oder eine Notaufnahme beantragen müssten. Die Kritik des Ausnutzens situativer Entscheidungen konnte allerdings nicht belegt werden. Auch die hohen Werte bei der Kundenzufriedenheit sprechen eine andere Sprache.

Welche Chancen bieten sich Buurtzorg?

Durch die individuell an die Bedürfnisse der Patienten angepasste Rundum-Pflege wird ein holistischer Ansatz praktiziert, der *Menschlichkeit über Bürokratie* stellt – das Motto von Geschäftsführer Jos de Blok. Dies zeigt sich etwa darin, dass der breite Einsatz des Pflegepersonals für unterschiedliche Anforderungen für den Patienten den ständigen Wechsel an Kontaktpersonen vermindert. Als weitere Konsequenz werden dadurch auch Kosten eingespart, da sich Anfahrts- und Übergabekosten minimieren und in Summe weniger Stunden anfallen. Aufgrund der nachweislichen Erfolge in Form von Kostenreduktion, hoher Kundenzufriedenheit und verbesserter Patientenpflege wurde Buurtzorg von der holländischen Regierung als Berater für andere Pflegeinstitutionen angefragt. Darüber hinaus hat das ganzheitliche Prinzip auf der persönlichen Ebene der Mitarbeiter überaus positive Effekte: Die Sinnhaftigkeit der eigenen Arbeit erhöht sich – die Buurtzorg-Mitarbeiter gelten wohl nicht ohne Grund als die zufriedensten aller holländischen Firmen mit über 1.000 Mitarbeitern.

Was macht Buurtzorg sonst noch?

Bei Buurtzorg wird im Hinblick auf Prävention ebenso investiert. So werden etwa in Wohnungen älterer Menschen potenzielle Unfallquellen so weit als möglich beseitigt. Darüber hinaus ist eine ständige Erweiterung des Angebots geplant. Mit Buurtzorg T sollen beispielsweise Menschen mit psychischen Erkrankungen während des Frühstadiums ambulant therapiert werden. Das erspart diesen einige Einweisungen in die Klinik und reduziert Kosten.

Weiterführende Links

- http://www.commonwealthfund.org/publications/case-studies/2015/may/home-care-nursing-teams-netherlands
- https://en.wikipedia.org/wiki/Buurtzorg_Nederland
- http://www.renatehauser.de/news/buurtzorg.html

SELBSTBESTIMMTE REORGANISATION
Wie Sie Umstrukturierungen positiv gestalten

Worum geht es?

Mitarbeiter wissen selbst sehr gut, in welchem Team und mit welcher Verantwortlichkeit sie den größten Beitrag leisten können.

ACHTUNG: WICHTIGE VORBEMERKUNG

Wir beschreiben hier ein Vorgehen, das noch nicht in unterschiedlichen Situationen bei unterschiedlichen Unternehmen erprobt ist. Im Gegenteil: Bei Haufe-umantis erzielte es in der ersten Durchführung ein hervorragendes Ergebnis. Es löste ein schwerwiegendes Problem für uns und belohnte den Mut aller Beteiligten. Die darauffolgenden Wiederholungen schufen jedoch mehr Probleme als sie langfristig lösen konnten. Deshalb mussten wir dieses Experiment wieder einstellen. Dies wäre nicht weiter problematisch, hätte nicht die Ankündigungen von Wiederholungen wahrscheinlich einen positiven Einfluss auf den Erfolg der ersten Durchführung gehabt.

Wir sind der Meinung, dass dieses Vorgehen ein Denkanstoß sein kann für ähnliche Problemstellungen. Und wir hoffen, dass wir oder andere eine bessere nachhaltige Umsetzung entwickeln werden können.

Status quo: Reorganisationen sind für Mitarbeiter ein passives, meist negatives Erlebnis

Reorganisationen sind ein beliebtes und scheinbar bewährtes Mittel für Führungskräfte, organisatorische Probleme zu lösen und notwendige Veränderungen herbeizuführen. Meist werden schon die nächsten Reorganisationen angedacht, bevor die aktuelle Reorganisation abgeschlossen ist und ihre beabsichtigte Wirkung entfalten kann.

„Wir werden gerade wieder einmal reorganisiert."

Dies hört man nicht selten von Mitarbeitern. Die Wirksamkeit vieler Reorganisationen wird von Mitarbeitern offen oder hinter vorgehaltener Hand in Frage gestellt. Der Name der Organisationseinheit ändert sich, einige Vorgesetzte wechseln Positionen, Kostenstellen und Berichtslinien werden neu zugeteilt. Die Hauptaufgabe der einzelnen Mitarbeiter bleibt jedoch mehr oder weniger dieselbe – meist ergänzt um weitere Aufgaben. Das einzig Konstante scheinen die Reorganisationen selbst zu sein sowie die Mehrarbeit währenddessen und danach. Selten werden Reorganisationen als ein positives Erlebnis wahrgenommen, das Energien freisetzt und vom Großteil der Betroffenen positiv wahrgenommen wird. Reorganisationen erzeugen mehr Verlierer als Gewinner.

Anregung: Helden durch selbstbestimmte Reorganisation

Wir hatten in unserer Software-Entwicklungsabteilung ein organisatorisches Problem. Um die nächste Generation unserer Basistechnologie zu entwickeln, hatten wir ein Team aus frisch eingestellten Experten der neuen Technologie und aus den erfahrensten Entwicklern unserer bestehenden Technologie gebildet. So brachten wir technologische Expertise mit firmeneigenem Erfahrungswissen zusammen. Dies klappte hervorragend und erzielte überzeugende Ergebnisse. Wir hatten jedoch unterschätzt, wie gravierend die Konsequenzen für unsere bestehende Technologie sein würden – und bald hatten wir Qualitäts-, Stabilitäts- und Leistungsprobleme in unserem bestehenden Produkt und auch im Team. Uns war bewusst, dass einige unserer erfahrensten Entwickler wieder zurück in die bestehende Technologie mussten. Unser damals noch recht neuer Entwicklungsleiter meinte: „Das ist jetzt wohl eine der Aufgaben, mit denen man sich als Vorgesetzter zum Wohl der Firma unbeliebt machen muss." Wir waren anderer Meinung und schlugen vor, dass wir unsere Mitarbeiter selbst entscheiden lassen, in welchem Team sie arbeiten. Er hielt uns im besten Fall für blauäugig, im schlimmsten Fall für verantwortungslos und unangenehme Aufgaben delegierend.

Wir überzeugten unseren Entwicklungsleiter, es zu versuchen und riefen alle Entwickler zusammen. Wir schilderten die Situation und stellten dar, welche Teams wir benötigen würden: ein Team für die Weiterentwicklung der bestehenden Technologie, eines für deren Leistungssteigerung, eines für deren Qualität und Stabilität. Und dann natürlich weiterhin ein Team für die Entwicklung der nächsten Generation unserer Technologie. Unser Entwicklungsleiter befürchtete, dass sich noch mehr Leute für die nächste Generation melden würden und dies sein Problem in der bestehenden Technologie nur verschärfen würde. Wer würde nicht gerne mit modernster Technologie auf der grünen Wiese entwickeln?

Wir stellten jedoch nicht die Frage, in welchem Team jeder einzelne am liebsten arbeiten würde. Wir stellten folgende Aufgabe: „Überlege Dir, in welchem Team Du den größten Beitrag leisten kannst." Was dann geschah, war einer der schönsten Momente in unserer Firmengeschichte. Genau die Mitarbeiter, von denen wir gehofft hatten, dass sie zurück in die bestehende Technologie gehen würden, wählten diesen Schritt freiwillig.

Vergleichen Sie die Ergebnisse der beiden Vorgehensweisen: Im Fall einer von oben verordneten Reorganisation hätten die betroffenen Mitarbeiter sich zu recht darüber beschwert, dass wir sie aus einem strategisch wichtigen Projekt abziehen und ihre Arbeitsmarktfähigkeit nicht durch die Beschäftigung mit neuen Technologien fördern. Sie hätten die frühere Arbeit wohl nicht mit viel Begeisterung wieder aufgenommen und hätten sich wohl nach neuen Möglichkeiten außerhalb des Unternehmens umgesehen. In dem freiwillig gewählten Schritt wurden sie zu Helden. Alle anderen Mitarbeiter sahen das persönliche Opfer, das sie freiwillig so sichtbar auf sich nahmen. Jeder sah, dass sie die Interessen der Firma über ihre eigenen stellten. Und sie selbst hatten verstanden und bejaht, was ihre Aufgabe in der bestehenden Technologie war. So konnten wir in kurzer Zeit und mit einer positiven Energie die Probleme in unserer bestehenden Technologie wieder in den Griff bekommen.

Wir waren so begeistert von dem positiven Ergebnis, dass wir nun fortan in einem drei-monatigen Rhythmus *schwärmen* wollten. Alle drei Monate sollten sich die Teams zu den relevanten Herausforderungen unseres Unternehmens selbstorganisiert formieren. Damit dachten wir, könnten wir ein agiles Organisationsdesign einführen, das sich laufend an die Herausforderungen anpasst und keine Selbstbeharrungskräfte entwickelt. Wir begleiteten diesen Prozess aber zu wenig gut. Uns war damals noch nicht bewusst, dass Selbstorganisation klare Regeln und Rituale benötigt, die gut eingeführt und eingeübt werden müssen. Wir überließen die Konzeption des Schwärmens der Selbstorganisation. So wurden die nachfolgenden Wiederholungen keine positive Erfahrung. Neben der Willkürlichkeit der Teamzusammenstellungen gab es vor allem ein großes Problem: Die Aufgaben, die im vorangegangenen Schwarmzyklus nicht fertiggestellt werden konnten, fielen häufig unter den Tisch. Der Verantwortliche war *weggeschwärmt*. Die neuen Herausforderungen waren interessanter als der konsequente Abschluss der vorhergegangenen Arbeiten. Die Verantwortlichkeiten wechselten so häufig, dass dem Rest der Organisation nicht klar war, wer für was zuständig ist. Nachdem dieses Vorgehen nach einigen Durchführungen organisatorisch verbrannt war, entschlossen wir uns, es (vorübergehend) einzustellen und es nicht gegen den steigenden Widerstand zu verbessern.

Aus den Erfahrungen heraus entwickeln wir gerade eine technologische Infrastruktur namens *agile hats* (agile Hüte), die eine neue Art des Schwärmens ermöglichen könnte. Jede Aufgabe und Verantwortlichkeit ist ein Hut, den sich jemand aufsetzt. Jeder kann neue Aufgaben oder Verantwortlichkeiten definieren – und sich selbst den Hut aufsetzen oder andere dazu auffordern. Hüte können abgelegt oder übergeben werden. Und vor allem können andere auch danach suchen, wer einen bestimmten Hut auf hat und welche Hüte aktuell auf einen neuen Träger warten.

Wir sind überzeugt, dass selbstbestimmte Reorganisationen ein großes Potential haben, wenn gewisse Rahmenbedingungen vorhanden sind:

- ein vertrauensvolles Verhältnis von Mitarbeitern untereinander und der gesamten Unternehmung gegenüber (insbesondere den Führungskräften),

- ein agiles Verständnis der Organisation, wodurch jeder weiß, dass eine selbstlose Entscheidung kein Abstellgeleis für die Ewigkeit ist – sondern im Gegenteil zu späteren Zeitpunkten positiv honoriert werden wird,

- ein gut durchdachtes Vorgehenskonzept und die erforderliche Infrastruktur, dass insbesondere die Übergänge von einer Organisation zur nächsten gut begleitet werden und keine Verantwortlichkeiten zwischen die Stühle fallen.

Inwieweit selbstbestimmte Reorganisation auch funktioniert, wenn wirtschaftliche Umstände einen Stellenabbau erfordern, ist nochmals eine ganz andere Diskussion. Wir hoffen, dass durch agile Organisationskonzepte solch massive Eingriffe weniger häufig notwendig sind, weil sich die Organisation laufend anpasst. Aber selbst in Situationen externer Schocks haben wir bei Haufe-umantis gute Erfahrungen gemacht. In den Jahren der Finanzkrise 2007/2008 brach unser Absatzmarkt fast vollständig zusammen. Unsere Mitarbeiter haben auch in dieser Phase ihren Beitrag freiwillig geleistet, von Lohnreduktionen bis hin zu veränderten Aufgaben und Verantwortlichkeiten. Dies funktionierte vor allem auch deshalb, weil sie in guten Zeiten genauso an den positiven Ergebnissen teilhaben.

Selbstbestimmte Reorganisationen mit anfangs guter Unterstützung (Stufe 3) und irgendwann als normaler Vorgang eines agilen Netzwerks (Stufe 4) bieten immenses Potenzial. Es rechtfertigt mutige und durchdachte Experimente, von denen wir alle lernen können. Irgendwann bringt jemand die richtigen Elemente in der richtigen Kombination zusammen und teilt hoffentlich die Erfahrungen mit uns allen. Mit *os.haufe.com* bieten wir ein Forum für diesen Austausch (siehe S. 285ff).

SELBSTORGANISIERTE LEISTUNGSENTWICKLUNG
Wie sich Mitarbeiter gegenseitig zu besserer Leistung anspornen

Worum geht es?

Mitarbeiter können die Leistung ihrer Kollegen meist besser einschätzen als Vorgesetzte – und auch dauerhaft eine gute Leistung einfordern.

Status quo: Wie Alufolie – nach oben glänzend, nach unten matt

Für Vorgesetzte ist es heute zunehmend schwieriger, die Leistung ihrer Mitarbeiter angemessen und möglichst objektiv einzuschätzen. Das 360-Grad-Feedback im Vorfeld einer ritualisierten, einmal jährlich stattfindenden Beurteilung ist lediglich die Alibi-Variante einer nicht mehr adäquaten Herangehensweise: Vorgesetzte werden im Beurteilungsgespräch darauf reduziert, die Einschätzung anderer wiederzugeben und dem Mitarbeiter eine Beurteilung zu vermitteln, die zwar auf der Meinung anderer beruht und dennoch stark von ihrer eigenen Einschätzung geprägt ist. Eine qualifizierte Diskussion über die Einschätzung von Dritten kann nur bedingt geführt werden. In derartigen Konstellationen gedeihen die Mitarbeiter, denen es gelingt, sich nach oben gut zu präsentieren, selbst wenn sie in Wahrheit keine gute Leistung erbringen.

Die Kollegen, mit denen ich tagtäglich zusammenarbeite, können meine Leistung am besten einschätzen. Sie können mir auch angemessenes Feedback dazu geben, wo meine Stärken liegen und in welchen Bereichen ich mich weiter entwickeln sollte. Bislang ist es nicht üblich, dass Kollegen sich gegenseitig offen und kritisch beurteilen – es ist aufwendig, erfordert Überwindung und wir delegieren dies gerne in die Verantwortung der Vorgesetzten. Das geht so weit, dass wir uns über minderleistende Kollegen aufregen und gleichzeitig über den Chef schimpfen, der sich des Problems nicht annimmt und dem Kollegen nicht *mal anständig die Leviten liest*. Zu selten kommt uns in den Sinn, dies selbst dem Kollegen gegenüber zu thematisieren – wir finden den Kollegen ja ganz nett, gehen gerne auch mal mit ihm ein Feierabendbier trinken und wollen uns die kollegiale Beziehung nicht verderben. Wir betrachten dies als die Aufgabe des Chefs. Aber was tun, wenn der Chef die schlechte Leistung gar nicht sehen kann?

Anregung: Bessere Einschätzung durch Kollegen

Es gibt durchaus erprobte Verfahren, die die direkte Beurteilung durch Kollegen erleichtern. Bei Scrum beispielsweise verpflichtet sich das Team auf ein gemeinsames Ziel und das gesamte Team wird an dessen Erreichung gemessen. Jedes Teammitglied berichtet in einer täglichen kurzen Stehung über den eigenen Fortschritt. Wenn Einzelne gute Leistung erbringen, wird dies im Team sichtbar und das Team benötigt keine Vorgesetzten, die loben und anerkennen.

Erbringt jemand keine gute Leistung, steigt der Druck des Teams auf den Einzelnen. Das Team wird an seiner Gesamtleistung gemessen und muss somit die Minderleistung Einzelner kompensieren. Es finden regelmäßige Retrospektiven statt, in denen Probleme thematisiert werden. Die täglichen Stehungen regen das bilaterale Gespräch ebenso an. Zahlreiche Diskussionen im Netz[89] zeigen jedoch, dass noch keine klaren Regeln existieren, wie das Team auf schlechte Leistung reagieren soll, wenn die direkte Ansprache und Aussprache zu keinem befriedigenden Ergebnis führt. Ein Scrum-Team verfügt selten über die Befugnis, gute Leistung mit Beförderungen, Lohnerhöhungen oder Ähnlichem anzuerkennen. Die Funktion der Vorgesetzten bleibt somit weiterhin notwendig.

Beurteilungen sollen sicherstellen, dass gute oder schlechte Leistung mit Konsequenzen verbunden ist und man danach strebt, sich möglichst kontinuierlich zu verbessern. Gute Leistung wird explizit anerkannt, um den Beitrag und Einsatz des Einzelnen wertzuschätzen, Dankbarkeit zu zeigen und Vorbilder sichtbar zu machen, an denen andere sich orientieren und die sie um Rat fragen können. Gute Leistung sollte auch persönliche Entwicklungschancen mit sich bringen. In derselben Logik muss auch schlechte Leistung Konsequenzen haben.

> Es gibt nichts Demotivierenderes für alle Beteiligten als schlechte Leistung – und niemand spricht es an.

Das Vorhandensein von möglichen Konsequenzen – bis hin zum Ausschluss aus dem Team – ist auch notwendig für die Selbstmotivation. <u>Wer von uns braucht nicht mal einen externen Anstupser oder auch einen Stiefeltritt, um sich aufzuraffen, gute Leistung zu erbringen?</u> Wenn schlechte Leistung keinerlei Konsequenzen hat, ist viel mehr Energie nötig, sich dauerhaft selbst zu motivieren.

Wir müssen somit Wege finden und leben, wie sich Kollegen wechselseitig beurteilen und positive und negative Konsequenzen ziehen können. In erster Linie geht es darum, ein gemeinsames Verständnis zu entwickeln, wer die Verantwortung dafür trägt und welche Mittel zur Verfügung stehen.

---

89 Zum Beispiel Sensei (2009).

In diesem Punkt existieren derzeit aktuell kaum klare und allgemein übertragbare Lösungen. Wir können an dieser Stelle lediglich einige Ansätze skizzieren.

- Die Mitarbeiter beantworten regelmäßig die Frage, mit wem sie unbedingt wieder zusammenarbeiten möchten oder an wen sie sich wenden, wenn sie Fragen haben oder Unterstützung benötigen. Kollegen, die häufiger genannt werden, erfahren auf diese Weise eine deutliche Wertschätzung. Werden Kollegen von niemandem benannt ist dies ein klares Signal, dass sie sich mehr engagieren müssen.

- Mit einem recht einfachen System können Mitarbeiter unterstützt und veranlasst werden, ihren Kollegen positives und kritisches Feedback zu geben. Positives Feedback wird in Form von Kärtchen an einer Wand aufgehängt, in Form von symbolischen Figuren am Arbeitsplatz aufgestellt oder als persönliche Danksagung auf einer elektronischen Plattform formuliert, die andere einsehen können.[90] Kritisches Feedback sollte bilateral, zeitnah und mündlich erfolgen. Falls dies (noch) nicht gelebt wird oder schwierig ist, kann auch eine anonyme und weder für Vorgesetzte noch andere Kollegen einsehbare Plattform zur Übermittlung von kritischem Feedback eingesetzt werden. Kritisches Feedback droht keine Konsequenzen an, sondern ist lediglich das Signal, dass jemand aus dem Team mit der Leistung nicht zufrieden ist und übermittelt konkrete Erwartungen, was der Empfänger ändern soll.

- Die Mitarbeiter werden aufgefordert, sich zu überlegen, welche Maßnahmen die anderen Kollegen ergreifen sollten, um ihre Leistung zu verbessern. Diese Rückmeldung erfolgt sowohl bezüglich der vermehrten Nutzung von Stärken als auch der Beschäftigung mit relevanten Schwächen. Der Austausch kann entweder im persönlichen Gespräch erfolgen, über eine schriftliche Befragung auf Papier, per E-Mail oder auf einer digitalen Plattform. Dieses Verfahren kann ein regelmäßiger von außen angestoßener Prozess sein oder eine stetige Routine, die ähnlich einer Fitnessapplikation implementiert wird: Jeder Mitarbeiter setzt sich ein Ziel, wie häufig er Feedback geben und erhalten möchte, und wird automatisch aufgefordert, dieses zu geben oder einzuholen. Organisiert wird lediglich der Anlass zum Feedback-Austausch.

Bei allen diesen Prozessen ist wichtig, dass diese nicht die Vorstufe eines Gesprächs mit dem Vorgesetzten bilden, sondern in sich abgeschlossen sind. Es geht darum, das Team in die Verantwortung zu nehmen, für die Leistung des Teams und jedes Einzelnen.

Falls es nicht gelingt, einen leistungsschwachen Kollegen in einen akzeptablen bis guten Bereich zu führen, weder durch persönliche Gespräche, anonymes Feedback, fehlende Anerkennung oder klar formulierte Kritik, sollte dem Team ein transparenter Prozess zur Verfügung stehen, um ein Mitglied aus dem Team auszuschließen. Dies beinhaltet nicht zwingend eine Kündigung.

---

90 Dazu gibt es inzwischen eine eigene Kategorie an Software-Lösungen, z. B. Achievers, Bonusly, Globoforce, Kudos, Rypple (von Salesforce akquiriert) oder mit einem etwas anderen Ansatz *Daily Highlights* von Haufe-umantis.

Die Möglichkeit zur finalen Konsequenz der Trennung ist wichtig. Wir müssen aber darauf achten, den Prozess so zu gestalten, dass er nicht als Mobbing-Instrument gegen unliebsame Kollegen missbraucht werden kann. Dazu gibt es noch keine finalen Antworten. Es erfordert Fingerspitzengefühl und eine gute Betreuung des Prozesses und aller Beteiligten. Andererseits gibt es Beispiele aus anderen Lebensbereichen, in denen die letzte finale Konsequenz keine moralischen Bedenken auslöst. Wenn Sie einen Handwerker engagieren und er keinen guten Job macht, trennen Sie sich von ihm – für kommende Aufgaben werden Sie ihn nicht erneut beauftragen. Ebenso verfahren Sie bei einem Restaurant, das Sie nicht überzeugt hat – Sie gehen nicht mehr hin. Die Alternative zur Trennung durch Entscheidung des Teams ist nicht zwingend besser. Auch Vorgesetzte treffen nicht immer nur objektive Entscheidungen. Selbst Arbeitsschutzgesetze verbessern die Situation für den einzelnen Mitarbeiter nur bedingt – nicht selten sind sie hingegen Anlass für verstecktes Mobbing, um den Mitarbeiter selbst zur Trennung zu veranlassen. Eine solche Entscheidung muss auch für den betroffenen Mitarbeiter nicht zwingend negativ sein. Es kommt häufig vor, dass ein leistungsschwacher Mitarbeiter in einem anderen Umfeld bessere Leistung erbringen kann. Dies hat einen positiven Einfluss auf sein Wohlbefinden und Selbstwertgefühl. Unsere Erfahrung zeigt, dass das Team nur in Extremfällen eine Kündigung ausspricht – und damit vermutlich später, als dies Vorgesetzte machen würden. Um diesem Umstand Rechnung zu tragen, empfehlen wir einen Prozess, der von beiden Seiten angestoßen werden kann: vom Team oder vom Vorgesetzten.

Das Team sollte auch über Möglichkeiten verfügen, über Konsequenzen für gute Leistungen zu entscheiden, etwa durch die Anpassungen von Löhnen (S. 247ff) oder durch Beförderungen (S. 159ff).

LEISTUNGSGERECHTE ENTLOHNUNG
Wie Ihr Lohnsystem fairer wird

Worum geht es?

Wenn Lohn und Bonus die Anerkennung guter Leistung darstellen und nicht als Motivator missverstanden werden – dann funktioniert Entlohnung.

Status quo: Belohnung verdrängt Motivation

> „Die Bonuspraxis in den Unternehmen ist die Krankheit,
> für deren Heilung sie sich hält."
> *Reinhard F. Sprenger* (2014)

Es gibt zu diesem Thema zahlreiche Studien und Bücher. Renommierte Forscher[91] gehen inzwischen davon aus, dass das In-Aussicht-Stellen finanzieller Belohnung bei Wissensarbeitern nicht zu besseren Ergebnissen führt, sondern zu schlechteren. Einzig bei manueller Akkordarbeit wurde eine positive Wirkung erzielt – hierfür wurde dieses Instrument ursprünglich erschaffen.

ZWEI KURZGESCHICHTEN ZUM THEMA MOTIVATION
Diese folgenden Geschichten stellen die Zusammenhänge von Motivation und Belohnung anschaulich dar. Bei der ersten wird die intrinsische Motivation durch extrinsische Anreize verdrängt, die zweite Geschichte zeigt den Zusammenhang von Sinn, Motivation und Belohnung.

Der alte Mann und die spielenden Kinder
Ein alter Mann wohnt in einem Haus mit einem gemeinschaftlichen Garten. Er ärgert sich über das lärmende Spiel der Nachbarskinder. Eines Tages geht er zu den Kindern und gibt ihnen 10 EUR. „Warum gibst Du uns Geld?", fragt eines der Kinder. „Weil ihr so schön spielt", erwidert der alte Mann.

---

91 Vgl. z. B. Pink (2011) und die darin erwähnten Studien.

Die Kinder freuen sich und spielen weiter. Am nächsten Tag gibt der alte Mann ihnen mit derselben Begründung erneut 10 EUR, am nächsten Tag wieder und dies über mehrere Tage hinweg. Irgendwann gibt er ihnen nur noch 5 EUR. „Warum gibst Du uns nur noch 5 EUR?", fragt eines der Kinder. „Ich kann euch nicht mehr geben", erwidert der alte Mann und gibt im weiteren Verlauf nur noch 5 EUR täglich. Eines Tages gibt er ihnen nur noch einen Euro. „Warum gibst Du uns nur noch einen Euro?", fragt eines der Kinder. „Weil ich euch nicht mehr geben kann", erwidert der alte Mann. Darauf sagen die Kinder: „Puh, für einen Euro spielen wir nicht!" und spielen nie wieder im Garten.

Warum smarte Ziele[92] nicht klug sind

Zwei Gruppen von Kindern erhalten die Aufgabe, anderen Kindern etwas beizubringen, beispielsweise zu rechnen, zu schreiben oder zu basteln. Die erste Gruppe bittet man einfach, es zu tun. Der zweiten Gruppe verspricht man Süßigkeiten, wenn sie das Lernziel erreichen. Welche Gruppe ist erfolgreicher?

Die Bonussysteme in Unternehmen sind nach dem Prinzip der zweiten Gruppe gestaltet. Man könnte deshalb annehmen, dass die zweite Gruppe mit klar definierten, messbaren Ziele und einer Gratifikation erfolgreicher ist. Tatsächlich ist es aber die erste Gruppe. Sie muss sich nämlich überlegen, warum sie macht, worum sie gebeten wurde. Die Kinder identifizieren Sinn und auch Motivation darin, dass andere Kinder etwas lernen – und sie erfreuen sich daran. Der zweiten Gruppe nimmt man die Sinnsuche ab – es geht offensichtlich schlicht darum, die Süßigkeiten zu bekommen. Sie suchen also nach dem effizientesten Weg, das definierte Ziel zu erreichen, um die Belohnung zu erhalten. Der Fokus der Aufmerksamkeit liegt ganz klar auf der Belohnung und nicht auf der Aufgabe selbst.

92 SMART im Sinne von spezifisch, messbar, akzeptiert, realistisch, terminiert.

Anregung: Lohn als Konsequenz guter Leistung

Lohn und insbesondere Bonuszahlungen sollten wir als die Konsequenz guter Leistung verstehen und nicht als Grund oder Anreiz dafür. Im Englischen heißt es *Pay for Performance* (Lohn für Leistung) und nicht *Pay to get Performance* (Lohn, um Leistung zu erhalten). Lohn und Boni sollten als faire Beteiligung am wirtschaftlichen Erfolg gesehen werden, den alle gemeinsam erzielt haben.

Auch in diesem Bereich sehen wir aktuell kaum klare, allgemein übertragbare Lösungen. Wir skizzieren hier einige Ansätze:

- Mitarbeiter können ihren Lohn selbst festlegen
  Die Mitarbeiter besprechen ihre Vorstellungen mit dem Vorgesetzten, der klar kommuniziert, welche Erwartungen er mit dieser Höhe an Lohnzahlung verknüpft. Wenn mittelfristig eine Diskrepanz zwischen der Leistungserwartung und der tatsächlichen Leistung besteht, muss im Gespräch eine Lösung gefunden werden – entweder wird der Lohn reduziert, der Mitarbeiter steigert seine Leistung oder er muss das Team/Unternehmen verlassen.

- Alle Mitarbeiter erhalten denselben Lohn
  Manche Unternehmen bezahlen allen Mitarbeitern denselben Lohn. Dieser kann durchaus Abstufungen enthalten, sodass Lohngruppen nach bestimmten Kriterien (wie z. B. Berufserfahrung oder auch Bedarf) gebildet werden, innerhalb derer alle Mitarbeiter gleich viel verdienen. Es liegt im Auge des Betrachters zu entscheiden, inwieweit dies ein innovatives Modell oder ein althergebrachtes Tarifsystem darstellt.

- Das Team kennt alle Löhne und entscheidet darüber
  Die Löhne sind im Unternehmen für alle transparent. Falls jemand eine Lohnveränderung wünscht, kommuniziert er seine Überlegungen im Team und legt seine Beweggründe dar. Das Team entscheidet dann über die Lohnentwicklung.

- Jeder legt seinen Lohn transparent selbst fest
  Jeder Mitarbeiter kann seinen Lohn selbst festlegen. Er muss diesen jedoch vor dem Team vertreten und das Team gibt ihm Feedback.

- Vorgesetzte entscheiden aufgrund von Feedback
  In einem ersten Schritt stufen alle Mitarbeiter ihre Kollegen auf einer Skala von Anfänger bis Guru ein. Alle Mitarbeiter werden dann der Gruppe zugeteilt, in die sie am häufigsten eingestuft wurden. Bei großen Differenzen bei den Einschätzungen entscheiden die Vorgesetzten zwischen den am häufigsten genannten Gruppen. Im zweiten Schritt geben die Mitarbeiter Rückmeldung zur Leistung ihrer Kollegen in Abhängigkeit von der Gruppe, z. B. „Fredericke Meier ist als Guru eingestuft. Wie schätzt Du ihre Leistung ein im Vergleich zu dem, was Du von einem Guru erwartest: über den Erwartungen, gemäß der Erwartungen oder unter den Erwartungen?" Die Vorgesetzten berücksichtigen diese Ergebnisse und entscheiden dann über Lohn und Bonus. Dabei sollten Lohnanpassungen die Niveaus innerhalb der Gruppen angleichen, Boni sollten einerseits allfällige Lohndifferenzen des letzten Jahres innerhalb der Gruppe ausgleichen und andererseits besondere Leistung honorieren.

Wir erwarten und hoffen, dass es gerade im Bereich der Entlohnung verstärkt zu Innovationen und Experimenten kommen wird – und wir uns dazu auf os.haufe.com austauschen können (siehe S. 285ff). Die Entlohnungssysteme in Unternehmen müssen dringend wieder agiler gestaltet werden. Für freie Mitarbeiter und Selbstständige ist dies seit jeher selbstverständlich.

PRAXISBEISPIEL: DAS GEHALTSSYSTEM BEI ELBDUDLER
Was macht Elbdudler?
Elbdudler ist eine in Hamburg ansässige Agentur für digitale Markenkommunikation. Das Kleinunternehmen hat Schlagzeile gemacht, als dort ein neues Konzept eingeführt wurde: Die Mitarbeiter dürfen sich ihr Gehalt selbst aussuchen. Um die Höhe des eigenen Gehalts zu bestimmen, wird zunächst eine Übersicht mit allen aktuellen Gehältern verfügbar gemacht. Im Anschluss listen die Mitarbeiter ihre Wunschgehälter auf und sollen sich dabei vier Fragen stellen: Was brauche ich? Was verdiene ich auf dem freien Markt? Was verdienen meine Kollegen? Was kann sich die Firma für mich leisten? Alle Einnahmen und Ausgaben sind bei Elbdudler transparent.

Welche Herausforderungen hat Elbdudler?
Eine solche Unternehmensorganisation entspricht nicht der klassischen Arbeitssozialisation eines Mitarbeiters, weswegen manche nach deren Einführung auch das Unternehmen verlassen haben. Zudem ist es in Deutschland nicht üblich, offen über das Gehalt zu sprechen – nicht zuletzt deshalb, weil dadurch oftmals Neid aufkommt. Was bedeutet dieses Konzept für die Mitarbeiter? Die gewährten Freiheiten fördern das Verantwortungsgefühl und die Selbstdisziplin jedes Einzelnen, sie fordern dies aber auch. Die Mitarbeiter spornen sich quasi selbst an, da auch entsprechende Leistungen von ihnen erwartet werden: Denn um die Wunschgehälter zu realisieren, muss der Pro-Kopf-Umsatz des Unternehmens um 18 Prozent gesteigert werden.

Welche Chancen bieten sich Elbdudler?

Was für andere wie eine Utopie klingt, wird bei Elbdudler einfach umgesetzt und funktioniert: Ein Zwischenstand zeigt, dass sich etwa ein Drittel eine Gehaltserhöhung verordnet. Ein weiteres Drittel diskutiert, bleibt aber in der Regel beim gleichen Gehalt und das letzte Drittel ist ohnehin mit dem aktuellen Gehalt zufrieden. Diese Art der Selbstbestimmung definiert Gehalt neu als Konsequenz von Leistung der Mitarbeiter selbst und fördert zugleich das unternehmerische Denken. Insgesamt werden die Elbdudler also – eigens angetrieben – motiviert, mehr zu leisten.

Was macht Elbdudler sonst noch?

Im Unternehmen gibt es flache Hierarchien und die Teams organisieren sich selbstbestimmt. Sie regeln ihre Einnahmen und Ausgaben selbst und können auch über eine Verstärkung des Teams eigenständig entscheiden. Die Elbdudler können eigenständig festlegen, wann sie wie viel arbeiten möchten und wo – das gilt auch für die Anzahl der Urlaubstage.

Weiterführende Links

- http://www.zeit.de/2014/15/hh-elbdudler-interview
- http://enorm-magazin.de/auf-kuschelkurs-zum-wunschgehalt
- http://t3n.de/magazin/grunderportrait-julian-vester-inkubator-blos-nicht-232029/
- http://www.express.de/news/politik-und-wirtschaft/geld/deutschlands-coolster-chef-er-laesst-mitarbeiter-selbst--ueber-ihr-gehalt-bestimmen-282620
- http://www.sueddeutsche.de/karriere/mitbestimmung-im-job-ich-verdiene-euro-fuer-einen-geschaeftsfuehrer-eher-wenig-1.2913625

WEITERE THEMEN
Wie Mitarbeiter Unternehmen führen

Es gibt zahlreiche weitere Themen, in denen Mitarbeiter stärker gestaltend eingebunden werden können, sollen und müssen. Exemplarisch seien hier die Budgetierung, die Produkt- und Preisgestaltung, die Personalplanung, Unternehmensverkäufe und -zukäufe oder die internationale Expansion aufgeführt. Viele Unternehmen experimentieren hier bereits mutig und sammeln Erfahrungen. Begleitend zu diesem Buch etablieren wir die digitale Plattform *os.haufe.com*, auf der Sie, werte Leserin und werter Leser, Ihre Erfahrungen mit anderen teilen und von den Erfahrungen anderer profitieren können. Damit möchten wir einen regen Austausch zum Betriebssystem von Unternehmen anregen und ermöglichen (dazu mehr ab S. 285ff).

Allen diesen Anregungen ist gemeinsam, dass sie Mut erfordern. Mut, Neues auszuprobieren und notfalls auch damit zu scheitern. Dazu möchten wir Sie mit dem nächsten Teil des Buches ermutigen.

ERMUTIGUNGEN
Wie Sie den ersten Schritt wagen

Es steht außer Frage, dass wir die Art der Zusammenarbeit in Unternehmen weiterentwickeln müssen.

- Das Marktumfeld ist dynamisch, komplex und fordert bestehende Unternehmen mit bahnbrechenden Innovationen heraus. Organisationen müssen deshalb agiler werden.

- Mitarbeiter werden anspruchsvoller, weil sie außerhalb von Unternehmen mündiger behandelt werden, als dies vielfach in Unternehmen der Fall ist.

- Mitarbeiter müssen deshalb mehr Kompetenz erhalten, sowohl im Sinne von Befugnissen als auch von Fähigkeiten.

- Technologien entwickeln sich rasant und teilweise sprunghaft. Sie müssen deshalb im Unternehmen richtig eingesetzt werden, um eine gute Infrastruktur für eine moderne Zusammenarbeit zu bieten.

- Unser Anspruch sollte nicht nur darin bestehen, von externen Einflüssen nicht überrannt zu werden. Wir sollten auch in der Lage sein, eigene Akzente zu setzen, unser Umfeld zu gestalten und dem Wettbewerb voraus zu sein.

All dies sind Herausforderungen, denen wir mit der Aktualisierung des Betriebssystems von Unternehmen begegnen wollen. Im Folgenden möchten wir Sie ermutigen, unabhängig von Ihrer Rolle, die Sie im Unternehmen einnehmen, sich als Architekt Ihres Betriebssystems zu begreifen. Im Anschluss stellen wir einzelne Methoden und Handlungsempfehlungen vor, die sich bei dieser schöpferischen Aufgabe als nützlich erwiesen haben, insbesondere

- bei der Identifikation von Handlungsfeldern (S. 268ff),

- bei der Analyse dieser Handlungsfelder (S. 272ff),

- bei der Modellierung möglicher Maßnahmen (S. 275ff) und

- in der Entwicklung Ihres eigenen Betriebssystems (S. 276ff).

DIE ARCHITEKTEN
Wie Sie zum Gestalter Ihres Betriebssystems werden

Sie müssen weder warten noch um Erlaubnis bitten.

Unser Umfeld und unsere Arbeitswelt ändern sich grundlegend. Es gibt keine Alternative zu Innovationen in der Organisation unserer Zusammenarbeit, unserer eigenen Weiterentwicklung und der Modernisierung unserer Infrastruktur. Niemand ist in der Lage, im Alleingang ein gesamtes Unternehmen grundlegend zu verändern, auch nicht die Geschäftsführung. Jeder Einzelne kann jedoch eigenständig die Initiative ergreifen und in seinem unmittelbaren Umfeld zum Architekten eines aktualisierten Betriebssystems werden.

Als Mitarbeiter
Wie Sie, ganz gleich in welcher Rolle, das Betriebssystem aktualisieren

„Liebe es, verändere es – oder lass' es sein."[93]

Niemand hat größeren Einfluss auf unsere Arbeit als wir selbst. Wir können selbst entscheiden, motiviert oder unmotiviert zu handeln. Wer die Verantwortung für den Grad seiner Motivation jemand anderem überträgt, gibt einen der wichtigsten Stellschrauben für seine eigene Leistung und Zufriedenheit aus der Hand. Natürlich gibt es externe Faktoren, die die eigene Arbeitsmotivation dämpfen können – um diese müssen wir uns aktiv kümmern. Wir dürfen uns aber nicht die Verantwortung für unsere eigene Motivation, unsere Leistung, unsere Entwicklung und unsere Zufriedenheit aus der Hand nehmen lassen. Das ist leichter gesagt als getan? Wahrscheinlich. Ziemlich sicher sogar. Wir alle aber wissen, dass dies der einzige und richtige Weg ist. Es gibt viele Möglichkeiten, dies in kleinen Schritten umzusetzen. Im Folgenden dazu einige Ermutigungen.

Ein erster Schritt kann darin bestehen, dass Sie die eigene Arbeit und den eigenen Beitrag für das Unternehmen reflektieren. Ebenso gilt es zu überlegen, welche Umstände Sie daran hindern, gute Arbeit zu leisten, und welche Ihrer Fähigkeiten Sie verstärken oder entwickeln wollen. Eine Anregung dazu haben wir im Praxistipp Fragen zur Aufgabendefinition und Zielsetzung (S. 122f) vorgestellt. Wie Sie Ihre Leistung erbringen und welche Kompetenzen Sie entwickeln, liegt in Ihrem eigenen Einflussbereich. Die Aufgabe, Hindernisse in Ihrem Arbeitsumfeld aus dem Weg zu räumen, betrifft meist auch andere und benötigt deshalb auch die Unterstützung durch andere.

---

93 „Love it, change it – or leave it." (Übersetzung des Autors).

Häufig hört man die folgenden (oder ähnliche) Klagen:

- „In meinem eigenen Arbeitsumfeld kann ich nichts ändern. Initiative und neue Ideen sind nicht erwünscht."

- „Vorgesetzte (oder Mitarbeiter, Kollegen, Unternehmensleitung, Eigentümer, Anspruchsgruppen) sehen die Notwendigkeit nicht oder wollen diese nicht sehen oder verstehen."

- „Es gibt zu viele Widerstände, Politik und Eitelkeiten im Unternehmen, um die Arbeitssituation nachhaltig zu verändern und den neuen Herausforderungen anzupassen."

Im einen oder anderen Fall mag diese Einschätzung durchaus zutreffen. Möglicherweise taugen einige unserer Ideen und Initiativen auch nicht. Meist hindern uns jedoch lediglich unsere bisherigen Erfahrungen und deren Interpretation daran, Veränderungen tatsächlich aktiv anzugehen.

Die folgenden Hindernisse resultieren aus Fehleinschätzungen:

- Der Chef hat gesagt ...
Dies ist eines der häufigsten Totschlag-Argumente gegen Eigeninitiative. Die Aussage basiert meist darauf, dass jemand Drittes eine Bemerkung des Vorgesetzten (subjektiv) interpretiert oder gar umgedeutet hat. Wie gehen Sie damit um? Fragen Sie direkt beim Chef nach. Sie werden feststellen, dass dieser dies häufig so gar nicht gesagt (oder gemeint) hat.

- Das geht rechtlich nicht ...
Tatsächlich verhindern oder erschweren einige Regeln und Vorschriften Veränderungen oder Ideen. Viel häufiger allerdings wird lediglich ein unklares Rechtsverständnis vorgeschoben, um Veränderungen zu verhindern. Dazu ein Beispiel: Auch wenn etwa das Datenschutzrecht untersagt, Fotos von Mitarbeitern in Stelleninseraten zu veröffentlichen, so ist dies dennoch mit dem ausdrücklichen Einverständnis der Mitarbeiter rechtlich möglich und gestattet. Ein weiteres, sehr anschauliches Beispiel betrifft die Kilometer-Pauschale: Bei der Reisekostenabrechnung wird diese Mitarbeitern meist nur in Höhe des steuerlich akzeptierten Betrags ausbezahlt. Eine höhere Zahlung verstößt allerdings gegen kein Gesetz – es kostet das Unternehmen lediglich mehr Steuern.

- Die anderen sind zu ...
Welche negative Einschätzung auch immer auf diese Einleitung folgt, meist geht es darum, dass man selbst es richtig machen würde, die anderen aber nicht. Man hört dies häufig bei Entscheidungen (die richtige – wenn auch unangenehme – versus die einfache, angenehme), bei Arbeiten für das Team (*Ich würde ja schon, aber die anderen nicht.*) oder bei Handlungen, die Mut erfordern (*Ich würde mich schon trauen, aber ich wäre der Einzige.*). Wenn wir begreifen, dass viele so denken, wird klar, dass

andere uns selbst vermutlich genauso einschätzen. Auch wir selbst machen zu selten oder für andere zu wenig sichtbar, was richtig ist. Sobald wir dies wagen, trauen sich andere vermutlich auch.

Eine wichtige Aufgabe von Wissensarbeitern zur Verbesserung des eigenen Umfelds besteht darin, den eigenen Chef zu führen. Peter Drucker (1974) beschrieb diese Aufgabe erstmals vor über 40 Jahren.[94] Wenn Sie überlegen, was Sie selbst benötigen, um gute Arbeit zu leisten – und sich gleichzeitig überlegen, welche Ziele und Herausforderungen Ihre Vorgesetzten haben, so werden Sie überlappende Interessen finden. Das kann ein erster Ansatzpunkt für einen Vorschlag sein. Kaum ein Vorgesetzter wird eine gute Initiative, die seine eigenen Ziele unterstützt oder seine Probleme löst, abschmettern.

Eine letzte, häufig befreiende Möglichkeit, das eigene Arbeitsumfeld zu verändern, besteht darin, den Arbeitsplatz zu wechseln. Mitarbeiter sind keine Leibeigenen. Es steht Ihnen jederzeit frei, zu gehen. Wenn Sie Bedenken haben, einen neuen Arbeitsplatz zu finden, sollten Sie Ihre Arbeitsmarktfähigkeit testen. Erhalten Sie keine Angebote, sollten Sie dies als Warnsignal verstehen und sich motivieren, Ihren Marktwert zu steigern. Es ist weder für Sie noch für Ihr Unternehmen von Vorteil, wenn Sie sich gefangen nehmen (lassen), weil Sie keine Alternativen haben. Erst wenn Sie selbst davon überzeugt sind, dass Sie freiwillig dort arbeiten, wo Sie arbeiten, finden Sie auch den Mut, unbequeme Dinge anzusprechen und zu verändern. Sie haben nichts zu verlieren, aber viel zu gewinnen. Davon profitiert letztlich auch Ihr Unternehmen.

Zur Steigerung der eigenen Arbeitsmarktfähigkeit und der eigenen Wirksamkeit im Unternehmen müssen wir als Mitarbeiter die Klaviatur der Formen der Zusammenarbeit erweitern und entsprechende Kompetenzen entwickeln – vom mitdenkenden Folgen bis hin zum Gestalten und Wirken in einem agilen Netzwerk.

Als Führungskraft
Wie Sie Ihre Rolle neu verstehen können

Als Führungskräfte befinden wir uns häufig in einer Sandwich-Position. Von oben herrscht hoher Erwartungsdruck an Ergebnisse, Innovation und Qualität, von unten werden Forderungen nach Mitbestimmung, Motivation und Unterstützung an uns herangetragen. Meist haben wir uns unsere Position hart erarbeitet und sind durch Fleiß, Kompetenz und Ausdauer aufgestiegen. Wir führen Mitarbeiter, sind für Budgets verantwortlich und können Entscheidungen treffen. Wenn wir ehrlich sind, ist die Realität jedoch ernüchternd: Mitarbeiter lassen sich schwerer führen und sind weniger dankbar als wir erwarten. Die Budgets sind vorbestimmt. Unser Entscheidungsspielraum ist deutlich eingeschränkt. Viele Dinge sind von oben vorgegeben und unsere Mitarbeiter fordern weit mehr Entscheidungsspielraum ein als wir selbst haben.

---

94 *Managing the boss* Drucker (2008).

Wer die Augen vor den Zeichen der Zeit nicht verschließt, erkennt Folgendes: Durch neue Technologien und Formen der Zusammenarbeit sind jenseits von Unternehmen die Zwischenschichten – sogenannte Intermediäre – zwischen Kunden und Lieferanten verschwunden. Dieses Schicksal hat bereits Reisebüros, Bankschalter und Büchereien ereilt. Sie waren gezwungen, sich neu und vor allem anders zu erfinden. Heute existieren sie in deutlich verringerter Anzahl. In anderen Branchen findet dieser Wandel derzeit ebenso statt. Diese Entwicklung betrifft nicht nur Märkte und Produkte. Sie macht auch vor der Organisation in Unternehmen keinen Halt. Die Intermediäre in Unternehmen sind die Führungskräfte des mittleren Managements und die Stabsabteilungen. Wir müssen also unsere Aufgaben dringend neu definieren, ein anderes Selbstverständnis entwickeln und unseren Stolz aus anderen Tätigkeiten schöpfen. Diese Entzauberung unserer Rolle stellt eine enorme Herausforderung dar, da wir damit zunächst unsere hart erarbeitete Position aufs Spiel setzen. Die Geschichte wird darauf allerdings keine Rücksicht nehmen.

Die Entzauberung birgt andererseits auch große Chancen: Wir müssen künftig nicht mehr unfehlbare Helden mit übermenschlichen Fähigkeiten sein. Wir können uns auf die Aufgaben fokussieren, die unseren Stärken entsprechen, und die übrigen Aufgaben mit dem Team teilen. Wir dürfen und müssen unser Team mit in die Verantwortung nehmen – mit allen Vor- und Nachteilen, die damit einhergehen. Für diese Herausforderungen müssen wir unsere Kompetenzen weiter entwickeln und ausbauen. Der Entzauberungsprozess erfordert den offenen und ehrlichen Dialog mit dem Team, um die wechselseitigen Erwartungen abzugleichen und gemeinsam neue Spielregeln der Zusammenarbeit zu definieren.

Dazu steht uns ein gewisses Instrumentarium zur Verfügung:

- Fordern Sie Ihre Mitarbeiter auf, ihre Aufgaben und ihren Beitrag für das Unternehmen zu durchdenken (Praxistipp, S.122ff).

- Erarbeiten Sie gemeinsam mit Ihrem Team die Ziele und die Strategie Ihres Bereichs. (S. 119ff).

- Beziehen Sie Ihr Team in den Einstellungsprozess ein – das aktiviert das Engagement und die Verantwortung (S. 137ff).

- Führen Sie Wahlen für Ihre eigene Position ein und nutzen sie diese für einen ernsthaften Dialog mit Ihren Mitarbeitern und Anspruchsgruppen (S. 159ff).

- Arbeiten Sie unter Ihrem Nachfolger im Team und entwickeln Sie damit Ihre Führungskompetenz weiter (S. 179ff).

- Nutzen Sie die weiteren Anregungen (S. 103ff und S. 217ff).

Alle diese Maßnahmen können Sie eigenständig für Ihren eigenen Verantwortungsbereich einführen. Einiges davon praktizieren Sie wahrscheinlich schon auf die eine oder andere Weise. Einige Vorschläge erfordern Mut, Vertrauen und eine wohlüberlegte Einführung. Schlägt ein Versuch fehl, können Sie und Ihr Team daraus lernen und es beim nächsten Mal besser machen. Wenn er gelingt, sind die Ergebnisse den Mut und das Risiko allemal wert.

Alle diese Anregungen betreffen Ihr Aufgabenspektrum bei der Teamführung. In der Beziehung zu Ihrem Vorgesetzten und den Führungskollegen gelten die Anregungen aus dem Kapitel Als Mitarbeiter (S. 257f).

Die Revolution ist nicht aufzuhalten. Wir können jedoch entscheiden, ob wir die Rolle des Reisebüros einnehmen, das sich Änderungen widersetzt und unweigerlich untergeht – oder uns zum Anbieter einer Reiseplattform transformieren, mit einem neuen Selbstverständnis von der eigenen Leistung und einem anderen Kunden- und Lieferantenverhältnis. Selbstverständlich werden sich unsere Aufgaben nicht alle verändern, nicht alle unsere Kompetenzen werden überflüssig und es wird weiterhin viele Bereiche geben, in denen die bewährte Führungsarbeit notwendig und wirksam ist.

Als Führungskräfte sind wir gefordert, die Klaviatur unserer Führung zu erweitern – von guter Weisung und Kontrolle hin zum Gestalter und Betreiber eines agilen Netzwerks. Dazu müssen wir neue Kompetenzen entwickeln, die vermehrt auf die Koordination der teaminternen Zusammenarbeit und die Kooperation mit anderen Teams auf unterschiedlichen Stufen des Betriebssystems ausgerichtet sind. Wir müssen zudem die passende Infrastruktur anbieten, um diese neuen Formen der Zusammenarbeit zu ermöglichen.

Als Personalexperte
Wie Sie den Wandel positiv nutzen

Viele Personalexperten haben ihren Beruf gewählt, weil sie gerne mit Menschen zusammenarbeiten und ein gutes und faires Umfeld für Menschen schaffen wollen. Das, was wir als Personalexperten heute täglich tun, hat meist wenig damit zu tun. Les Hayman (2010), der ehemalige Personalvorstand von SAP und Verwaltungsrat von Haufe-umantis, stellt die bisherige und künftig notwendige Entwicklung der Personalarbeit als Treppe mit vier Ps dar:

Die Entwicklung der Personalarbeit

Die meiste Zeit investieren wir heute in die Polizeiarbeit. Wir achten darauf, dass Vorschriften eingehalten werden, dass Prozesse ordnungsgemäß durchgeführt werden und dass Personalentscheidungen möglichst objektiv und fair getroffen werden. Diese Aufgaben sind zweifelsohne wichtig, für eine gute Personalarbeit jedoch längst nicht mehr ausreichend. Unternehmensberater haben in den letzten Jahren empfohlen, dass sich Personaler zu Geschäftspartnern der Linie entwickeln. In unserem Kontext betrachtet werden wir auf diese Weise bestenfalls zum Reisebüro, das der Kunde aufsucht, sofern er eine Dienstleistung benötigt. Doch was ist, wenn kein Kunde kommt? Unsere Daseinsberechtigung als Partner und Dienstleister ist in Frage gestellt und damit unsere Existenz bedroht.

Häufig beschäftigen wir uns zudem mit Problemfällen: mit einem schwierigen Vorgesetzten, dessen Team Unzufriedenheit und eine hohe Fluktuation aufweist; mit Fehlverhalten, das wir durch den Erlass neuer Vorschriften künftig verhindern sollen; mit Schwächen von Mitarbeitern und Vorgesetzten, die wir mit Aus- und Weiterbildung beheben sollen; mit mangelnder Sorgfalt oder Termintreue bei der Durchführung von Personalprozessen und dem Ausfüllen von Formularen.

> Als Personalexperten beschäftigen wir uns zu 80 Prozent unserer Zeit mit den maximal 20 Prozent der Menschen im Unternehmen, die einen Problemfall darstellen. Dies prägt 100 Prozent unserer Meinung über unfähige Vorgesetzte und unreife Mitarbeiter.

Den einzigen Ausweg bietet die Perspektive, sich selbst als Gestalter im Unternehmen zu verstehen. Es ist unsere Aufgabe, die Zukunft des Unternehmens aktiv mitzugestalten. Dies gelingt durch die Entwicklung zum Architekten des Betriebssystems unseres Unternehmens. Richten wir also unser Augenmerk auf die positiven Beispiele, auf die erfolgreichen und angesehenen Vorgesetzten und auf die verantwortungsvollen und engagierten Mitarbeiter. Fragen wir uns, wie wir diese Menschen stärker unterstützen können, damit sie noch bessere Arbeit leisten, und wie wir ihren Erfolg im Unternehmen sichtbar machen können. Starten wir damit, Scrum in unserem eigenen Team einzuführen.

Als Architekten eines aktualisierten Betriebssystems leisten wir einen maßgeblichen Beitrag zum nachhaltigen Erfolg unseres Unternehmens. Wir stoßen plötzlich auf offene Ohren und gewinnen an Profil – nicht weil wir uns *wichtig machen*, sondern weil wir *Wichtiges machen*. Dies erfordert eine Erweiterung der Klaviatur unserer Personalaufgaben und Fachkompetenzen – von klassischer Personalarbeit zur Architektur eines Betriebssystems. Wir können das Verständnis für diese Entwicklungen im Unternehmen wecken und vertiefen. Wir können Vorzeigeteams unterstützen und deren Erfolgsmethoden bekannt machen. Wir können wechselseitige Lernprozesse initiieren und organisieren. Wir können Coach und Mentor für besondere Fälle werden – sowohl für besonders schlechte als auch für besonders gute. Wir können die erforderliche Infrastruktur mit den unterschiedlichen Anspruchsgruppen abstimmen, einführen und unterhalten.

Als Betriebsrat
Wie Sie Mitbestimmung neu gestalten

Die Vertretung der Mitarbeiterinteressen wird in Unternehmen unterschiedlich wahrgenommen. Während in einigen Unternehmen eine konstruktive und zukunftsorientierte Zusammenarbeit zwischen Mitarbeitervertretung bzw. Betriebsrat und der Unternehmensleitung vorherrscht, ist bei anderen die Atmosphäre eher konfrontativ. Das Betriebssystem der Zukunft bietet durch den direkten Einbezug der Mitarbeiter eine große Chance für Unternehmen. Es verändert allerdings zwangsläufig die Aufgaben und die Daseinsberechtigung von Betriebsräten. Sie werden nicht mehr als Sprachrohr von Mitarbeitern fungieren oder für diese Entscheidungen treffen. Die Mitarbeiter werden sich künftig selbst Gehör verschaffen und direkt selbst mitentscheiden können. Als Betriebsrat werden Sie weiterhin eine wichtige Aufgabe wahrnehmen, in Gremien und Entscheidungsprozessen mitwirken, um die Interessen der Mitarbeiter zu wahren, Entscheidungen vorbereiten, Mitarbeiter über Entwicklungen und anstehende Entscheidungen informieren und Empfehlung abgeben. Entscheidungen werden künftig deutlich transparenter und wann immer sinnvoll und möglich unter Einbezug der Mitarbeiter getroffen (siehe S. 229ff).

Als Betriebsrat müssen Sie die Klaviatur Ihrer Aufgaben um Elemente erweitern, die der Aufklärungs- und Mobilisierungsarbeit von Nichtregierungsorganisationen ähneln. Dabei geht es nicht um einen Konfrontationskurs, sondern um die aktive Gestaltung eines informierten und konstruktiven Miteinanders, das engagierte inhaltliche Auseinandersetzungen in einem fairen Rahmen ermöglicht. Sie führen die Mitbestimmung 2.0 in Ihrem Unternehmen ein – eine Mitbestimmung, die mit modernen Technologien und neuen Formen der Zusammenarbeit alle Mitarbeiter gleichermaßen erreicht.

Als Geschäftsführer
Wie Sie Ihr Unternehmen in (die) Zukunft führen

Als Geschäftsführer haben Sie die größten Möglichkeiten, das Betriebssystem flächendeckend zu aktualisieren und damit Ihr Unternehmen agiler, innovativer und schneller zu machen. In Ihrer Rolle verfügen Sie jedoch auch über den größten Hebel, negative Konsequenzen von Fehleinschätzungen und Fehlentscheidungen zu potenzieren. Viele Innovationen, die das neue Betriebssystem benötigt, beginnen experimentell mit Versuch und Irrtum. Es ist wichtig, dass Sie trotz Ihrer Gesamtverantwortung für das Unternehmen die einzelnen Teams als Experimentierzellen betrachten, in denen Sie gemeinsam mit den Verantwortlichen lokal begrenzte Experimente durchführen. Dies beschleunigt den Prozess von Durchführung, Lernen, Anpassung und weiterer Durchgänge enorm. Zugleich schränkt es die Risiken ein, falls ein Experiment misslingt. Die verschiedenen Teams können voneinander lernen und schneller zu guten Ergebnissen gelangen.

Sie berücksichtigen mit einem solchen Vorgehen, dass sich nicht alle Bereiche Ihres Unternehmens radikal verändern müssen. In einigen Bereichen genügen leichte Modernisierungen des Betriebssystems, beispielsweise moderne und wirksame Weisung und Kontrolle unter Einbezug der Mitarbeiter. In anderen Bereichen müssen radikalere Aktualisierungen vorgenommen werden, bis hin zu einem selbstorganisierten, agilen Netzwerk. Lokal begrenzte Ansätze tragen diesen unterschiedlichen Gegebenheiten Rechnung. Die konkreten Maßnahmen gestalten sich ähnlich wie für jede andere Führungskraft (S. 259ff).

Aktualisieren Sie Ihr Betriebssystem nicht, werden mittelfristig andere Unternehmen – mit einem passenderen Betriebssystem – erfolgreicher sein. Wenn Sie wagen, Grundsätzliches in Frage zu stellen, Mitarbeitern Vertrauen entgegenzubringen, die Kontrolle ein Stück weit abzugeben und Ihre eigene Rolle anders zu definieren, werden Sie von den Ergebnissen positiv überrascht sein.

Als Geschäftsführer sind Sie für die direkte Zusammenarbeit mit weiteren Anspruchsgruppen verantwortlich, insbesondere dem Aufsichtsrat und den Eigentümern. Sofern Sie diese Funktionen in Personalunion einnehmen, haben Sie weniger Handlungsbedarf. Gibt es mehrere Eigentümer und / oder Aufsichtsräte, ist es wichtig, zunächst für ein

Verständnis bezüglich des Handlungsbedarfs zu sorgen. Zeigen Sie insbesondere die Gründe und Zusammenhänge auf[95] und leiten Sie daraus die Notwendigkeit ab, das Betriebssystem Ihres Unternehmens zu aktualisieren und zu erweitern. Verschweigen Sie nicht, dass dieser Weg Innovationen erfordert und auch Rückschläge und Misserfolge beinhaltet, die für einen produktiven Lern- und Verbesserungsprozess erforderlich sind. Die Darstellung des Quadranten und ein Quadranten-Check (S. 299ff) eignen sich hervorragend für eine Präsentation und Einführung in die Problematik.

Als Geschäftsführer tragen Sie die Gesamtverantwortung, das Betriebssystem Ihres Unternehmens zu aktualisieren. Dazu müssen auch Sie Ihre Führungsklaviatur erweitern – von guter Weisung und Kontrolle zum Architekten, Gestalter und Betreiber agiler Netzwerke im Unternehmen. Ihre Hauptaufgabe besteht in der Ausgestaltung der Schnittstellen zwischen den Einzelnetzwerken und den übrigen Teams im Unternehmen. Sie können mutig vorangehen und dabei gezielt und bedacht die erforderlichen Risiken in Kauf nehmen. Damit werden Sie zum Vorbild für andere, für die Ihr Verhalten Ermutigung und Ansporn ist.

Als Aufsichtsrat
Wie Sie Ihre strategische Kontrollfunktion gestaltend nutzen

Der tatsächlich wahrgenommene Aufgabenbereich des Aufsichtsrates variiert je nach Unternehmen. Obwohl der formelle Auftrag in der Kontrolle des Vorstandes besteht, sollte sich der Aufsichtsrat durchaus mit der strategischen Perspektive des Unternehmens beschäftigen – als eine Kontrolle der Strategie und der Organisation. Damit gehört es auch zur Aufgabe des Aufsichtsrates, nach der Ausgestaltung des Betriebssystems des Unternehmens zu fragen – und Aktualisierungen anzuregen. Auch hier eignet sich als Ausgangspunkt der Quadranten-Check (S. 299ff).

Als Aktionär
Wie Sie gemeinsam mit anderen Ihre Investition gestalten

In kleineren Unternehmen haben Aktionäre häufig direkte Einflussmöglichkeit, meist durch Mitgliedschaft oder Vertretung in der Geschäftsleitung oder im Aufsichtsrat. In größeren, börsennotierten Konzernen haben Einzelaktionäre derzeit kaum Gestaltungsmöglichkeiten. Auch hier wird sich in Zukunft einiges ändern. Es wird digitale Plattformen geben, auf der einzelne Aktionäre sich hinsichtlich ihrer Interessen abstimmen, gemeinsame Vorschläge entwickeln und diese an den Vorstand herantragen. Insbesondere Aktionäre aus Streubesitz haben eine besondere Bindung zum Unternehmen. Vorstände werden dieses Potenzial aktiver nutzen – als Botschafter und Meinungsbildner für das

---

95   Vgl. Sichtweisen (S. 27ff). Die Stichworte dazu lauten: Wandel des Unternehmensumfeldes durch bahnbrechende Veränderungen, Wandel der Arbeit hin zur Wissensarbeit, Wandel der Infrastruktur zu mehr Zusammenarbeit.

Unternehmen, als Wissensquelle und Einschätzung des Marktes, als Kunden und als potenzielle Mitarbeiter. Aktionäre sollten diese Chancen nutzen, sich zunehmend für und mit dem Unternehmen zu engagieren. Ein agiles Unternehmensnetzwerk schließt Aktionäre, Partner und Kunden mit ein.

Als Geschäftspartner
Wie Sie sich mit Ihrem Partner agil vernetzen

Die Grenzen von Unternehmen verschwimmen zunehmend. In vielen Branchen sind schon heute Betriebe über ihre unmittelbare Wertschöpfungskette hinaus eng mit ihren Lieferanten und Vertriebspartnern verbunden. Die Automobilindustrie dient hier als Beispiel[96]. Automobilhersteller arbeiten sehr eng verzahnt mit ihren Zulieferern zusammen. Der ehemalige Porsche-Geschäftsführer Wendelin Wiedeking beschrieb in einem Interview: „Aufgrund der geringen Fertigungstiefe von 20 Prozent ließen sich zur Qualitätsverbesserung auch die Lieferanten einbinden. Gemeinsame Projektteams wurden gebildet und Zielvereinbarungen zur Fehlerreduktion eingeführt. Auf Basis der eigenen Erfahrungen und Erfolge konnte der interne Verbesserungsprozess in Form des P.O.L.E.-Programms[97] auf die Lieferanten übertragen werden."[98]

Als Geschäftspartner können Sie Ihre eigenen Unternehmensgrenzen durchlässiger machen und eine enge Zusammenarbeit von Mitarbeitern mit Lieferanten und Kunden in agilen Netzwerken ermöglichen und fördern. Ein erster, naheliegender Schritt ist eine gemeinsame Infrastruktur für Kommunikation und Zusammenarbeit. Über kurz oder lang wird diese ein gemeinsames Verständnis von Führung, Rollen und Verantwortung erfordern. Je enger Sie sich mit Ihren Lieferanten und Kunden vernetzen, umso wertvoller und weniger austauschbar wird Ihr Unternehmen für Sie.

Als Kunden
Wie Sie sich stärker einbringen können

Als Kunden sind wir es in vielen Bereichen heute bereits gewohnt, Teil des Herstellungsprozesses zu sein. Bei den meisten Dienstleistungen ist dies schon immer üblich und notwendig, beispielsweise kann uns ein Friseur ohne unsere Anwesenheit keinen neuen Haarschnitt verpassen. Durch erweiterte technische Möglichkeiten werden wir immer stärker auch in die Massenproduktion eingebunden – Konfiguratoren für den Autokauf, Vorversionen von Computer-Programmen oder dreidimensionale Drucker sind heute erst der Anfang. Wir müssen uns überlegen, wie wir uns einbinden lassen wollen, unter welchen Bedingungen wir mitarbeiten wollen und welche Ergebnisse wir erwarten. Nur dann können wir deutlich stärker Einfluss darauf nehmen, dass Unternehmen Produkte

---

96   Wolff (2005).
97   P.O.L.E = Prozessoptimierung durch Lieferanteneinbindung.
98   Kippels (1999).

auf eine Weise produzieren, wie wir dies wünschen. Koordinierte Forderungen und Aktionen von Kunden haben in der Vergangenheit selbst große Unternehmen dazu bewegt, Änderungen in der eigenen Organisation vorzunehmen.[99] Neue Formen des Informationsaustauschs, der netzwerkartigen Zusammenarbeit und die entsprechende Technologie werden diese Möglichkeiten noch erweitern. Gleichzeitig streben Unternehmen mit Konzepten wie Design Thinking [100], Ideenplattformen oder Mitgestaltung (Co-Creation) die engere Verzahnung mit Kunden an.

DAS VORHABEN
Wie Sie die richtigen Handlungsfelder identifizieren

In Unternehmen gibt es kontinuierlich eine Vielzahl von Baustellen und Initiativen – und eine noch größere Anzahl an Ideen und Vorschlägen. Es ist deshalb wichtig, die möglichen Handlungsfelder genauer anzusehen und die Energie und den Fokus auf das oder die richtigen zu lenken.

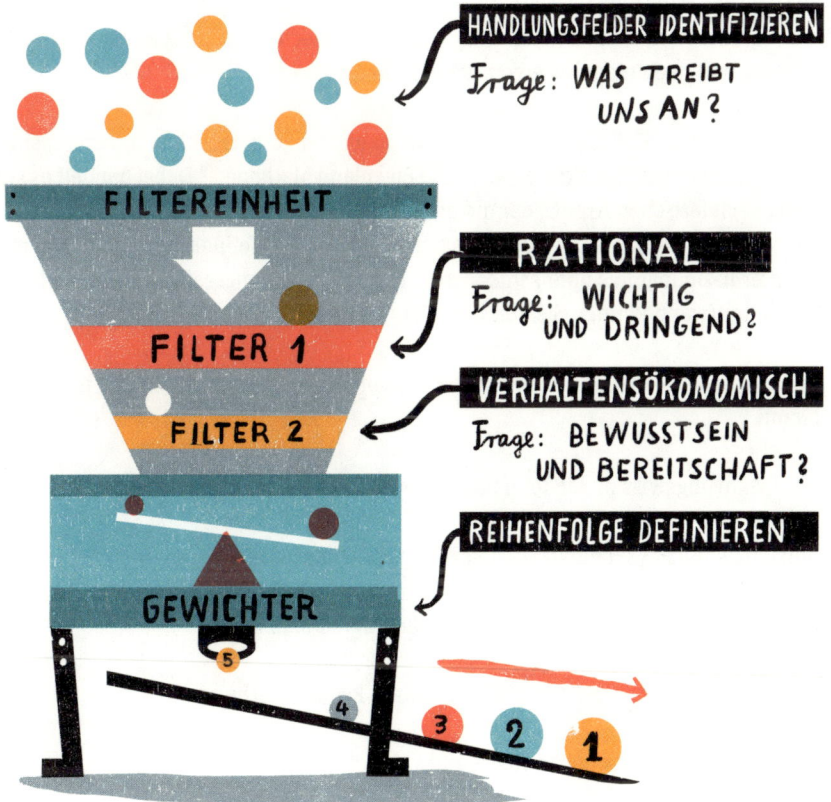

Die schrittweise Auswahl geeigneter Handlungsfelder

---

99 Beispielsweise bei Nike in den 1990er Jahren wegen Kinderarbeit in Asien oder bei Apple in den 2010er Jahren wegen der Arbeitsbedingungen insbesondere in China.
100 https://de.wikipedia.org/wiki/Design_Thinking.

Im Folgenden stellen wir Ihnen Methoden vor, um

- potenzielle Handlungsfelder möglichst breit und unvoreingenommen zu identifizieren (S. 268ff),

- diese Handlungsfelder nach rationellen Gesichtspunkten in Bezug auf Wichtigkeit und Dringlichkeit zu filtern (S. 270f) und

- die verbliebenen Handlungsfelder nach verhaltensökonomischen Kriterien im Bezug auf Bewusstsein und Bereitschaft zu sortieren (S. 270ff).

SCHRITT 1: QUADRANTEN-CHECK ODER EIGENLAND

Um eine Übersicht über mögliche Handlungsfelder zu bekommen, eignet sich der Quadranten-Check (S. 299ff) Er liefert Ihnen im Ergebnis die zentralen Herausforderungen Ihres Unternehmens und Sie bekommen eine erste Einschätzung von deren Relevanz für den Erfolg Ihres Unternehmens. Häufig stellt dies jedoch zunächst die Benennung der Symptome und noch nicht die eigentliche Ursache dar (dazu mehr S. 272ff).

Eine alternative Methode, um zentrale Themenfelder zu beleuchten und unterschiedliche Meinungen zusammenzutragen, ist die Eigenland-Methode.[101] Dabei handelt es sich um einen spielerischen Ansatz, der die intuitive Einschätzung aller Teilnehmenden mit zielgerichteten Analysen und Diskussionen verbindet. Die Teilnehmenden sollten möglichst interdisziplinär aus unterschiedlichen Teams zusammengesetzt sein. Den erforderlichen Zeitaufwand können Sie von zwei Stunden bis zu einem Tag selbst variieren.

Mit Eigenland können Sie in kurzer Zeit und mit geringem finanziellen und nervlichen Aufwand

- das Erfahrungswissen der Teilnehmenden zu Tage befördern,

- den Ist-Zustand erheben und erste Lösungsideen entwickeln,

- die Teilnehmenden von Betroffenen zu Beteiligten machen,

- sich auf die gewinnbringendsten Aktivitäten konzentrieren,

- Meinungsverschiedenheiten rasch und wertschätzend lösen.

---

101 http://www.eigenland.de/.

Den Ausgangspunkt bilden jeweils zehn Thesen. Jede These ist ein positiv beschriebener Ziel-Zustand, wie beispielsweise folgende Thesen zur Markt-Leistung:

- Wir sind von unseren Leistungen 100-prozentig überzeugt.

- Hindernisse in der Leistungserbringung wurden erkannt und beschrieben.

- Unsere Leistungen sind einfach zu verstehen und zu vermitteln.

Als Startpunkt gibt es erprobte Thesenkarten, mit denen Sie sofort beginnen können. Von den Erfindern der Methodik [102] gibt es beispielsweise Thesen zu Markt-Strategien, Unternehmens-Identität, Unternehmens-Profilierung, Markt-Leistung, Organisation sowie Markt-Kommunikation. Haufe bietet Ihnen Thesen zu den Mega-Herausforderungen Mitarbeitergewinnung und -bindung, Digitalisierung und Transformation, Hochleistung und leistungsorientierte Kultur, Innovation, Restrukturierung und Optimierung sowie Kundenzufriedenheit an. Sollten Sie ein anderes Themenfeld bearbeiten wollen, so können Sie selbst eigene Thesen entwickeln.

Eigenland – intuitive Einschätzung und zielgerichtete Analyse und Diskussion

Die Teilnehmenden werden aufgefordert, jede einzelne These intuitiv zu bewerten: Wie stark stimme ich dieser These in Bezug auf die Umsetzung in unserem Unternehmen zu? Die Bewertung erfolgt mit Wertungssteinen in Form von Bodenschätzen (Gold, Edelstein, Kristall, Perlmutt, Teer), die eine abgestufte Einschätzung von sehr gut bis mangelhaft ermöglichen. Jeder Teilnehmer bewertet zunächst für sich selbst. Dafür steht nur eine kurze Zeitspanne zur Verfügung, sodass das Resultat weniger rational, sondern rein intuitiv ist. Im Anschluss werden die Bewertungen für alle anderen sichtbar der jeweiligen These zugeordnet. Dabei können bereits erste wertvolle Diskussionen entstehen. Nachdem die Bewertungen jedes einzelnen zu allen zehn Thesen pro Themengebiet vorgestellt wurden, druckt der Moderator eine Auswertung aller Bewertungen für jeden Teilnehmer aus und projiziert die Ergebnisse zudem anschaulich an die Wand. So ist für alle sichtbar, wie stark die Zustimmung oder Ablehnung der Gruppe insgesamt zu einer These ist und wie ausgeprägt die Einigkeit der Gruppe bezüglich der Bewertung ist. Fokussiert auf die Themen mit den größten Meinungsdifferenzen und dem größten Handlungsbedarf ermöglicht dies eine spannende und einsichtsreiche Diskussion. Dabei entstehen häufig schon erste Vorschläge für Lösungsansätze.

SCHRITT 2: EISENHOWER-MATRIX

„Ich habe zwei Arten von Problemen, die dringlichen und die wichtigen. Die dringlichen sind nicht wichtig und die wichtigen sind niemals dringlich." [103]

In diesem Schritt entscheiden Sie, welches Handlungsfeld Sie als Erstes angehen wollen. Dazu ist eine Klassifizierung aller Themen auf Basis der Eisenhower-Matrix eine gute Hilfestellung.[104] Diese Matrix differenziert zwischen wichtigen und dringenden Anliegen, bildet diese in vier unterschiedlichen Feldern ab und gibt Empfehlungen, wie Sie mit den einzelnen Themen umgehen sollten.

	DRINGEND	NICHT DRINGEND
WICHTIG	ERLEDIGEN	TERMINIEREN
UNWICHTIG	DELEGIEREN	IGNORIEREN

SCHRITT 3: DAS BEA-VERHALTENSMODELL

Wenn Sie alle wichtigen und zugleich dringenden Themenbereiche für Ihr Unternehmen herausgefiltert haben, bleiben dennoch meist mehrere Themen mit hoher Priorität. Für eine darauf aufbauende Auswahl und Reihung bietet die Verhaltensökonomie ein hilfreiches Raster an: das BEA-Verhaltensmodell[105]. Dieses Modell geht davon aus, dass jeder Wandel – so auch die Aktualisierung des Betriebssystems – immer auch Änderungen des Verhaltens der Beteiligten erfordert. Das Modell hilft Ihnen bei der Entscheidung,

---

103 Eisenhower zitierte einen Universitätspräsidenten mit „I have two kinds of problems, the urgent and the important. The urgent are not important, and the important are never urgent." Eisenhower (1954) (Übersetzung des Autors).
104 Vgl. dazu Covey, Merrill, & Merrill (1996) und Covey (2013).
105 BEA steht für Behavioral Economics Approach (Fehr, Kamm, & Jäger, 2014).
Unser Dank gilt Gerhard Fehr und Marcus Veit, die uns diesen Ansatz näher gebracht haben.

welche Themen Sie als Erstes bearbeiten sollten, weil sie mit wenig Aufwand einen schnellen und spürbaren Erfolg erzielen können. Es gibt Ihnen zusätzlich generelle Hinweise, wie Eingriffe gestaltet werden können, um möglichst effektiv zu sein.

Das Modell geht davon aus, dass die zentralen Verhaltenstreiber Bewusstsein und Bereitschaft sind. Als Bewusstsein gilt das intuitive Gefühl, dass ein gewisses Verhalten erstrebenswert ist – also keine rationale Begründung sondern der Impuls zum Zeitpunkt der Handlung. Bereitschaft bedeutet, konkrete Aufwände für ein gewisses Verhalten auf sich zu nehmen. Wenn Bewusstsein und Bereitschaft hoch sind, genügen meist kleine Anstupser (nudges), um die erwünschte Verhaltensänderung tatsächlich auch zu erzielen. Je weniger an Bewusstsein oder Bereitschaft vorhanden sind, desto aufwendiger gestalten sich Verhaltensänderungen. Sie sollten deshalb mit Themen beginnen, bei denen ein hohes Bewusstsein und eine hohe Bereitschaft gegeben sind.

BEISPIEL
Pünktlichkeit bei Sitzungen

Nehmen wir an, ein identifiziertes Thema ist die Sitzungskultur in Ihrem Unternehmen. Sie erachten dies als wichtig und dringend und haben aus dem BEA-Verhaltensmodell geschlossen, dass es ein hohes Bewusstsein und eine hohe Bereitschaft gibt, die Sitzungskultur zu verbessern.

Sie wollen zunächst die Pünktlichkeit bei Sitzungen verbessern. Allen Kollegen ist *bewusst*, dass ein pünktlicher Sitzungsbeginn und ein pünktliches Sitzungsende wünschenswert sind. Alle sind *bereit*, den Aufwand hierfür auf sich zu nehmen, sofern alle anderen dies auch tun. In erster Linie sind nun Anstupser gefragt, damit diese Verhaltensänderung auch umgesetzt wird. Um einen pünktlichen Beginn zu gewährleisten, könnten Sie den Sitzungsleiter (oder jemand anderen) beauftragen, einige Minuten vor der Sitzung eine Erinnerung an alle Teilnehmenden zu senden. Um ein pünktliches Sitzungsende zu erzielen, könnte der Sitzungsleiter einen Alarm setzen, der fünf Minuten vor Sitzungsende ertönt. Nach diesem Alarm dürfen dann nur noch die nächsten Schritte geklärt werden, damit die Sitzung tatsächlich rechtzeitig endet.

Sie sollten sich zudem auf Konsequenzen einigen, wenn jemand weiterhin unpünktlich ist. Beispielsweise kann die Sitzung trotzdem pünktlich, d. h. ohne den Nachzügler beginnen. Wer zu spät kommt wird vom Sitzungsleiter öffentlich darauf angesprochen, dass er zu spät kommt, obwohl alle sich auf Pünktlichkeit verständigt hatten. Dies kann auch von jemandem aus der Gruppe übernommen werden. Kommt der Sitzungsleiter selbst nicht rechtzeitig, sind die übrigen Sitzungsteilnehmer berechtigt und verpflichtet, die Sitzung abzubrechen und den Raum zu verlassen. Der Sitzungsleiter muss dann einen neuen Termin anberaumen und dazu einladen. Bricht der Sitzungsleiter fünf Minuten vor Sitzungsende die inhaltliche Diskussion nicht ab, sollte ihn jemand in der Gruppe darauf aufmerksam machen.

Ein solches Verhalten erfordert Konsequenz und vor allem Beteiligte, die bereit sind, den Aufwand der Einforderung von Konsequenzen mitzutragen – selbst wenn sie sich dadurch unbeliebt machen. Deshalb ist die gemeinsame Vereinbarung von Konsequenzen wichtig, ebenso wie die wechselseitige Verpflichtung, diese Konsequenzen einzufordern und durchzusetzen.

Das Beispiel der Pünktlichkeit skizziert die Funktionsweise einer Intervention nach dem verhaltensökonomischen Ansatz. Für die Aktualisierung des Betriebssystems – auch in einzelnen Aspekten – sind die Interventionen deutlich komplexer und vielschichtiger. Unterschätzen Sie jedoch keinesfalls, wie wichtig gerade kleine Interventionen sind, die spürbare und schnelle Veränderungen bewirken – sie stärken die Bereitschaft im Team, auch größere Veränderungen mitzutragen. Auch Ihr Verhalten als Vorbild ist wichtig. Gehen Sie selbst mit gutem Beispiel voran, in diesem Beispiel sowohl in Sachen Pünktlichkeit als auch bei der Einforderung von Konsequenzen – andere werden Ihnen bald folgen. Eine Zusammenfassung des BEA-Verhaltensmodells und seiner Anwendung finden Sie als Arbeitshilfe 3 im Anhang (S. 304ff).

DIE ANALYSE
Wie Sie die Zusammenhänge analysieren

Im letzten Kapitel haben Sie Methoden kennengelernt, um zu entscheiden, mit welchem Handlungsfeld Sie beginnen möchten. Im Folgenden geht es um die Zusammenstellung einer Arbeitsgruppe, mit der Sie das Handlungsfeld analysieren und einen Projektplan erarbeiten.

SCHRITT 1: AUSWAHL DER TEILNEHMER

Für die anfängliche Zusammenstellung der Arbeitsgruppe helfen Ihnen folgende Fragen:

- Wer wirkt in diesem Handlungsfeld? Welches sind die handelnden Personen?

- Wer ist von diesen Handlungen betroffen?

- Wer kann den Erfolg von Veränderungen maßgeblich beeinflussen – sowohl ermöglichen als auch behindern?

In die Arbeitsgruppe laden Sie Vertreter aus jedem dieser drei Bereiche ein. Diese müssen bereit sein, ein signifikantes Maß an Zeit und Energie in das Projekt zu investieren. Im Laufe des Projektes kann es durchaus erforderlich werden, weitere Personen hinzuzunehmen.

SCHRITT 2: LEGO SERIOUS PLAY ALS PROJEKTAUFTAKT

Ein äußerst wirksames Analyseinstrument und zugleich eine teambildende Maßnahme ist Lego Serious Play[106]. Ich gebe an dieser Stelle gerne zu: Als ich erstmals mit dieser Methode in Berührung kam, hatte ich große Vorbehalte. Ein Workshop-Konzept, bei dem erwachsene Menschen mit Lego spielen? Der Tisch in der Mitte war übervoll mit Lego-Bausteinen. Es sah für mich eher nach erzwungener Andersartigkeit aus als nach einer seriösen Arbeitsmethode. Die eingehende Beschäftigung mit diesem Instrument und die Ergebnisse von zahlreichen Lego-Workshops – auch mit Geschäftsleitungen – lehrten mich eines Besseren.

„Spiele ölen den Körper und den Geist."[107]
Benjamin Franklin

Das Workshop-Konzept besteht darin, dass alle Teilnehmer bestimmte Fragestellungen durch Legobausteine *veranschaulichen*, wie beispielsweise die Ausgangslage, Projektziele oder Erfolgsfaktoren. Jeder Teilnehmer erläutert seine Überlegungen anhand seines Modells und erhält damit ähnliche Redeanteile. Man *begreift* sehr anschaulich, wie unterschiedlich die Teilnehmer auf verschiedene Aspekte schauen. Um zu einem gemeinsamen Bild zu kommen, können die Modelle sprichwörtlich *aufeinander aufbauen*. Von jedem Teilnehmer befinden sich am Ende einzelne Aspekte im Gesamtmodell.

Lego Serious Play, eine äußerst effektive und effiziente Methode

---

106 http://www.seriousplay.com und http://seriousplaypro.com.
 Unser Dank gilt Manuel Grassler, der uns diesen Ansatz näher gebracht hat.
107 „Games lubricate the body and the mind." zitiert nach Ballou (1899) (Übersetzung des Autors).

Ein Workshop mit Lego Serious Play zum Projektauftakt dient folgenden Zielen:

- Teambildung
  Meist haben die Mitglieder der Arbeitsgruppe in dieser Konstellation noch nie zusammengearbeitet. Für die Leistungsfähigkeit der Arbeitsgruppe ist es wichtig, dass die Mitglieder sich kennenlernen, sich gegenseitig vertrauen, gemeinsame Vorstellungen und ein gemeinsames Verständnis entwickeln und wichtige Begriffe gemeinsam definieren.

- Prinzipien der Zusammenarbeit
  Zum Projektauftakt sollten Sie im Projektteam definieren, wie Sie miteinander zusammenarbeiten wollen und was von jedem Mitglied erwartet wird. Sie sollten bereits zu einer ersten Rollenklärung der Mitglieder kommen, die sich im Laufe des Projektes weiter konkretisiert.

- Zusammenhänge
  Die Methodik eignet sich, um ein gemeinsames Bild der Gesamtsituation zu entwickeln, in die das Projekt eingebunden ist. Es bildet sich ein gemeinsames Verständnis, aus dem heraus das Projektteam erfolgreicher agieren kann.

- Projektumfang
  Das Team erarbeitet, welche Ziele das Projekt verfolgt, welche Themen im Projektumfang enthalten sein sollen und welche nicht.

- Einflussfaktoren
  Durch die Aufstellung der Projektsituation und die Abgrenzung des Projektumfanges identifiziert das Team Faktoren, die das Projekt positiv oder negativ beeinflussen können.

- Anspruchsgruppen
  Die Identifikation der Einflussfaktoren führt zur Identifikation der Anspruchsgruppen. Diese sollten entweder in das Projekt einbezogen oder gut informiert und nach ihrer Meinung gefragt werden.

- Erfolgskriterien
  Das Team kann ableiten, anhand welcher Kriterien es den Erfolg des Projektes messen will. Dies hilft während des Projektes, Kurs zu halten und die Energie nicht auf Nebenschauplätzen zu verpulvern.

Wir haben bisher keine andere Methode kennengelernt, die auch nur annähernd ähnlich gute Ergebnisse erzielt – und das in nur einem Tag. Eine Beschreibung unserer Vorgehensweise mit Lego Serious Play finden Sie als Arbeitshilfe 4 im Anhang (S. 308f).

DER PLAN
Wie Sie die Zusammenhänge veranschaulichen

„Das Bild stellt die Sachlage im logischen Raume, das Bestehen und Nichtbestehen von Sachverhalten vor."
Ludwig Wittgenstein (1963)

Nachdem Sie die Zusammenhänge analysiert und den Projektplan erstellt haben, bilden Sie als Nächstes die relevante Realität übersichtlich ab. Sie durchdenken und veranschaulichen damit die verschiedenen Aspekte und Wirkungszusammenhänge für Ihr Projekt und machen es durch ein überschaubares Bild handhabbar. Bei Haufe haben wir dazu die Methode des Metro Mappings entwickelt – Sie erstellen und nutzen eine Art U-Bahn-Plan für Ihr Thema. Jede Anspruchsgruppe bzw. Nutzergruppe stellt eine eigene, farblich gekennzeichnete U-Bahn-Linie dar. Mithilfe eines solchen Planes decken Sie verschiedene Fragestellungen in übereinander liegenden Schichten ab:

- Ist – Wie arbeiten wir aktuell zu diesem Thema zusammen?
- Wunsch – Wie wollen wir in Zukunft zu diesem Thema zusammenarbeiten?
- Vergleich – Wie machen es andere – in unserem Unternehmen oder außerhalb?
- Erlebnis – Wie erleben einzelne Personen in unterschiedlichen Rollen Ist und Wunsch?
- Infrastruktur – Welche Werkzeuge und Einrichtungen haben und benötigen wir?
- Aufwand – Wie viel Zeit und Geld stecken wir in einzelne Schritte?
- Nutzen – Wo entsteht auf welche Weise der größte Nutzen?
- Kultur – Welchen Einfluss haben einzelne Handlungen auf unsere Kultur?
- Maßnahmen – Was verändern wir bezüglich Organisation, Mitarbeiter, Infrastruktur?

Die Herstellung einer Metro Map führt bereits zu zahlreichen Erkenntnissen und Ideen. Ein solcher Plan wird nie endgültig sein. Es werden permanent Anpassungen, Ergänzungen und Umbauten notwendig werden. Sie können den Plan für verschiedene Anwendungen nutzen:

- Denkhilfe
  Sie können anhand des Plans konkrete Maßnahmen durchdenken und entwickeln. Der Plan erlaubt Ihnen, die diskutierten Interventionen aus der jeweiligen Rolle der Beteiligten zu erleben und zu beurteilen. Sie berücksichtigen so alle wichtigen Perspektiven und betrachten Ihre Handlungen im Zusammenhang.

- Planungshilfe
  Sie können die größten Hebel, Knotenpunkte und die beteiligten Rollen übersichtlich identifizieren und Ihre Maßnahmen priorisieren. Die Maßnahmen bezüglich Organisation, Mitarbeiter und Infrastruktur können Sie in drei Schichten aufzeichnen. Sie erkennen, wie diese zusammenspielen und ob sie sich wechselseitig unterstützen.

- Kommunikationshilfe
  Der Plan ist einfach zu lesen. Jeder erkennt die eigenen Aufgaben im Gesamtzusammenhang mit allen Abhängigkeiten und Beteiligten. Hängen Sie den Plan im Büro auf und nutzen Sie ihn auch als Orientierungshilfe in Prozessbeschreibungen oder Software-Anwendungen.

- Arbeitshilfe
  Für jede Rolle (Reisende) können Sie einen Fahrplan erstellen, der die einzelnen Stationen und seine Aufgabe darin beschreibt. Ebenso können Sie die Aufgaben der einzelnen Aufgabenverantwortlichen (Stationsverantwortlichen) übersichtlich darstellen.

- Zielhilfe
  Mithilfe des Plans können Sie Stationen identifizieren, für die Sie Erfolgskriterien festlegen, deren Erfüllung Sie beurteilen oder messen können. Das Ergebnis lässt sich auf dem Plan anschaulich darstellen.

Weitere Informationen und eine Anleitung zur Erstellung einer Metro Map finden Sie als Arbeitshilfe 5 im Anhang (S. 315).

DER BAU
Wie Sie Ihr eigenes Betriebssystem entwickeln

Nachdem Sie das für Ihr Unternehmen richtige Handlungsfeld identifiziert, ein funktionsfähiges Team zusammengestellt, alle Aspekte und Wirkungszusammenhänge beleuchtet und eine Veranschaulichung dazu erstellt haben, geht es jetzt an die konkrete Umsetzung von Interventionen und Maßnahmen. Je konkreter die einzelnen Bausteine Ihres eigenen Betriebssystems werden, desto unspezifischer muss eine allgemeine Anleitung bleiben. Je nachdem in welchem Bereich Sie Ihr Betriebssystem aktualisieren wollen, sind unterschiedliche Maßnahmen und Hilfsmittel erforderlich und Sie beurteilen den Erfolg an unterschiedlichen Erfolgsfaktoren.

Die Anregungen in diesem Buch (S. 103ff) mögen Ihnen erste Anhaltspunkte liefern, welche Maßnahmen Sie für Ihr Unternehmen ergreifen wollen – und worauf Sie achten sollten. Wir möchten zudem viele Leserinnen und Leser animieren, ihre eigenen Erkenntnisse auf der Plattform *os.haufe.com* mit anderen zu teilen, damit wir alle daraus lernen und diese gemeinsam weiterentwickeln können (siehe S. 285ff).

ALLGEMEINE HANDLUNGSEMPFEHLUNGEN

Wir hoffen, auf der Basis Ihrer und unserer Erfahrungen künftig weitere Werkzeuge zu entwickeln, die universell anwendbar sind und Sie unterstützen, das Betriebssystem Ihres Unternehmens schrittweise zu aktualisieren. Im Folgenden fassen wir unsere generellen Handlungsempfehlungen, an denen wir unsere Experimente und Weiterentwicklungen ausrichten, zusammen.

- Der Dreiklang von Organisation, Mitarbeiter, Infrastruktur
  Denken und handeln Sie stets in allen drei Dimensionen des Betriebssystems. Nur wenn Sie die organisatorischen Rahmenbedingungen und Leitlinien schaffen, Mitarbeiter befähigen und ermutigen sowie die passenden Werkzeuge zur Verfügung stellen, wird Ihr Betriebssystem tatsächlich Wirkung entfalten.

  – Organisation
  Passen Ihre Ziele in Ihre Organisation? Müssen Sie Regeln ändern, neue definieren oder andere abschaffen? Können Rituale helfen? Können Sie mit Prozessen unterstützen? Wer kann als Vorbild dienen?

  – Mitarbeiter
  Benötigen Mitarbeiter (auch Führungskräfte, Experten, Geschäftsführer etc.) zusätzliche Kompetenzen? Können diese erlernt werden? Müssen sie trainiert und eingeübt werden? Ist Mut für die gewünschten Veränderungen erforderlich? Können Sie in psychologischer Hinsicht die dafür notwendige Sicherheit schaffen?

  – Infrastruktur
  Ist Ihre bestehende Infrastruktur für die gewünschten Veränderungen hilfreich? Unterstützt sie die gewünschte Art der Zusammenarbeit, die angestrebten Verhaltensweisen? Gibt es Werkzeuge – insbesondere Software – die die gewünschten Veränderungen unterstützen, vereinfachen, verstärken oder gar erst ermöglichen?

Sofern Sie eine der drei Dimensionen vernachlässigen oder unpassend gestalten, bleibt die Gesamtwirkung unbefriedigend. Die einzelnen Dimensionen addieren sich nicht nur in ihrer Wirkung, sie multiplizieren diese. Dies ist vergleichbar mit dem Fitnesstraining für Ihren Körper: Die stärkste Kraft können Sie abrufen, wenn alle Muskeln gleichermaßen trainiert sind. Ein mittelmäßig aber gleichmäßig trainierter Körper kann deutlich mehr tragen als ein übertrainierter Oberkörper mit schwachen Beinen oder Armen.

Wenn die drei Ebenen ineinandergreifen, funktioniert das Betriebssystem

- Roll-in statt Roll-out

    Fangen Sie mit kleinen Schritten und kleinen Einheiten an. Dies erleichtert die experimentelle Einführung. Sie können so deutlich schneller lernen und einfacher auf Fehler reagieren [108]. Läuft etwas schief, bleibt der Schaden begrenzt. Arbeiten Sie zuerst mit einer Koalition der Willigen, den frühzeitigen Anwendern (*early adopters*). Diese sind Anfangsprobleme gewohnt und freuen sich darüber, mitgestalten zu können.

108 Vgl. zur Wichtigkeit von schnellen Lernzyklen bei Innovationen Ries (2011).

– Gewinnen Sie Gefolgsleute
Geben Sie erste Erfolge baldmöglichst bekannt. Dadurch interessieren sich andere ebenfalls dafür und probieren es freiwillig aus. Auf diese Weise wächst und gedeiht die Veränderung allmählich innerhalb Ihres Unternehmens – und zwar immer nur so weit, wie es die beteiligten Personen für sinnvoll erachten. Geben Sie Nachahmern möglichst viel Unterstützung, lassen Sie diese von Ihren eigenen Erkenntnissen und Methoden profitieren. Räumen Sie aber ebenso hinreichend Freiräume für Anpassungen ein. So können auch Sie von Ihren Nachahmern weiter lernen und profitieren.

– Demobilisieren Sie Bedenkenträger
Durch das Roll-in Prinzip müssen Sie Bedenkenträger zu Anfang nicht berücksichtigen oder sich bemühen, diese zu überzeugen. Beruhigen Sie Bedenkenträger dadurch, dass diese an Ihren Veränderungen zunächst nicht teilnehmen müssen. Auf diese Weise halten Sie sich den Rücken frei – und können später mit ersten Ergebnissen und verfeinerten Methoden bessere Überzeugungsarbeit leisten. Möglicherweise ist Ihr Vorschlag auch nicht für alle Bereiche und Teams gleichermaßen wirksam und hilfreich. Sie können die Antworten, für wen Ihre Innovationen richtig, sinnvoll und notwendig sind, mit der Zeit entwickeln.

- Verändern Sie Überzeugungen
Bei vielen Veränderungsprojekten ist man zunächst mit dem Glaubenssatz konfrontiert, die Maßnahmen werden – wie bei vielen anderen Projekten zuvor – im Sand verlaufen. Durch kleine, aber deutlich sichtbare Erfolge und Verhaltensänderungen zu Beginn können Sie diese Überzeugungen für Ihr Projekt schlagartig überwinden. Die Verhaltensökonomie spricht in diesem Fall von *belief updates*.[109]

- Unklarheiten aushalten
Seien Sie sich bewusst, dass Sie nicht alles regeln können, insbesondere nicht zu Beginn. Lassen Sie hinreichende Freiräume, in denen sich neue Ansätze mit der Zeit entwickeln können. Versuchen Sie eine gemeinschaftliche Vorstellung von Zwecken und Zielen zu entwickeln. Legen Sie gemeinsam Leitlinien und Eskalationsmöglichkeiten für Notfälle fest.

- Realistische Erwartungen
Stellen Sie keine allzu hohen Erwartungen, insbesondere nicht auf kurze Sicht. Widerstehen Sie bei der Gewinnung von Mitstreitern der Versuchung, das Paradies in Aussicht zu stellen ohne den steinigen Weg dorthin zu erwähnen. Sie werden Rückschläge im Prozess erleben – und manchmal auch selbst an der Richtigkeit des Vorgehens zweifeln. Wenn allen von Anfang an bewusst ist, dass es auch solche Phasen gibt, lassen sich diese deutlich leichter bewältigen. Der Weg ist auch ohne enttäuschte Erwartungen schwierig genug.

---

109 Zur Identifikation solcher Maßnahmen siehe das Das BEA-Verhaltensmodell (S. 270).

- **Klare Verantwortlichkeiten**
  Definieren Sie, wer welche Rolle und Verantwortung in dem Projekt hat. Legen Sie insbesondere fest, wer die Aktivitäten vorantreibt und notfalls einfordert, wer die geplanten Zusammenkünfte organisiert, wer die Erkenntnisse festhält, wer den Fortschritt zusammenträgt, wer alle Interessierten informiert und welche Verantwortung für das Gesamtergebnis jeder Einzelne hat.

- **Akt der Verbindlichkeit**
  Schwören Sie alle Beteiligten auf das gemeinsame Ziel und die gemeinsam definierten Regeln und Leitlinien ein. Ein ritueller Akt, in dem sich alle in der Gruppe darauf verpflichten, erhöht die Wahrscheinlichkeit der Umsetzung. Die Verhaltensökonomie spricht vom *commitment device*.

- **Laufende Verbesserungen**
  Organisieren Sie systematische Lernanlässe. Laden Sie alle Beteiligten in regelmäßigen Abständen zu einer Sitzung/Stehung ein, in der jeder über seine Erfahrungen berichtet, Erfolge teilt und seine Herausforderungen diskutiert. Beobachten Sie gemeinsam den Fortschritt einzelner Maßnahmen. Definieren Sie weitere Maßnahmen für die Zukunft. Lernen kann und soll durchaus in die tägliche Arbeit integriert werden, indem Sie unmittelbare Feedback-Schlaufen gestalten und zusätzlich Feedback-Rollen definieren. (Vergleiche dazu z. B. die Rolle des Assistenten bei der teamverantworteten Mitarbeitergewinnung, S. 137ff.)

- **Konsequente Beharrlichkeit**
  Veränderungen werden nicht von heute auf morgen realisiert. Geben Sie den Maßnahmen hinreichend Zeit zu wirken und den Menschen genügend Möglichkeit, sich darauf einzustellen und die dafür notwendigen Kompetenzen zu entwickeln. Springen Sie nicht nach kurzer Zeit schon zum nächsten Thema, sondern sichern Sie zunächst den Erfolg Ihrer aktuellen Maßnahme. Achten Sie darauf, dass positives und negatives Verhalten Konsequenzen hat. Übertreiben Sie dabei nicht.

- **Wichtige Erfolgskriterien**
  Überlegen Sie zu Beginn des Projektes, anhand welcher Kriterien Sie den Erfolg Ihrer Maßnahmen beurteilen wollen. Sie haben diese vielleicht schon im Rahmen eines Lego Serious Play (S. 308f) erarbeitet. Diese Kriterien müssen keinesfalls messbar sein, es genügt, wenn sie durch mehrere Personen beurteilbar sind. Nehmen Sie sich regelmäßig die Zeit, Ihren Erfolg anhand dieser Kriterien zu überprüfen. Dies hilft Ihnen einerseits, das Ziel nicht aus den Augen zu verlieren, andererseits erkennen Sie so auch kleinere Fortschritte Ihrer Bemühungen.

- Schnittstellen zu anderen Einheiten und Prozessen
  Überlegen und gestalten Sie aktiv die Einbettung Ihrer Maßnahmen und Innovationen in das Gesamtsystem Ihres Unternehmens. Es gibt stets vor- und nachgelagerte Prozesse, die von den Veränderungen betroffen sind. Beziehen Sie die Betroffenen frühzeitig mit ein. Bedenken Sie, welche Auswirkungen das Roll-in-Vorgehen auf die Zusammenarbeit mit anderen Einheiten hat, die noch nicht so arbeiten – und womöglich auch nie so arbeiten werden. Auch diese Einbettung ist stets im Dreiklang von Organisation, Mitarbeitern und Infrastruktur zu betrachten.

- Wirksame Kommunikation
  Information kann man kaum richtig dosieren. Entweder es gibt zu wenig und niemand fühlt sich informiert oder es gibt zu viel und niemand nimmt die für ihn relevanten Informationen auf oder es ist die falsche Information zur falschen Zeit am falschen Ort. Kommunizieren Sie auf unterschiedlichen Kanälen – idealerweise immer unterstützt oder ergänzt durch Schriftlichkeit. Wecken Sie Interesse mit anregenden Titeln, interessanten Bildern und kurzweiligen Formulierungen. Kommunizieren Sie jeweils nur eine leicht verdaubare Geschichte oder Information auf einmal. Ermöglichen Sie eine öffentliche Zwei-Wege-Kommunikation und antworten Sie zeitnah, z. B. in einem öffentlichen Diskussionsforum. Beziehen Sie die Anspruchsgruppen gemäß ihrem jeweiligen Interesse und Einfluss unterschiedlich mit ein.

- Meistern Sie Rückschläge
  Es ist unvermeidlich, dass Sie bei der Aktualisierung Ihres Betriebssystems Rückschläge erleiden. Ganz im Gegenteil sollte es Sie eher nervös machen, wenn Sie keinerlei Rückschläge verzeichnen. Versuch und Irrtum gehören zu innovativen Lösungen, neuen Wegen und mutigen Experimenten unabdingbar dazu. Rückschläge sind überhaupt kein Grund, den Mut zu verlieren und das Experiment abzubrechen. Sie bieten eine Chance zum Lernen und dafür, den nächsten Versuch mit etwas mehr Erkenntnis anzugehen. Das Zitat von Thomas Edison bei der Entwicklung der Glühbirne möge den nötigen Durchhaltewillen verstärken: „Ich habe nicht versagt. Ich habe nur 10.000 Wege gefunden, die nicht funktionieren." Ändern Sie bei einzelnen Rückschlägen nicht gleich das gesamte System. Kommunizieren Sie Ihre Rückschläge und das, was Sie daraus lernen, transparent. Nehmen Sie als Beispiel dafür Wikipedia (S. 80f).

- Feiern Sie Erfolge
  Die Aktualisierung Ihres Betriebssystems wird Sie auf absehbare Zeit beschäftigen und herausfordern. Sie ähnelt einer Wüstendurchquerung. Wenn Sie sich immer nur am finalen Ziel orientieren, können Sie auf dem Weg dorthin verzweifeln. Erfahrene Wüstenwanderer fokussieren ihr Augenmerk auf eine in Sichtnähe befindliche Düne. Sobald diese erreicht ist, gönnen sie sich einen Moment der Freude, denn die weitere Durchquerung dauert noch lange genug. Nehmen Sie somit auch kleine Erfolge zum Anlass, sich gemeinsam zu freuen. Dies stärkt die Motivation jedes Einzelnen und wirbt im Unternehmen zugleich für einen etwaigen Roll-in anderer Teams.

Irgendwann erreichen Sie den Scheitelpunkt Ihrer Anstrengungen, an dem ein Momentum entsteht.[110] Von da ab rollt das Projekt fast von selbst und es kommen immer mehr Gefolgsleute hinzu. Dann geht es vor allem darum, das Momentum aufrecht zu erhalten. Werden Sie dabei jedoch keinesfalls missionarisch: Nicht jeder muss, will oder sollte beglückt werden. Erfreuen Sie sich an Ihrem Erfolg.

PERMANENTE MESSUNG DER BETRIEBSTEMPERATUR

Die Aktualisierung Ihres Betriebssystems ist ein kontinuierlicher Veränderungsprozess, den Sie systematisch begleiten müssen. Dabei ist es wichtig, permanent sichtbar zu machen, wo die Organisation gerade steht, um auf Fehlentwicklungen zeitnah reagieren zu können. Genauso wichtig ist es, laufend im Prozess zu lernen und sich zu verbessern.

Dafür haben wir bei Haufe die sogenannte HIFI-Methode entwickelt. Der Name steht für Zufriedenheit (Happiness), Beitrag (Input), Rückmeldung (Feedback) und Verbesserung (Improvement).[111] Mit dieser Methode können Sie permanent die Stimmung im Unternehmen für alle transparent machen, auf Veränderungen reagieren und auch konstant Verbesserungen am System herbeiführen. Im Laufe der Zeit und der Übung erreichen Sie dadurch eine stetige Verbesserung Ihres Betriebssystems.

Eine ausführliche Beschreibung der Vorgehensweise finden Sie in Arbeitshilfe 6 im Anhang (S. 319f).

---

110 In der Literatur gibt es hierfür verschiedene, teilweise gleichbedeutend, teilweise ergänzend verwendete Begriffe: *inflection point*, *turning point*, *tipping point*. Vgl. z. B. Gladwell (2002) oder Moore (2014).
111 Arnold (2016).

DER SPATENSTICH
Wie Sie heute beginnen

„Tausend Meilen beginnen mit einem Schritt." [112]
Lao Tzu

Wir leben in spannenden Zeiten. Die Welt um uns herum verändert sich in noch nie dagewesener Geschwindigkeit. Neue Formen der Zusammenarbeit mit Hilfe neuer Technologien ermöglichen globale Netzwerkeffekte mit ungeahnter Bündelung von Wissen, Erfahrungen und Innovationen vieler Menschen in Echtzeit. Die Wucht dieser Veränderungen lässt uns zweifeln, ob wir überhaupt einen sinnvollen Beitrag dazu leisten können.

Für den ersten Schritt ist heute genauso gut wie morgen. Aber für die Wirkung ist heute viel wichtiger als morgen.

Ja, wir können. Jeder von uns in seinem Umfeld. Und damit jeder von uns im Gesamtkontext. Innovationen entstehen im Zusammenspiel vieler Ideen. Jede Idee beginnt klein. Jede Innovation beginnt mit dem Mut, den ersten Schritt zu wagen.

---

[112] „千里之行，始於足下" Lao Tzu (2006) (Übersetzung Ostasieninstitut der Hochschule Ludwigshafen am Rhein).

PERSPEKTIVEN
Wie es weitergeht

Wir hoffen, dass dieses Buch Sie anregt und ermutigt, das Betriebssystem in Ihrem Umfeld zu aktualisieren. Wir befinden uns jedoch erst am Anfang einer Reise, die für Sie wie für uns viele neue Erkenntnisse bringen wird. Wie wir diese zukünftigen Erkenntnisse weiterhin mit Ihnen teilen wollen – und wie Sie Ihre Erkenntnisse mit uns und allen anderen teilen können, davon handelt dieser letzte Teil des Buches.

DIE PERSPEKTIVE DES BUCHES
agil und hybrid

Wenn Sie dieses Buch in der Hand halten, ist es in Teilen bereits überholt. Wir alle gewinnen permanent neue Erkenntnisse, entwickeln unsere Methoden weiter, erfinden neue Werkzeuge und verändern erfolglose Konzepte oder geben sie ganz auf.

Es gibt zahlreiche Unternehmen und einzelne Teams, die an ihrem eigenen Betriebssystem arbeiten, innovative Konzepte einführen und wertvolle Erfahrungen sammeln. Von einigen wird in Büchern, Zeitungsartikeln oder Filmbeiträgen berichtet. Dies jedoch selten in einer Tiefe, die es anderen ermöglicht, die Konzepte selbst auszuprobieren ohne bei Null zu beginnen. Zu einzelnen Betriebssystemen gibt es ausführliche Beschreibungen, beispielsweise Semco [113] oder Holacracy [114]. Diese stellen jedoch in sich geschlossene, schwer kombinierbare oder vergleichbare Ansätze dar.

Wir bei Haufe haben uns deshalb entschieden, unsere Ansätze nach einem einheitlichen Raster frei und öffentlich zugänglich zu machen. Die jeweils aktuellste Beschreibung unserer Methoden und Konzepte finden Sie auf der Plattform *os.haufe.com*[115]. Betrachten Sie diese Plattform wie einen Marktplatz: Lesen Sie die Konzepte und Methoden nach und laden Sie passende Methoden in Ihr eigenes Betriebssystem herunter – will heißen: Setzen Sie diese in Ihrem Unternehmen um. Wir zeigen Ihnen an, wie populär ein Ansatz ist. Die Plattform ist interaktiv angelegt. Alle Nutzer können die Ansätze bewerten, Feedback dazu geben, ihre Erfahrungen bei der Umsetzung mitteilen und Verbesserungsvorschläge einbringen. Dies bietet Ihnen eine praxisnahe Orientierung und unterstützt Sie darin, geeignete Ansätze für Ihr eigenes Unternehmen zu identifizieren.

Darüber hinaus möchten wir Sie bitten, Ihre eigenen Erfahrungen und Ihre Ansätze in derselben Weise offen mit anderen zu teilen. Auf *os.haufe.com* können Sie eigene Konzepte und Methoden beschreiben und für andere frei zugänglich machen. Auf diese Weise möchten wir ermöglichen, dass alle voneinander und miteinander lernen können.

In regelmäßigen Abständen werden wir aktualisierte Neuauflagen dieses Buches veröffentlichen, die den aktuellen Stand der Erkenntnisse zusammenfassen und die Methoden und Innovationen immer besser aufeinander abstimmen. Damit entwickeln wir dieses Buch mittelfristig von der Zusammenstellung einzelner Anregungen hin zur Beschreibung eines offenen, integrierten Betriebssystems. Unseren regelmäßigen Lesern möchten wir eine Version des Buches anbieten, in der sie schnell und unkompliziert neue Inhalte und größere Veränderungen auffinden können. Bei entsprechendem Interesse werden wir dieses Buch ab der zweiten Auflage als Abonnement mit Aktualisierungen und Versionskontrolle anbieten. Mehr dazu finden Sie auf *os.haufe.com*.

---

113 Semler (1995).
114 http://www.holacracy.org/.
115 OS steht für *Operating System*, den englischen Begriff für Betriebssystem.

Somit wird auch das vorliegende Buch mit der dazugehörenden Plattform und den weiteren Auflagen agil, d.h. es wird sich inhaltlich kontinuierlich weiterentwickeln. Zugleich werden die Inhalte hybrid – sie sind sowohl das Werk eines einzelnen Autors als auch das Ergebnis einer größeren Gemeinschaft an Beitragenden. Kurzum: Ein Konzept für ein Betriebssystem, das fortlaufend weitergeschrieben und zu bestimmten Zeitpunkten in redigierter Fassung als Buch veröffentlicht wird. Deshalb sprechen wir bei dieser Ausgabe weniger von einer ersten Auflage, sondern von der Version 0.9, der Beta-Version.

DIE PERSPEKTIVE DES BETRIEBSSYSTEMS
integriert und ambivalent

> „Sobald sie den Status eines Paradigmas erreicht hat, wird eine wissenschaftliche Theorie nur dann als ungültig erklärt, wenn es eine Alternative gibt, die ihren Platz einnehmen kann." [116]
> *Thomas Kuhn*

Es gab und gibt eine Vielzahl von Versuchen, ein neues Betriebssystem zu entwickeln. Die historischen Schlagwörter hierzu lauten Betriebsgemeinschaft, Partnerschaftsunternehmen, Humanisierung des Arbeitslebens (staatliches Forschungsprogramm), teil-/autonome Arbeitsgruppen, schlankes Management (*lean management*), fraktale Fabrik, agile Produktion, Prozessorganisation, Soziokratie, Holacracy, Unternehmensdemokratie, partizipative Unternehmensführung usw.

Keiner dieser Ansätze zeitigte bisher einen ähnlich durchschlagenden Erfolg wie das wissenschaftliche Management [117] des Taylorismus mit klaren Hierarchien, Verantwortlichkeiten, Anweisungen und Kontrollen. Daher stellt sich die berechtigte Frage, ob all diese neuen Ansätze nicht nur ein verklärtes Menschenbild verkörpern, ohne wirtschaftlich wirklich erfolgreich zu sein.

Wir haben darauf eine klare Antwort: Die große Anzahl an Versuchen und Initiativen zeigt, dass die Zeit reif ist für ein neues Betriebssystem. Bei bahnbrechenden Innovationen scheitern immer erst Hunderte, bis ein oder mehrere Unternehmen aus den Erfahrungen all dieser Misserfolge (Lernerfolge) heraus die richtige Lösung finden. Dies ist grundlegender Innovation immanent. Wir sind deshalb überzeugt, dass es lediglich eine Frage der Zeit ist, bis wir gemeinsam die richtigen Ansätze auf wirksame Art miteinander verknüpfen und dadurch ein überlegenes, integriertes Betriebssystem gestalten. Der Weg dorthin ist mit vielen Rückschlägen und enttäuschenden Resultaten gepflastert – ebenso aber mit erfreulichen und motivierenden Etappensiegen.

---

116 „Once it has achieved the status of paradigm, a scientific theory is declared invalid only if an alternate candidate is available to take its place." (Kuhn, 1970) (Übersetzung des Autors).
117 Scientific Management, vgl. Taylor (1997).

Es geht uns keineswegs darum, alles Bestehende und Bewährte über Bord zu werfen und agile Netzwerke einseitig als einzige Heilsbringer auszurufen. Daran kranken nach unserer Ansicht viele der neuen Konzepte und Ansätze – anfänglich auch unsere eigenen: Sie sind zu radikal in ihrer Zielsetzung. Es geht uns vielmehr darum, das klassische Konzept von Weisung und Kontrolle zu modernisieren und um passende Elemente agiler Netzwerke zu ergänzen. Organisationen, Mitarbeiter und Infrastruktur müssen insgesamt ihre Klaviatur erweitern und aufeinander abstimmen. Wir müssen lernen, zeitgleich mit zwei oder mehreren Ansätzen zu operieren, die gleichermaßen richtig und wichtig sind und sich teilweise sogar widersprechen. Wir alle müssen lernen, mit diesen Ambivalenzen umzugehen. Sie sind unvermeidbar und bieten enorme Chancen für uns alle.

> „Es ist, als wollte Jesus unter anderem darauf hinweisen, dass das Leben ein bisschen komplexer ist; es hat zu viele Ambivalenzen und Ambiguitäten, um immer eindeutige und einfache Antworten zu erlauben."[118]
> *Friedensnobelpreisträger Desmond Tutu*
> *in einer Predigt nach dem Fall der Berliner Mauer*

---

[118] „It is as if Jesus wanted among other things to point out that life is a bit more complex; it has too many ambivalences and ambiguities to allow always for a straightforward and simplistic answer." Tutu (2011) (Übersetzung des Autors).

ANHANG: ARBEITSHILFEN
Welche Werkzeuge Sie nutzen können

Anbei beschreiben wir detailliert einzelne Arbeitshilfen, auf die wir im Buch Bezug nehmen. Diese erheben keinerlei Anspruch auf Vollständigkeit. Sie sind vielmehr Anregungen für einzelne Schritte bei der Aktualisierung Ihres Betriebssystems. Die Beschreibungen helfen Ihnen, ein Verständnis davon zu entwickeln, wie Sie methodisch vorgehen können. Falls Sie in einem der beschriebenen Formate noch unerfahren sind, empfiehlt es sich, Experten beizuziehen. Darüber hinaus gibt es eine Vielzahl anderer Methoden, die ebenso hilfreich sein können.

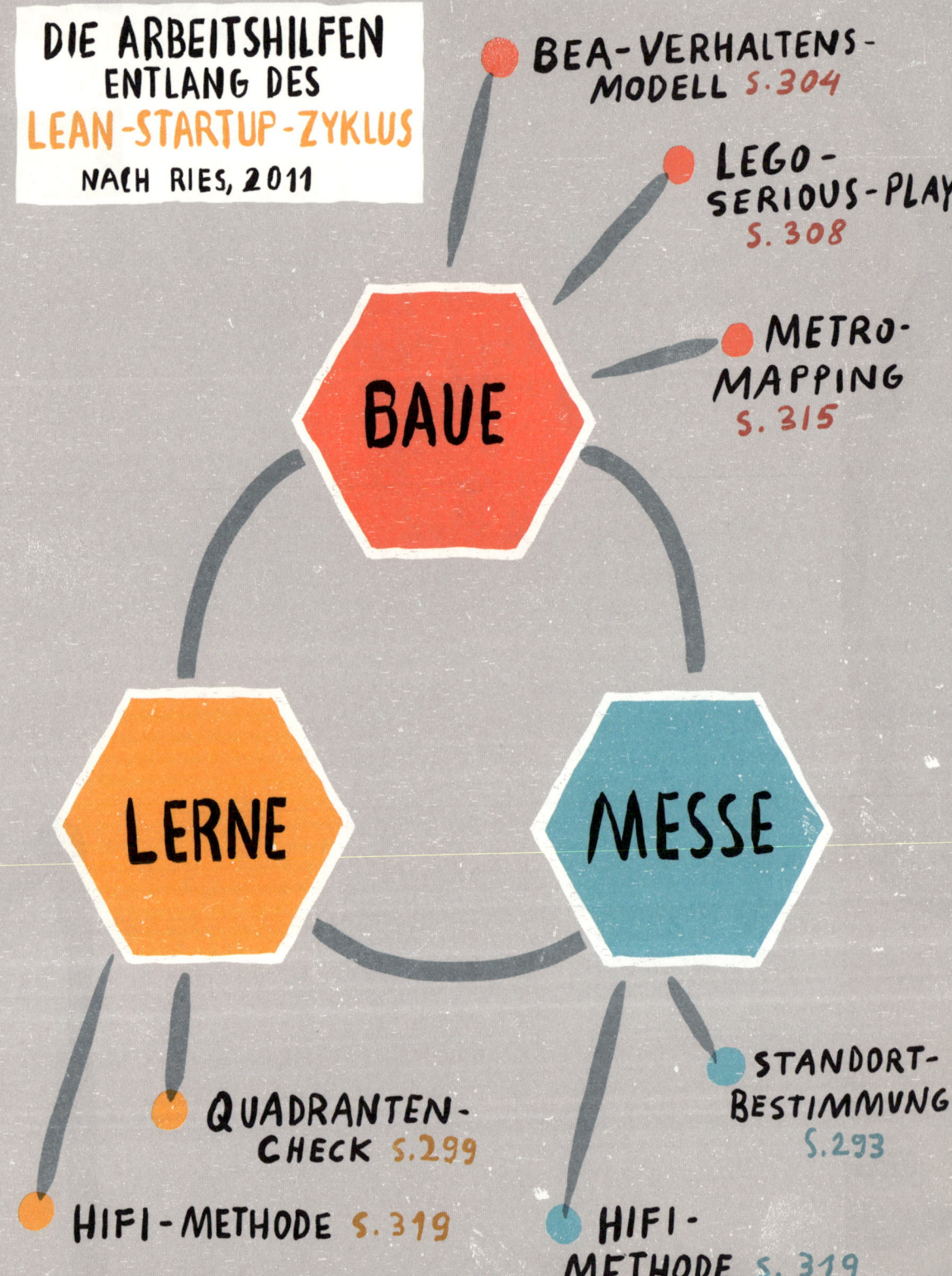

ARBEITSHILFE 1: DIE STANDORTBESTIMMUNG IM QUADRANTEN
Wie Sie sehen, wo Sie stehen

Diese Arbeitshilfe dient einer ersten Standortbestimmung. Um von einer Beschreibung der Symptome zu den tatsächlichen Ursachen und möglichen Maßnahmen zu gelangen, eignet sich Der Quadranten-Check (Arbeitshilfe 2, S. 299ff).

Je nach verfügbarer Zeit und Größe des Unternehmens können Sie verschiedene Herangehensweisen wählen. Allen gemeinsam ist, dass Sie aus der Einschätzung Ihrer Mitarbeiter ein Gesamtbild Ihres Unternehmens gewinnen.

1. HANDZEICHEN IN EINER VERSAMMLUNG

Erläutern Sie den Quadranten im Rahmen einer Mitarbeiterversammlung mit möglichst anschaulichen Beispielen für die einzelnen Formen. Bitten Sie Ihre Mitarbeiter, ihr Team per Handzeichen einem der vier Quadranten zuzuordnen.

Wichtig ist, dass Sie jeweils das Team abfragen, in dem der Mitarbeiter selbst einfaches Mitglied ist. Der Teamleiter beurteilt somit nicht, wo sich das von ihm geführte Team befindet, sondern wo er sich mit dem Team der anderen Teamleitern verortet. Jeder beurteilt nicht sich selbst als Person, sondern sein gesamtes Team. Dies vermeidet persönliche Bloßstellungen.

FORMULIERUNGSVORSCHLÄGE FÜR FRAGEN

Bitte beurteilen Sie, wo Sie Ihr Team einordnen. Als Führungskraft beurteilen Sie bitte nicht das Team, das Sie führen, sondern das Team, in dem Sie als Mitarbeiter von Ihrem Vorgesetzten geführt werden.

- Wer von Ihnen arbeitet in einem Team mit funktionierender Weisung und Kontrolle?
- Wer von Ihnen arbeitet in einem Team, das häufig einer Schattenorganisation gleicht?
- Wer von Ihnen arbeitet in einem Team, das häufig einer überforderten Organisation gleicht?
- Wer von Ihnen arbeitet in einem Team, das sich wirksam als agiles Netzwerk organisiert?

Abhängig von der Anzahl der Handzeichen pro Quadrant können Sie die Ellipse weiter oder weniger weit in die jeweiligen Quadranten hineinreichend zeichnen.

Diese Herangehensweise eignet sich für eine erste Verortung bei einer Anzahl von bis zu hundert Mitarbeitern pro Versammlung. Je mehr Mitarbeiter es gewohnt sind, öffentlich ihre Meinung kundzutun, desto eher führt diese Befragung zu einer ehrlichen Standortbestimmung.

2. FREIE AUFSTELLUNG

Eine anschauliche Möglichkeit der Einteilung ist die freie Aufstellung. Dadurch können die Nuancen der Verteilung sichtbarer dargestellt werden. Ihre Mitarbeiter erkennen besser, wie sich ihre Kollegen einschätzen. Vorbildliche Teams sind mit dieser Methode einfacher zu identifizieren, da sie nach der Aufstellung gemeinsam in einem Quadranten stehen. Sie befinden sich mit ihren Teamkollegen in unmittelbarer räumlicher Nähe.

Nutzen Sie einen Raum, der ungehinderte Bewegung ermöglicht. Zunächst stehen alle Mitarbeiter in der Mitte des Raumes. Erläutern Sie den Quadranten mit möglichst anschaulichen Beispielen und übertragen Sie die Felder auf den Raum. Anschließend bitten Sie Ihre Mitarbeiter, sich gemäß ihrer eigenen Einschätzung geleitet von Ihren zwei Fragen schrittweise im Raum aufzustellen.

Auch hierbei ist es wichtig, dass Mitarbeiter bei der Frage nach der Rolle nicht ihre eigene Rolle beurteilen, sondern die ihrer Kollegen im Team. Das vereinfacht die Objektivierung und die Mitarbeiter müssen sich nicht selbst in einer für sie unvorteilhaften Position aufstellen.

VORSCHLÄGE FÜR DIE FRAGEN ZUR DURCHFÜHRUNG

Bitte beurteilen Sie, wo Sie Ihr Team einordnen. Als Führungskraft beurteilen Sie bitte nicht das Team, das Sie führen, sondern das Team, in dem Sie als Mitarbeiter von Ihrem Vorgesetzten geführt werden.

Stellen Sie sich die *Länge* des Raums als eine Skala vor. Ganz links bedeutet: „Unser Chef gibt vor, wie wir unsere Arbeit machen müssen. Er führt hierarchisch und bindet uns selten ein." Ganz rechts bedeutet: „Von uns wird ein hohes Maß an selbstständiger Organisation erwartet. Niemand leitet uns an, wie wir unsere Arbeit machen sollen." Die Mitte bedeutet: „Wir haben große Freiheiten. Unser Chef hat das letzte Wort und löst Probleme, die wir als Team aus eigener Kraft nicht lösen können." Bitte stellen Sie sich entlang dieser Skala an den Ort, wo Sie Ihr Team sehen.

Bitte beurteilen Sie nun von dieser Position aus, wie Sie die Mehrheit Ihrer Kollegen im Team wahrnehmen. Es geht nicht darum, wie Sie selbst sich sehen. Stellen Sie sich die *Breite* des Raums als eine Skala vor. Vorne bedeutet: „Die meisten meiner Kollegen brauchen klare Anweisungen. Probleme und Konflikte werden nur durch den Chef *tatsächlich* gelöst." Hinten bedeutet: „Die meisten meiner Kollegen setzen ihre eigenen Ideen um. Sie lösen Probleme und Konflikte selbst und brauchen keinen Chef dafür." Die Mitte bedeutet: „Die meisten meiner Kollegen sind eigeninitiativ. Wenn sie Anweisungen erhalten, dann führen sie diese gewissenhaft aus. Meist können Konflikte im Team gelöst werden. Manchmal braucht es dafür den Chef." Bitte stellen Sie sich entlang dieser Skala an den Ort, wo Sie Ihr Team sehen.

Das Ergebnis dieser beiden Positionierungen (links bis rechts gemäß Organisationsform, vorne bis hinten gemäß Rolle der Mitarbeiter) spannt wiederum die Quadranten auf. Die Mitarbeiter stehen am Ende tiefer oder weniger tief in einem der vier Quadranten. Diese Aufstellung erlaubt es Ihren Mitarbeitern, zu sehen, wie ihre Kollegen die Situation einschätzen. Gleichzeitig sehen Sie die Verteilung der Mitarbeiter besser – und auch wie stark sich einzelne Personen oder Teams in einem gefährlichen Schatten oder einer ungesunden Überforderung befinden.

Je nach verfügbarer Zeit werfen Sie nach jeder Frage ein Wollknäuel in die Menge. Mitarbeiter, die das Knäuel fangen, erläutern ihre Einschätzung. Danach werfen sie es weiter. Dies bringt zusätzliche Einsichten in die Ausprägungen und Ursachen der Positionierung.

Diese Methode eignet sich für Gruppen von bis zu mehreren hundert Mitarbeitern. Das wichtigste Ergebnis liegt bereits darin, dass Ihre Mitarbeiter sich und andere Teams in den jeweiligen Quadranten gesehen haben. Besonders spannend sind Ausreißer von Teams, die separiert stehen. Die Ergebnisse können Sie durch Fotos dokumentieren, die aus verschiedenen Blickwinkeln und idealerweise von einer erhöhten Position aus aufgenommen werden.

3. FRAGEBOGEN

Wenn Sie eine anonyme Befragung bevorzugen, helfen Ihnen die folgenden Aussagen. Die Ergebnisse können in den Quadranten übertragen werden und zeigen ein Bild von der Einschätzung Ihrer Mitarbeiter.

VORSCHLAG FÜR EINEN FRAGEBOGEN

Die Antwortmöglichkeiten lauten: stimme voll zu, stimme teilweise zu, neutral, stimme teilweise nicht zu, stimme gar nicht zu.
- Frage 1: Unser Chef gibt vor, wie wir unsere Arbeit machen müssen. Er führt hierarchisch und bindet uns selten ein.
- Frage 2: Von uns wird ein hohes Maß an selbstständiger Organisation erwartet. Niemand leitet uns an, wie wir unsere Arbeit machen sollen.
- Frage 3: Die meisten meiner Kollegen brauchen klare Anweisungen. Probleme und Konflikte werden nur durch den Chef *tatsächlich* gelöst.
- Frage 4: Die meisten meiner Kollegen setzen ihre eigenen Ideen um. Sie lösen Probleme und Konflikte selbst und brauchen keinen Chef dafür.

Die ersten beiden Antworten bestimmen die Position auf der y-Achse (Organisation).
- Zu Frage 1: volle Zustimmung = 0 … volle Ablehnung = 5
- Zu Frage 2: volle Zustimmung = 5 … volle Ablehnung = 0

Die Summe beider Antworten bestimmt die Position auf der y-Achse.

Die beiden letzten Fragen bestimmen die Position auf der x-Achse (Rolle):
- Zu Frage 3: volle Zustimmung = 0 … volle Ablehnung = 5
- Zu Frage 4: volle Zustimmung = 5 … volle Ablehnung = 0

Die Summe beider Antworten bestimmt die Position auf der x-Achse.

Wenn Sie die Mitarbeiter unterschiedlicher Teams oder Abteilungen in verschiedenen Farben auf den Quadranten übertragen, sehen Sie die Muster – und identifizieren rasch die Bereiche mit Handlungsbedarf und mögliche Vorbilder. Bei vielen Teilnehmern können Sie die Antworten gruppenweise zusammenfassen, sofern diese einigermaßen konsistent sind. Eine hohe Inkonsistenz innerhalb eines Teams zeigt an, dass hier akuter Handlungsbedarf besteht.

Diese Methode eignet sich bei einer größeren Anzahl von Mitarbeitern und wenn es keine geeigneten Versammlungsformate gibt. Sie erfordert technische Unterstützung. Im Gegenzug erlaubt sie anonymisierte Umfragen, wenn dadurch ehrlichere Ergebnisse zu erwarten sind. Allerdings ist auch bei anonymer Beantwortung die Zuordnung zu Organisationseinheiten erforderlich, da sonst wichtige Informationen verloren gehen: In welchen Organisationseinheiten besteht Handlungsbedarf? Welche Organisationseinheiten können als Vorbild dienen?

ERWEITERUNG UM DIE DIMENSION INFRASTRUKTUR

Die Arbeitshilfe zur Standortbestimmung kann auf folgende Weise um die Dimension der Infrastruktur erweitert werden.

1. HANDZEICHEN IN EINER VERSAMMLUNG

Erläutern Sie zusätzlich zum Quadranten, welche Elemente die Infrastruktur umfassen kann: Arbeitsmittel, Kommunikations- und Zusammenarbeitsplattformen, Einrichtungen etc. Ergänzen Sie bei jeder der vier Fragen die folgende Zusatzaufgabe:

- Heben Sie Ihre zweite Hand, wenn die vorhandene Infrastruktur diese Art der Zusammenarbeit gut unterstützt.

Dadurch sehen Sie, welcher Anteil der Mitarbeiter pro Quadrant eine gute Infrastruktur zur Verfügung hat.

2. FREIE AUFSTELLUNG

Nachdem sich die Mitarbeiter entlang der zwei Dimensionen aufgestellt haben, erläutern Sie, welche Elemente die Infrastruktur umfassen kann: Arbeitsmittel, Kommunikations- und Zusammenarbeitsplattformen, Einrichtungen etc. Mit folgender Aussage können Sie einen Überblick über die Geeignetheit der Infrastruktur für die jeweiligen Zusammenarbeitsformen erfragen:

- Überlegen Sie nun, wie gut die vorhandene Infrastruktur die Zusammenarbeit in Ihrem Quadranten unterstützt. Heben Sie eine Hand, wenn die Infrastruktur die Zusammenarbeit einigermaßen gut unterstützt. Heben Sie zwei Hände, wenn die Infrastruktur die Zusammenarbeit hervorragend unterstützt.

Dadurch sehen Sie und auch Ihre Mitarbeiter, welche Teams pro Quadrant eine gute oder sogar sehr gute Infrastruktur zur Verfügung haben. Das ermöglicht das Lernen voneinander. Falls genügend Zeit vorhanden ist, erlaubt das Werfen des Wollknäuels genauere Aufschlüsse über die Gründe für die Einschätzung zur Infrastruktur.

3. FRAGEBOGEN

Ergänzen Sie den Fragebogen um zwei Fragen zur Infrastruktur. In Kombination mit den Antworten aus den vorhergehenden Fragen können Sie die Passung der Infrastruktur für die jeweilige Form der Zusammenarbeit erschließen:

- Zusatzfrage 1: Die vorhandene Infrastruktur (z. B. Arbeitsmittel, Kommunikations- und Zusammenarbeitsplattformen, Einrichtungen etc.) unterstützt die effiziente Abwicklung von Prozessen.

- Zusatzfrage 2: Die vorhandene Infrastruktur unterstützt die selbstorganisierte Zusammenarbeit mit Kollegen und anderen Anspruchsgruppen, wie Kunden, Lieferanten, Partnern.

Diese beiden Fragen bestimmen die Position auf der z-Achse (Infrastruktur):

- Zu Zusatzfrage 1: volle Zustimmung = passende Infrastruktur für Weisung und Kontrolle

- Zu Zusatzfrage 2: volle Zustimmung = passende Infrastruktur für agile Netzwerke

ARBEITSHILFE 2: DER QUADRANTEN-CHECK
Wie Sie die Einschätzungen Ihres Teams erfahren

Der Quadranten-Check macht sichtbar, wie ein Team, eine Abteilung oder ein ganzes Unternehmen sich hinsichtlich der Quadranten einschätzt und mit den Herausforderungen der jeweiligen Situationen umgeht. Er dient der Erkennung von Mustern und Identifikation von Kernthemen und Herausforderungen.

Nehmen Sie sich für den Quadranten-Check einen halben Tag Zeit. Wählen Sie als Bezugsrahmen eine Einheit, die für alle Teilnehmer gut erfassbar ist. Bei kleinen und mittelgroßen Unternehmen beispielsweise das gesamte Unternehmen, bei großen und heterogenen Unternehmen etwa die Ländergesellschaft oder eine Geschäftseinheit. In manchen Fällen kann es auch sinnvoll sein, nur die eigene Abteilung oder das eigene Team als Bezugsrahmen heranzuziehen.

Idealerweise führen Sie den Quadranten-Check mit 7 bis 15 Teilnehmern durch. Die Teilnehmer sollten dabei einen repräsentativen Querschnitt des Bezugsrahmens (Unternehmen / Abteilung / Team) abbilden.

Bilden Sie die vier Quadranten auf dem Boden ab, z. B. durch ein Kreuz aus Schnüren und großformatige Zeichnungen / Beschriftungen in der Mitte jedes einzelnen Feldes. Stellen Sie ausreichend Stühle um den Quadranten herum, sowie eine beschreibbare Stellwand (Flipchart). Sie benötigen zudem Papier, Moderationskarten und Klebepunkte in jeweils zwei deutlich unterscheidbaren Farben und Stifte für die Teilnehmer.

Vorbereitung eines Quadranten-Checks

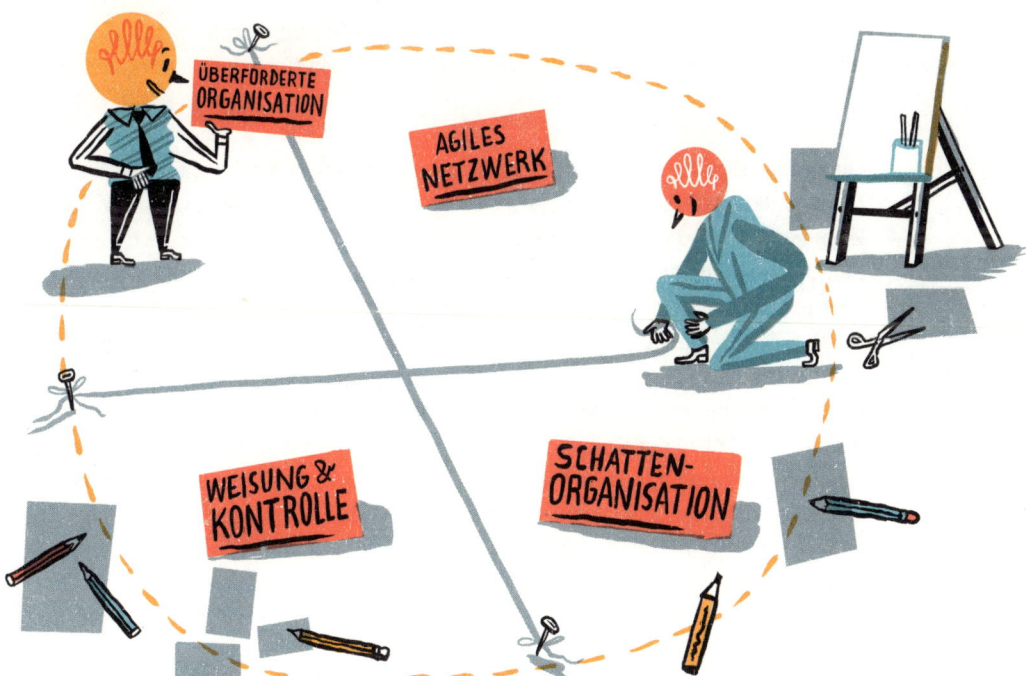

Bitten Sie das Team, sich eigenständig in Beobachter und Aktive einzuteilen. Meist teilen sich Teams in ca. 2/3 Aktive und 1/3 Beobachter ein. Erklären Sie kurz die Aufgaben der beiden Gruppen.

Die Beobachter haben die Aufgabe, das Verhalten, die Kommunikation, häufige Stichworte, die Stimmung und Kommentare zwischen den Zeilen festzuhalten. Sie erhalten Stift und Papier, auf dem sie sich individuell Notizen machen. Die Beobachter stehen oder sitzen um den Quadranten herum.

Die Aktiven durchlaufen gemeinsam die vier Quadranten in der Reihenfolge ihrer Wahl und erleben dabei ihre Wahrnehmung der unterschiedlichen Ausprägungen.

- Stille Runde à jeweils eine Minute
Alle Aktiven stellen sich zunächst gemeinsam in einen Quadranten ihrer Wahl hinein. Es ist sehr aufschlussreich, wie und aus welchen Gründen diese Wahl getroffen wird. Geben Sie keine weiteren Anweisungen, als dass die Aktiven sich für einen gemeinsamen Quadranten entscheiden sollen.
Sobald alle Aktiven im Quadranten stehen, überlegen sie eine Minute in Stille, wie sie sich in diesem Quadranten fühlen, wie sie sich und die Unternehmen/die Abteilung/das Team in diesem Quadranten sehen. Nach einer Minute wechseln alle in den nächsten Quadranten und wiederholen diese stillen Überlegungen. Dies wird insgesamt vier Mal wiederholt, so dass die Gruppe alle Quadranten durchläuft.

- Austausch-Runde à jeweils zehn Minuten
Anschließend entscheiden sich die Aktiven erneut für einen gemeinsamen Quadranten und haben zehn Minuten Zeit, sich untereinander über ihre Gedanken aus der stillen Runde auszutauschen. Häufig entsteht in dieser Runde großer Diskussionsbedarf, weshalb eine strikte Beschränkung der Zeit (*time boxing*) durch Sie als Moderator wichtig ist. Diesen Austausch wiederholen die Aktiven für jeden Quadranten.

- Beobachter-Runde
Die Beobachter werden aufgefordert, ihre Beobachtungen für die einzelnen Quadranten mitzuteilen. Dabei berichten sie einzeln nacheinander, ohne dass ihre Aussagen kommentiert werden. Meist kommen dabei auch Dinge zur Sprache, die die Aktiven nicht wahrgenommen haben. Es kann z. B. sein, dass die Körperhaltung der Teilnehmer im Quadranten der Überforderung einem Kirchturm gleicht (starr und von oben herab einen kleinen Kreis um sich herum beobachtend), während die Körperhaltung im agilen Netzwerk deutlich offener und auf gleicher Ebene wahrgenommen wird. Als Moderator schreiben Sie das Feedback der Beobachter pro Quadrant auf jeweils ein eigenes Blatt an der Stellwand und kondensieren es dadurch. Dabei kristallisieren sich bereits Hauptthemen heraus, z. B. Probleme, Gründe, Ursachen, Symptome und häufige Stichworte. Interessant sind auch Vergleiche zwischen den wichtigsten Themen pro Quadrant. Als Abschluss der Beobachter-Runde legen Sie die beschriebenen Stellwandpapiere in die jeweiligen Quadranten.

Zu diesem Zeitpunkt empfiehlt sich eine Kaffeepause.

- Ist-Zustand
  Im nächsten Schritt erhalten alle Teilnehmer (Aktive und Beobachter) eine Moderationskarte und versehen diese mit ihrem Namen. Fragen Sie nun: „Wie sehen Sie die Menschen im Unternehmen/der Abteilung/dem Team?" Die Teilnehmer platzieren ihre jeweilige Moderationskarte so, wie sie den derzeitigen Ist-Zustand des Unternehmens/der Abteilung/des Teams sehen. Es ist durchaus erlaubt – und geschieht meist von selbst, dass einzelne Teilnehmer die Karte in mehrere Stücke zerreißen und in verschiedene Quadranten legen.

- Fragen-Runde zum Ist-Zustand (*Challenge Runde*)
  Bitten Sie die Teilnehmer, ihren Standort auf die entgegengesetzte Seite der Quadranten zu verlagern, um auch räumlich einen Perspektivwechsel zu unterstützen. Anschließend befragen sich die Teilnehmer nacheinander, warum sie ihre Karte(n) so platziert haben. Wichtig: Der Fragende erklärt nicht, warum er/sie selbst seine Karte so gelegt hat und darf auch die Antworten des Gegenübers nicht interpretieren. Es geht also ausschließlich um klärende Fragen nach den Motiven des anderen: „Warum hast Du das dorthin gelegt? Warum findest Du, dass sich die Hälfte der Leute dort befindet?"

  Während der Frage-Runde können Teilnehmer die Position ihrer eigenen Karte(n) noch verändern. Dies muss aber jeweils aus eigener Entscheidung heraus erfolgen. Dieser Austausch ist meist recht emotional und erfordert gutes Moderationsgeschick. Wenn Sie als Moderator feststellen, dass die Frage-Runde keine wesentlichen neuen Erkenntnisse mehr bringt, fragen Sie, ob nun jeder Teilnehmer mit der Position seiner Karte(n) einverstanden ist. Erst wenn jeder Einzelne dies individuell abgenickt hat, machen Sie ein Foto des Ist-Zustandes.

- Soll-Zustand
  Die Teilnehmer erhalten nun eine weitere Moderationskarte in anderer Farbe. Sie notieren darauf wieder ihren Namen und erhalten die Aufgabe, die Karte so zu platzieren, wie sie die Wunschposition für das Unternehmen/die Abteilung/das Team sehen. Auch hier können die Moderationskarten geteilt werden.

- Frage-Runde zum Soll-Zustand (*Challenge Runde*)
  Analog zur Frage-Runde des Ist-Zustands wird nun der Soll-Zustand der Teilnehmer hinterfragt und damit konkretisiert. Veränderungen der Platzierung(en) der eigenen Karte(n) ist (sind) möglich. In dieser Runde darf auch diskutiert werden, wie man vom Ist-Zustand zum Soll-Zustand gelangen könnte. Sobald alle mit der Position ihrer Karte einverstanden sind, machen Sie ein Foto des Soll-Zustandes.

Protokoll des Quadranten-Checks (Blau = Ist, Gelb = Soll)

- Diskussion zur Infrastruktur
  Zeichnen Sie auf die Stellwand die Achse für die dritte Dimension Infrastruktur von 1.0 unten bis 2.0 oben. Erläutern Sie das Konzept (siehe Kapitel Die Dimension Infrastruktur, S. 85ff).
  Lassen Sie die Teilnehmer einen Klebepunkt entlang der Achse platzieren, der den aktuellen Zustand der Infrastruktur beschreibt. Beim Kleben des Punktes sollte jeder Teilnehmer kurz erläutern, warum er den Ist-Zustand so einschätzt. Anschließend lassen Sie die Teilnehmer einen Klebepunkt der anderen Farbe platzieren, der den Soll-Zustand der Infrastruktur beschreibt. Jeder Teilnehmer sollte wiederum kurz seine Positionierung erläutern.

- Abschluss

Als Moderator fassen Sie abschließend die Erkenntnisse des Quadranten-Checks zusammen. Welches sind zentrale Themen, denen sich das Unternehmen / die Abteilung / das Team annehmen sollte? Wie kann man dabei auf die Erfahrungen und Wahrnehmungen der Menschen Bezug nehmen? Möglicherweise sind schon erste Ideen für Angebote und Maßnahmen entstanden, um vom Ist- zum Soll-Zustand zu gelangen?

Das räumliche Einlassen der Teilnehmer auf die vier verschiedenen Quadranten deckt häufig blinde Flecken auf und liefert Ihnen interessante und hilfreiche Erkenntnisse für die weitere Arbeit an der eigenen Organisation.

ARBEITSHILFE 3: DAS BEA-VERHALTENSMODELL
Wie Sie die ersten Maßnahmen auswählen und gestalten

Das BEA-Verhaltensmodell führt die beiden zentralen Verhaltenstreiber Bewusstsein und Bereitschaft als Dimensionen einer Matrix ein.

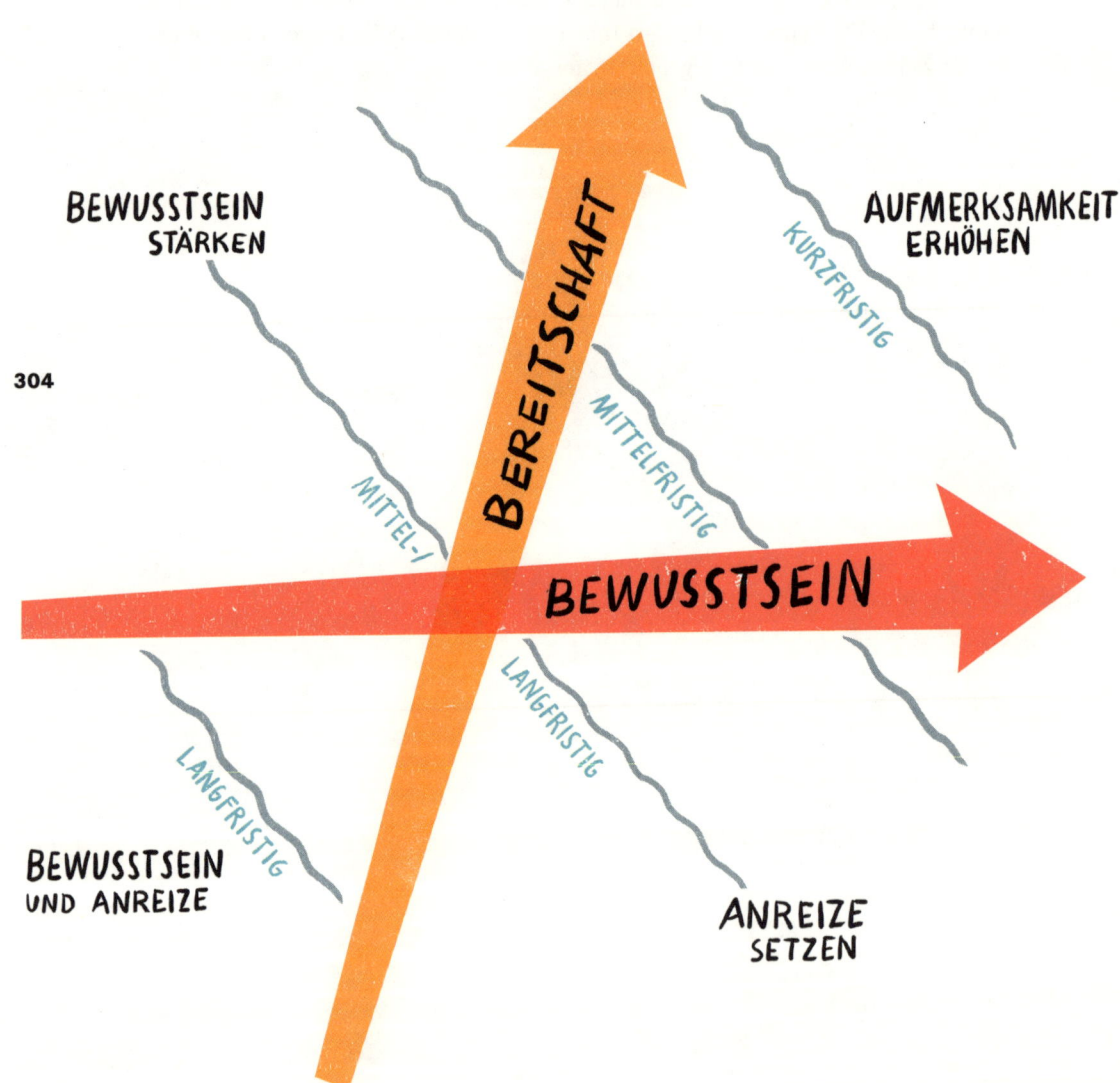

Das BEA-Verhaltensmodell zur Reihung von Handlungsfeldern

- **Bewusstsein**

  Das Wissen um die Auswirkungen des eigenen Verhaltens auf andere und die Gesamtheit beeinflusst unser Verhalten. Rauchern war beispielsweise lange Zeit nicht bewusst, wie stark ihr Rauch die Gesundheit von Nichtrauchern beeinträchtigt. Erschwert wird der Umgang und die Beeinflussung des Bewusstseins dadurch, dass es zwei Denksysteme[119] gibt: das intuitive, schnelle und impulsive System und das rationale, langsame und bewusste System. Dadurch ist es möglich, dass uns rational zwar bewusst ist, dass zu schnelles Autofahren gefährlich ist, wir dies aber in der Eile auf dem Weg zu einer wichtigen Sitzung verdrängen. Das rationale Bewusstsein allein reicht häufig nicht aus, die blinden Flecken des impulsiven Bewusstseins zu kompensieren und eine Verhaltensänderung herbeizuführen.

- **Bereitschaft**

  Bereitschaft impliziert die Absicht und die Fähigkeit, ein gewünschtes Verhalten an den Tag zu legen. Soziale Normen haben großen Einfluss auf die Bereitschaft zu einem bestimmten Verhalten. Sie wecken Erwartungen, wie sich die Mehrheit verhalten wird. Wenn wir etwa erwarten, dass andere ihre Steuererklärung manipulieren, ist unsere eigene Bereitschaft, ehrliche Angaben zu machen, deutlich geringer. Umgekehrt stehen wir brav in der Schlange an, wenn alle anderen dies auch tun. Die Bereitschaft soziale Normen einzuhalten steigt, wenn unerwünschtes Verhalten von anderen direkt kritisiert oder sanktioniert wird. Dies kann beispielsweise ein böser Blick und ein *Psst* während eines Konzertes sein, wenn sich jemand störend unterhält. Als Erster oder Einziger in einer Gruppe Konsequenzen zu ziehen, kostet Aufwand und nicht selten auch Überwindung. Wer möchte schon gerne als Streber, Spießbürger oder Denunziant auffallen? Für wichtige soziale Normen gibt es daher Gesetze und die Polizei.

  Wirtschaftliche Anreize und Sanktionen, mit denen wir in Unternehmen häufig operieren, zeigen häufig nicht den gewünschten Effekt. Wissenschaftlich wird dies damit begründet, dass diese Reize lediglich das bewusste Denken adressieren, während viele Entscheidungen schnell und impulsiv und damit vom unbewussten System gesteuert werden.

Wie können Sie diese wissenschaftlichen Erkenntnisse für Ihre Herausforderung nutzen? Sie sollten die relevanten Handlungsfelder Ihres Unternehmens in der Matrix des BEA-Verhaltensmodells einordnen. Dazu entwickeln Sie entweder mit Experten Tests und Fragebögen, die zu jedem einzelnen Handlungsfeld die tatsächliche Ausprägung von Bewusstsein und Bereitschaft der relevanten Zielgruppe ermitteln.[120] Ebenso können Sie eine Einordnung als grobe Annäherung auch durch persönliche Einschätzung vornehmen. Stellen Sie sich dazu die folgenden Fragen:

---

[119] Nobelpreisträger Kahneman (2011).
[120] Zum Beispiel http://www.fehradvice.com/unsere_beratung/consulting.

- Ist den handelnden Personen die Konsequenz ihres Handelns – insbesondere als Vorbild für andere – intuitiv bewusst? Sind diesen die Auswirkungen auf das Verhalten anderer nicht nur rational bewusst, sondern auch, wenn sie spontan ohne Überlegen entscheiden?

- Sind die handelnden Personen bereit, persönliche Kosten (Zeit, Geld, Unannehmlichkeiten) in Kauf zu nehmen, um das gewünschte Verhalten an den Tag zu legen und andere auf Abweichungen hinzuweisen?

Wir empfehlen, zunächst mit kurzfristig änderbaren Themen zu beginnen. Bei diesen Themen ist Bewusstsein und Bereitschaft in hohem Ausmaß vorhanden. Meist genügen in diesen Fällen systematische Anstupser (*nudges*), um an das gewünschte Verhalten zu erinnern und eine Verhaltensänderung zu bewirken. Für das Geschenk zum Hochzeitstag beispielsweise ist bei Ehemännern sowohl Bewusstsein als auch in den meisten Fällen Bereitschaft vorhanden. Ein Stups in Form einer passend terminierten Erinnerung sorgt dafür, dass Blumen, Karte oder Einladung zur richtigen Zeit ankommen.

Sobald Sie in kleinen Dingen schnelle und spürbare Erfolge erzielen, bewirken Sie zugleich eine Veränderung von Glaubenssätzen (*belief updates*). Statt der bisherigen Erwartungshaltung, dass die angestoßenen Maßnahmen ohnehin wieder im Sand verlaufen, wird so die Hoffnung auf wirkliche Verbesserungen bestärkt. Bei Verhaltensänderungen sind schnelle und spürbare Erfolge zu Beginn wichtig. Sie erhöhen die Bereitschaft an dieser und weiteren Maßnahmen teilzunehmen.

Konkrete Interventionen für die Themen lassen sich in folgenden Kategorien finden:[121]

- Durch die Erhöhung der Aufmerksamkeit erinnern Sie an das richtige Verhalten zum Zeitpunkt der Entscheidung. Dies eignet sich bei Themen, bei denen Bewusstsein und Bereitschaft vorhanden sind, wie beispielsweise der Aufmerksamkeit zum Hochzeitstag.

- Durch Kommunikation und Bildung stärken Sie das Bewusstsein für ein wünschenswertes Verhalten und für die negativen Konsequenzen von Fehlverhalten. Dies war eine der wichtigsten Interventionen zum Schutz vor Passivrauchen, weil für dieses Thema in erster Linie das Bewusstsein fehlte.

- Mit negativen Anreizen und Kontrollen erhöhen Sie die Bereitschaft für wünschenswertes Verhalten. Dies ist eine wichtige Intervention in Bezug auf die Einhaltung von Geschwindigkeitsbeschränkungen, weil hier bestenfalls das rationale Bewusstsein vorhanden ist, häufig aber nicht das intuitive.

---

[121] Nach Fehr, Kamm, & Jäger (2014).

- Mit positiven Anreizen und Anstupsern lösen Sie die Bereitschaft aus und verstärken wünschenswertes Verhalten durch Belohnung. Diese Intervention eignet sich für Themen, bei denen Bewusstsein vorhanden und nur ein wenig Bereitschaft fehlt, beispielsweise der Besuch im Fitnesszentrum oder die gesunde Ernährung.

- Durch Meinungsbildung fördern Sie die Formierung einer gewünschten sozialen Norm und erhöhen dadurch die Bereitschaft, Kosten zur Einhaltung auf sich zu nehmen. Dies eignet sich für Themen mit prinzipiellem Bewusstsein aber tiefer Bereitschaft, beispielsweise im Umweltschutz oder beim Wegwerfen von Abfällen in öffentlichen Räumen.

- Durch die Beeinflussung von Präferenzen verändern Sie die Kosten/Nutzenabwägung eines Verhaltens. Dies ist dann relevant, wenn Bewusstsein und Bereitschaft nicht in ausreichendem Maße vorhanden sind. Solche Maßnahmen wirken meist langfristig, indem Präferenzen bezüglich Risiko, Zeit, Vertrauen, positive und negative Gegenseitigkeit und Altruismus beeinflusst werden. Anwendungsbeispiele sind Maßnahmen gegen die globale Klimaerwärmung oder der Ausstieg aus der Atomenergie bevor schwerwiegende Unfälle eingetreten sind.

ARBEITSHILFE 4: LEGO SERIOUS PLAY
Wie Sie spielerisch einen effizienten Projektauftakt gestalten

„Denke mit Deinen Händen. Höre mit Deinen Augen."
Lego Serious Play

Die Grundlagen des Lego Serious Play wurden von zwei Professoren des angesehenen International Institute for Management Development (IMD) in Lausanne, Johan Roos und Bart Victor, gemeinsam mit dem Geschäftsführer und Besitzer von Lego, Kjeld Kirk Kristiansen, entwickelt. Inzwischen gibt es eine Vielzahl von Forschungen zu dieser Methode, die kompakt zusammengefasst von der Executive Discovery LLC (2002) veröffentlicht wurden.

Erfahrungsgemäß sind die zentralen Erfolgsfaktoren von Lego Serious Play folgende:

Auf inhaltlicher Ebene:

- Denken durch Bauen – Das *Begreifen* von Gedanken durch selbst erstellte, physische Modelle regt zusätzliche Regionen des Gehirns und der Wahrnehmung an.

- Erklären durch Geschichten – Die Workshop-Teilnehmer schildern ihre Gedanken anhand der Lego-Konstruktionen. Das macht die Vielfalt leichter erfassbar.

- Zusammenarbeit durch Aufeinander-Aufbauen – Gemeinsames Verständnis und gemeinsame Lösungsideen entstehen, indem Elemente jedes Einzelnen im Gesamtmodell aufeinander aufbauen.

- Verstehen durch Vernetzen – Aspekte der Problemstellung können miteinander in Beziehung gebracht werden. Dies ist die Basis des vernetzten Denkens.[122]

Auf Team-Ebene:

- Kennenlernen durch Charaktere – „Beim Spiel kann man einen Menschen in einer Stunde besser kennenlernen, als im Gespräch in einem Jahr."[123]

- Bindung durch Kooperation – Das gemeinsame Spielen, die Kooperation und die wechselnden Rollen erhöhen die soziale Einbindung aller Mitglieder in das Team.

- Einsatzbereitschaft durch Einbezug – Jeder Teilnehmer ist permanent aktiv und alle leisten einen ähnlichen Anteil zum Gelingen des Workshops. Das erhöht die Einsatzbereitschaft aller Beteiligten.

---

122 Gomez, & Probst (2007).
123 Diese Aussage wird fälschlicherweise Platon zugeschrieben. Die nahestehendste Aussage dazu kommt von Lington (1696).

- Leistung durch Zuhören – Die Methode gibt allen Teilnehmern ähnliche Redeanteile – nach Studien von Google, ein wichtiges Element für gute Teamleistung.[124]

- Ehrlichkeit durch Sicherheit – Alle, die sich auf diese Methode einlassen, gehen dasselbe Risiko ein. Sie drücken sich im Lego-Spiel aus und sprechen über ihre Bauten. Somit haben alle die psychologische Sicherheit, frei zu äußern, was sie denken.[125]

WORKSHOP ZUM PROJEKTAUFTAKT

Die im Folgenden skizzierte Vorgehensweise ist eine exemplarische Arbeitshilfe. Sie können das Vorgehen und die Aufgabenstellungen jederzeit an Ihre eigenen, konkreten Fragestellungen anpassen. Sie benötigen Lego-Serious-Play-Bausteine, eine Kamera, Packpapier und Stifte sowie einen großen Tisch, um den alle Teilnehmer bequem sitzen können. Idealerweise bietet der Tisch in der Mitte einen größeren freien Platz.

Der Workshop sollte von einem ausgebildeten Unterstützer (*Facilitator*) moderiert werden. Diese werden in viertägigen Workshops ausgebildet. Sie können eine solche Zertifizierung auch selbst anstreben.[126] Der Projektleiter verantwortet die Erstellung des Protokolls. Er kann dabei alle Teilnehmer intensiv beobachten, um sie besser zu verstehen. Dies erleichtert ihm die Leitung des Projektes.

Für den Workshop sollte mindestens ein ganzer Tag veranschlagt werden. Die Idealgröße des Teams liegt bei 8 bis 12 Teilnehmern. Hat das Projekt mehr Teilnehmer, sollten Sie zusätzliche Unterstützer einbinden. Je nach Zeitrahmen kann nicht jeder Teilnehmer bei jeder Aufgabe sein Modell erläutern. Achten Sie besonders darauf, dass alle Teilnehmer gleichermaßen eingebunden werden.

- Einführung (30 min.)
  Begrüßen Sie die Teilnehmer und bitten Sie jeden, sich selbst kurz vorzustellen. Fassen Sie die Aufgabenstellung des Workshops zusammen. Erklären Sie Lego Serious Play und die Hintergründe, damit die Teilnehmer sich darauf einlassen können. Stellen Sie die Agenda grob vor.

- Übungsphase 1
  – Bauen (2 min.): „Baue einen Turm. Beginne mit einer weißen Platte und ende mit einer Figur ganz oben."
  – Mitteilen (0,5 min. / Person): „Was sagt dieser Turm über Deine Persönlichkeit aus?" Diese Übung zeigt, wie unterschiedlich eine sehr einfache Aufgabe verstanden werden kann. Die Interpretation des Turms vor dem Hintergrund der eigenen Persönlichkeit regt zu Analogien und Metaphern an. Gleichzeitig gibt jeder Teilnehmer etwas von sich persönlich preis. Das schafft Vertrauen.

---

124 Duhigg (2016b).
125 Edmondson (1999).
126 Termine finden Sie beispielsweise hier: http://seriousplaypro.com/ und http://seriousplay.training/.

- Übungsphase 2
    - Bauen (6 min.): Wählen Sie als Aufgabenstellung ein konkretes Produkt oder Arbeitsmittel Ihres Unternehmens, z. B. „Baue ein Fahrzeug, das etwas bewegen oder heben kann."
    - Mitteilen (1 min./Person): Wählen Sie als Interpretationsfrage ein projektbezogenes Thema, z. B. „Inwiefern kann Dein Modell gute Führung widerspiegeln?"

Diese Aufgabe macht klar, dass bereits leicht umfangreichere Sachverhalte zu deutlich anderen Modellen führen. Jedes Modell beleuchtet andere Aspekte, legt andere Schwerpunkte, hat andere Sichtweisen. Durch die Interpretation des Modells im Hinblick auf das Projekt beleuchten Sie das Thema aus unterschiedlichen Blickwinkeln.

- Übungsphase 3
    - Bauen (5 min.): Wählen Sie nun ein abstraktes Thema Ihres Projektes, z. B. „Was bedeutet für mich Hochleistung?"
    - Mitteilen (1 min./Person): „Erkläre Dein Modell".

Sie werden staunen, wie viele unterschiedliche Sichtweisen, Veranschaulichungen und persönliche Werte in dieser Übung zusammengetragen werden. Die Teilnehmer finden auch bei anderen Modellen interessante Aspekte, die sie selbst gerne übernehmen würden – oder die andere inspirierender dargestellt haben.

Hier empfiehlt sich eine Kaffeepause.

- Ermittlung des Projektbedarfs 1
    - Bauen (6 min.): „Welche Herausforderungen der Vergangenheit haben zu diesem Projekt geführt?"
    - Mitteilen (2 min./Person): „Erkläre Dein Modell".

Bei dieser Aufgabe schildert jeder Teilnehmer seine Sichtweise auf die Ausgangslage – und bringt unterschiedliche Aspekte ein.

- Ermittlung des Projektbedarfs 2
    - Bauen (40 min): „Kombiniert Eure Modelle aus Ermittlung des Projektbedarfs 1, um ein Gesamtbild zu den Herausforderungen zu erstellen, die zu diesem Projekt geführt haben."
    - Mitteilen (2 min./Person): „Welche Geschichte ist dabei entstanden? Erzähle die Geschichte des gemeinsamen Modells. Welche gemeinsamen Herausforderungen führten zum Projektbedarf?"

Zeichnen Sie diese Geschichten per Video auf. Sie erläutern die Gründe, warum die Teilnehmer Zeit und Aufwand in dieses Projekt stecken. Dieses gemeinsame Modell steht am Anfang der Projektlandschaft, der Visualisierung des gesamten Projektes.

Hier empfiehlt sich eine Mittagspause.

- Erarbeitung der Projektgrenzen 1
    - Bauen (6 min.): „Was wollen wir mit dem Projekt NICHT erreichen?"
    - Mitteilen (2 min./Person): „Erkläre Dein Modell".

Die erklärten Nicht-Ziele bilden die Leitplanken der Projektlandschaft. Diese sollten Sie vor den eigentlichen Zielen klären, um den Projektumfang klar abstecken zu können.

- Erarbeitung der Projektgrenzen 2
    - Bauen (8 min.): „Positioniere Dein Modell der Projektgrenzen entlang der Leitplanken der Projektlandschaft."

Wenn Sie genügend Zeit haben, können Sie die Teilnehmenden auch diesen Schritt mitteilen lassen. Da die Modelle bereits erklärt sind, ist dies jedoch nicht notwendig.

- Erarbeitung der Projektgrenzen 3
    - Bauen (7 min.): „Was wollen wir mit dem Projekt erreichen?"
    - Mitteilen (2 min./Person): „Erkläre Dein Modell".

Diese Aufgabe ist der erste Schritt zu einem gemeinsamen Verständnis der Ziele im Projekt.

Hier empfiehlt sich eine Kaffeepause.

- Erarbeitung gemeinsamer Projektziele
    - Bauen (40 min.): „Kombiniert nun Eure Modelle aus Erarbeitung der Projektgrenzen 3, um ein gemeinsames Modell der Projektziele darzustellen."
    - Mitteilen (2 min. / Person): „Welche Geschichte ist entstanden? Erzähle die Geschichte des gemeinsamen Modells. Welche gemeinsamen Ziele sind entstanden?"

Zeichnen Sie auch diese Geschichten per Video auf. Sie bilden die Basis für ein gemeinsames Verständnis der Ziele. Dieses gemeinsame Modell steht am Ende der Projektlandschaft.

Hier empfiehlt sich eine kurze Pause.

- Klärung der Herausforderungen und Chancen 1
    - Bauen (3 min.): „Baue ein kleines Modell: Welcher Faktor hat Einfluss auf den Projekterfolg? Bewerte ihn dabei nicht. Er ist zunächst neutral, z. B. Zeit, Budget, Vertrauen etc."
    - Mitteilen (0,5 min. / Person): „Erkläre Dein Modell." Diese Aufgabe ist eine Aufwärmrunde. Sie dient zur Inspiration und als erstes Ergebnis der nächsten Aufgabe.

- Klärung der Herausforderungen und Chancen 2
    - Bauen (8 min.): „Baue nun viele kleine Modelle: Welche Faktoren haben Einfluss auf den Projekterfolg? Bewerte diese nicht. Sie sind zunächst neutral, z. B. Zeit, Budget, Vertrauen etc."
    - Mitteilen (1 min. / Person): „Erkläre Deine Modelle."

Hierbei entsteht eine Vielzahl an Einflussfaktoren.

- Klärung der Herausforderungen und Chancen 3
    - Bauen (20 min.): „Positioniere Deine Modelle in der Projektlandschaft auf dem Zeitstrahl zwischen Projektbedarf und Projektziel. Wann kommen diese Faktoren vermutlich zum Tragen – zu Beginn, während des Projektes oder gegen Ende? Markiere die Faktoren, die voraussichtlich Chancen darstellen oder unterstützend wirken, mit einer grünen Flagge. Markiere Risiken mit einer roten Flagge."

Wenn Sie genügend Zeit haben, können Sie diesen Schritt auch erklären lassen.

Hier empfiehlt sich eine kurze Pause.

- Identifikation von Anspruchsgruppen 1
    - Bauen (4 min.): „Welche Personen oder Personengruppen haben einen Anteil am Projekt – entweder aufgrund von Interesse oder aufgrund der Auswirkungen auf sie?"
    - Mitteilen (1 min. / Person): „Erkläre Deine Modelle."

Auf diese Weise werden vermutlich die meisten Anspruchsgruppen identifiziert und die wichtigsten aus unterschiedlichen Blickwinkeln betrachtet.

- Identifikation von Anspruchsgruppen 2
  Für diese Aufgabe benötigen Sie eine visualisierte Anspruchsgruppen-Matrix. Sie können diese am Rand der Projektlandschaft auf ein großes Papier aufzeichnen. Die horizontale Achse bildet das Interesse (von gering bis hoch) und die vertikale Achse den Einfluss (von gering bis hoch) ab.[127]
    – Bauen (30 min.): „Positioniere Deine Modelle der Anspruchsgruppen in einer Matrix: Wie groß ist das Interesse der Anspruchsgruppe? Welchen Einfluss hat diese Anspruchsgruppe? Markiere Anspruchsgruppen, die den Projekterfolg unterstützen könnten, mit einer grünen Flagge. Diejenigen, die für den Projekterfolg kritisch sein könnten, markiere mit einer roten Flagge."

Wenn Sie genügend Zeit haben, können Sie diesen Schritt auch erklären lassen.

Hier empfiehlt sich eine kurze Pause.

- Festlegen der Erfolgskriterien
    – Bauen (5 min.): „Woran erkennst Du, dass das Projekt erfolgreich war? Was ist Dein wichtigstes Erfolgskriterium?"
    – Mitteilen (2 min./Person): „Erzähle die Geschichte, was Erfolg in diesem Projekt für Dich bedeutet. Positioniere Dein Modell um die gemeinsamen Projektziele auf der Projektlandschaft."

Zeichnen Sie diese Geschichten per Video auf. Die Erfolgskriterien helfen, im Projektverlauf auf Kurs zu bleiben. Gemessen an den Erfolgskriterien sollten Sie immer wieder erfragen, inwieweit gewisse Anforderungen oder Aufgaben zu den gemeinsamen Projektzielen beitragen. Die Erfolgskriterien helfen nach Abschluss des Projektes dessen Erfolg anhand von gemeinsamen Kriterien zu beurteilen.

- Abschluss
    – Bauen (3 min.): „Baue ein Modell für einen einprägsamen, frischen und engagierenden Namen für das Projekt."
    – Mitteilen (0,25 min./Person): „Stelle Deinen Namensvorschlag vor."
    – Abstimmen (3 min.): „Wähle einen oder mehrere Favoriten, indem Du drei Lego-Bausteine verteilst."

---

127 Weitere Informationen zur Stakeholder-Matrix siehe Mendelow (1981).

Ein Projektname mit einer klaren Mehrheit ist ein nach außen sichtbares Resultat, das für alle Teilnehmer stets mit diesem Projektstart verbunden sein wird.

– Zusammenfassung und Ausblick: Fassen Sie den für alle anstrengenden Workshop-Tag kurz zusammen und gratulieren Sie den Teilnehmern zu den Ergebnissen. Bitten Sie um eine kurze Feedback-Runde. Anschließend informieren Sie über die nächsten Schritte im Projekt.

• Nachbearbeitung:
Im Anschluss an den Workshop teilen Sie mit den Teilnehmern die Fotos, Videos und eine Zusammenfassung in Form eines Projektplans. Darauf fassen Sie die wichtigsten Ergebnisse auf einer A3-Seite zusammen:
– Strategisches Ziel,
– Projektmission,
– Projektrollen und Anspruchsgruppen,
– Chancen,
– Herausforderungen,
– Zu erzielende Arbeitsergebnisse mit Fortschritts-Anzeige,
– Zeitplan mit einzelnen Arbeitsschritten.

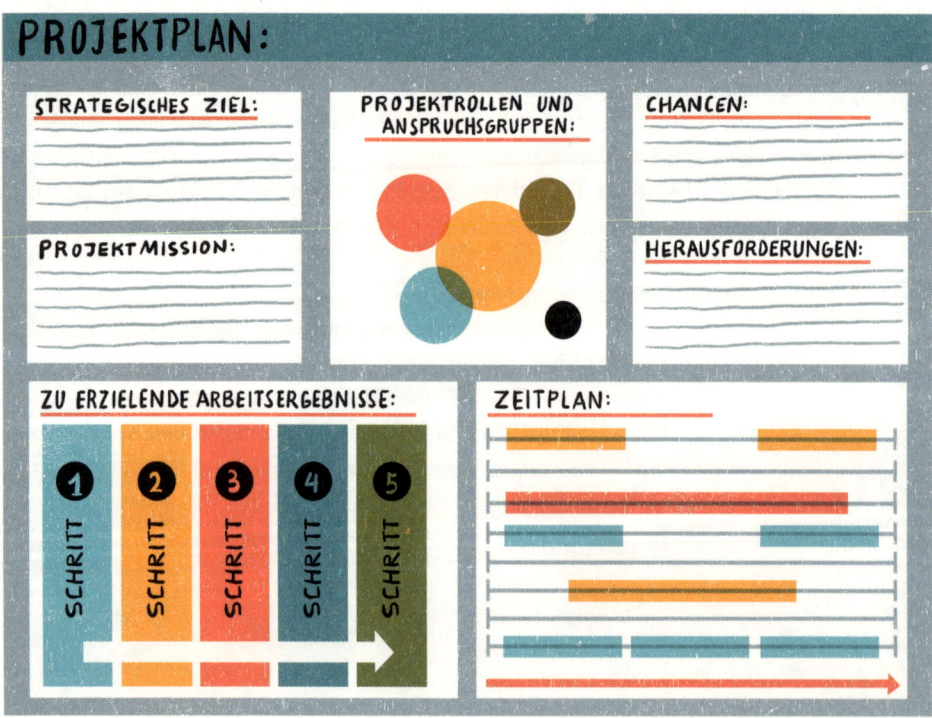

ARBEITSHILFE 5: METRO MAPPING
Wie Sie den Plan Ihres Vorhabens zeichnen

Das Metro Mapping liefert Ihnen die folgenden Vorteile:

- eine ansprechende und motivierende Darstellung,

- eine unterschiedliche Perspektive durch die Analogie zum Verkehr,

- eine rollenzentrierte Kommunikation von Prozessen (z. B. Bewerber, Mitarbeiter, Vorgesetzte, Personal-Experten),

- ein wirksames Werkzeug zur Unterstützung und zum Hinterfragen,

- eine auf die Nutzererlebnisse fokussierte Betrachtungsweise,

- den laufenden Wechsel zwischen dem Gesamtüberblick und den Einzelperspektiven,

- die Identifikation von Mustern und Beziehungen,

- ein Denkwerkzeug für die Prozessgestaltung und -optimierung,

- eine schichtweise Betrachtung einzelner Aspekte.

SO ZEICHNEN SIE IHRE EIGENE METRO MAP

- Erster Schritt: Recherche (eine bis mehrere Stunden)
  Um die Metro Map zu zeichnen benötigen Sie zahlreiche Informationen. In der Regel beginnen Sie entweder mit einem bestehenden Prozess oder ganz ohne Vorgaben auf der grünen Wiese. Im Idealfall erarbeiten Sie die Informationen in einem ein- bis zweistündigen Workshop mit mehreren Teilnehmenden, die in das Projekt involviert sind.

  – Ziele: Sie durchdenken das Thema. Sie sammeln Informationen. Sie bestimmen den Anfangspunkt. Sie definieren das Ziel des Plans.

  – Werkzeuge / Quellen: Prozessflussdiagramme, Kundenreisen (*customer journeys*), Interviews, Expertenmeinungen, Fallstudien.

- Zweiter Schritt: Verstehen (3–5 Personen, 3–5 Stunden)
  Ein Metro Map bietet Orientierung und Hilfestellung, damit Menschen ihr Ziel erreichen. Es ist deshalb wichtig, dass Sie das Problem, das der Plan lösen soll, selbst zunächst vollständig erfassen und begreifen.

Metro Map eines Prozesses

- Ziele: Sie gewinnen ein besseres Verständnis. Sie sichten die Recherche-Ergebnisse. Sie verstehen die verschiedenen Nutzerrollen. Sie sammeln Fragen zur Klärung.

- Werkzeuge / Quellen: Recherche-Material, farbige Haftnotizen, Markierstifte, Workshop mit unterschiedlichen Expertisen (inhaltlich, prozessual, technisch, menschenorientiert, vereinfachend).

- Vorgehen während des Workshops: Benennen Sie alle beteiligten Rollen (im Beispiel Mitarbeitergewinnung Bewerber, Mitarbeiter, Vorgesetzte, Personal-Experten, Betriebsrat, Betriebsarzt usw.). Weisen Sie jeder Rolle eine Farbe der Haftnotizen zu. Beginnen Sie die Darstellung des Prozesses mit einer Rolle, die viele Interaktionen hat – einem der Vielreisenden sozusagen (z. B. Bewerber). Visualisieren Sie diese Reise an einer großen Wand mit den entsprechend farbigen Haftnotizen (z. B. vom Wecken des Interesses bis zum Ende der Probezeit). Heften Sie dann die Reise der anderen Reisenden daneben (z. B. der Mitarbeiter von der Definition des Anforderungsprofils bis zur Einarbeitung). Es ist üblich, dass Sie während des Workshops Wegpunkte verändern, ergänzen oder wieder wegnehmen. Fragen Sie sich regelmäßig, was der Reisende an dieser Stelle tatsächlich macht. Sie können zur nächsten Phase übergehen, wenn Sie alle Reisen aufgezeichnet haben und als Team der Meinung sind, dass alles sinnvoll ist. Vermutlich haben Sie weitere Fragen gesammelt, die Sie im Nachgang klären können.

- Dritter Schritt: Prototyp (1–3 Personen, 2–4 Stunden mit Unterbrechungen):
  Hier entwickeln Sie einen ersten Prototyp auf Basis der gesammelten Informationen.

  – Ziele: Strukturieren Sie einen Grundriss und die Reisewege. Versuchen und testen Sie verschiedene Ansätze. Erstellen Sie einen Entwurf für die Metro Map.

  – Werkzeuge / Quellen: Kundenreisen aus der vorhergehenden Phase. Skizzenbuch. Schnüre. Haftnotizen. Farbstifte.

  – Vorgehen: Skizzieren Sie die Metro Map. Sie muss nicht schön sein, ein schneller Rohentwurf genügt. Sie benötigen schnelle Wiederholungen. Fragen Sie sich, wie die Linien miteinander interagieren. Gibt es Abkürzungen? Wo benötigen Sie eine Station? Eine Kreuzung? Eine andere Sektion? Holen Sie von unterschiedlichen Personen Feedback ein. Diese Phase ist sehr anspruchsvoll. Ein erfahrener Gestaltungsdenker (*Design Thinker*) kann Sie in diesem Schritt sehr gut unterstützen. Planen Sie Pausen ein, da gute Visualisierungen häufig mit einem gewissen Abstand und ohne Druck entstehen. Sobald Sie ein klares Bild des Plans haben, können Sie zur nächsten Phase übergehen.

- Vierter Schritt: Visualisierung (8–16 Stunden):
  Die technische Zeichnung der Metro Map ist ein komplizierter Vorgang, der mit viel Übung und dem richtigen Aufbau deutlich effizienter verläuft.

  – Ziele: Ansprechende Visualisierung der Metro Map.

  – Werkzeuge / Quellen: Graphik-Software (z. B. OmniGraffle, Visio oder für einfache Fälle PowerPoint), Skizzen der früheren Phasen, strukturierte Informationen der Verständnis-Phase.

  – Vorgehen: Legen Sie zuerst die verschiedenen Farben fest. Verwenden Sie idealerweise jeweils einheitliche Farben, z. B. blau für Mitarbeiter, violett für zukünftige/ehemalige/externe Mitarbeiter, pink/magenta für Kunden, orange für Verantwortliche/Vorgesetzte, grün für (Personal-)Experten, gelb für Eigentümervertreter. Sie können Abstufungen der Farbe vornehmen, wenn Sie innerhalb der Gruppen weiter differenzieren wollen, z. B. dunkelorange für die Unternehmensleitung, orange für Abteilungsleiter, hellorange für Teamleiter. Schreiben Sie zunächst alle Stationen auf. Versuchen Sie noch nicht, diese anzuordnen. Ordnen Sie diese anschließend gemäß Ihren Vorstellungen an. Beginnen Sie dann mit Verkehrsknoten, an denen sich mehrere Linien treffen und zeichnen Sie diese mit den entsprechenden Farben. Verbinden Sie anschließend die Stationen – und achten Sie darauf, möglichst ruhige Linien zu ziehen. Richten Sie anschließend die Stationen so aus, dass sie gut lesbar und optimal positioniert sind. Fügen Sie den einzelnen Stationen Symbole zu. Legen Sie verschiedene Schichten über den Plan, um einzelne Aspekte zu beleuchten oder hervorzuheben.

- **Fünfter Schritt: Überprüfung (2–4 Stunden)**
Die Metro Map fasst sehr viele Informationen zusammen. Holen Sie Feedback von Personen ein, die in deren Erstellung eingebunden waren. Anschließend auch Feedback von Personen, die den Plan zum ersten Mal sehen.

  – Ziele: Verbessern Sie den Plan durch Feedback. Bessern Sie Fehler im Plan aus. Testen Sie den Ablauf und die Lesbarkeit. Nehmen Sie letzte Feinabstimmungen vor.

  – Werkzeuge / Quellen: Ausgedruckte Metro Map, Stifte, Feedback von internen und externen Personen.

  – Vorgehen: Erklären Sie den Plan. Fragen Sie nach allgemeinem Feedback. Fehlt etwas? Ist etwas unverständlich? Ist etwas falsch? Gehen Sie dann die einzelnen Reisen pro Rolle durch. Wiederholen Sie die Fragen. Notieren Sie das Feedback direkt auf dem Plan. Überarbeiten Sie ihn. Wiederholen Sie dies mehrmals, bis Sie und Ihre Kollegen mit dem Plan zufrieden sind.

ARBEITSHILFE 6: DIE HIFI-METHODE
Wie Sie laufend dran bleiben

Um Veränderungsprozesse systematisch zu begleiten, auf Fehlentwicklungen zeitnah reagieren zu können und permanent zu lernen und zu verbessern, haben wir bei Haufe die sogenannte HIFI-Methode entwickelt. Der Name HIFI steht für Zufriedenheit (Happiness), Beitrag (Input), Rückmeldung (Feedback) und Verbesserung (Improvement).[128]

In jedem Team wird ein Verantwortlicher festgelegt (*HIFI master*), der den Prozess vorbereitet, durchführt und für das Verfolgen der Maßnahmen verantwortlich ist. Er vertritt das Team auch in der monatlichen Gesamtsitzung des Unternehmens. Diese Rolle wechselt innerhalb des Teams von Monat zu Monat. Nicht jedes Teammitglied muss diese Rolle einnehmen, es sollte jedoch nicht zweimal nacheinander dieselbe Person sein.

H HAPPINESS **I** INPUT **F** FEEDBACK **I** IMPROVEMENT

Zufriedenheit

Ein Mal pro Woche fragen wir alle Mitarbeiter nach ihrer Zufriedenheit. Die Frage lautet: „Wie happy bist Du bei Haufe?"[129]. Die Antworten rangieren auf einer Skala von „1 (sehr unhappy)" bis „10 (sehr happy)".

Jede Woche veröffentlichen wir diese Ergebnisse pro Team und im Zeitverlauf. Damit ist für jeden im Unternehmen sichtbar, wie sich die Zufriedenheit pro Team verändert. Dieser Mechanismus regt bereits die Eigeninitiative an. Verändert sich ein Team besonders stark, kommen die Kollegen innerhalb des Teams und mit anderen Teams fast natürlich ins Gespräch.

---

128 Arnold (2016).
129 Wir verwenden bewusst den englischen Begriff, um eine möglichst gute Vergleichbarkeit der Antworten in verschiedenen Sprachen zu erreichen. Zufrieden ist zu wenig, glücklich ist zu viel.

Feedback
Die Umfrage bietet die Option von Feedback-Kommentaren, wie z. B. Was fühlt sich gerade am besten an? Was fühlt sich gerade am schlechtesten an? Was würde meinen Happiness-Index erhöhen?

Einmal monatlich kommen alle Teammitglieder zusammen und besprechen die Kommentare, die der Verantwortliche aufbereitet hat. Schon das Besprechen der Ergebnisse führt dazu, dass individuelle Probleme angesprochen und gemeinsam gelöst werden.

Verbesserung
Aus der Analyse der Kommentare leitet das Team *eine* gemeinsame Maßnahme ab, die es sich für den nächsten Monat vornimmt. An jedes Team können zudem Wünsche von anderen Teams herangetragen werden. Aus diesen wählt es *eine* weitere Maßnahme aus, die sie im nächsten Monat umsetzen wird. Damit hat jedes Team maximal zwei Maßnahmen pro Monat zur Verbesserung der allgemeinen Zufriedenheit. Im folgenden Monat beurteilt das Team den Erfolg der Maßnahmen und legt für den nächsten Monat neue Maßnahmen fest.

Beitrag
Jedes Team wählt maximal *eine* Maßnahme aus, die es von einem anderen Team gerne umgesetzt sehen würden. Diese wird dann als Wunsch adressiert. Jedes Team entscheidet eigenverantwortlich über die an sie herangetragenen Wünsche.

Jedes Team schlägt zudem *eine* Maßnahme vor, mit der sich das Unternehmen als Ganzes beschäftigen soll. Die Vertreter aller Teams (*HIFI master*) entscheiden in einer öffentlichen Sitzung, welcher der Vorschläge für das Gesamtunternehmen umgesetzt werden soll. Im folgenden Monat beurteilen die Vertreter, wie gut die Maßnahme umgesetzt wurde.

QUELLENVERZEICHNIS UND WEITERFÜHRENDE LITERATUR
Wo Sie weiterlesen können

Es gibt eine unüberschaubare Anzahl an guten Management-Büchern, deren Aufzählung weder möglich noch hilfreich ist. Neben den im Text des Buches genannten Quellen werden hier einzelne, *ausgewählte Management-Bücher* genannt, die besonders lesenswert sind. Begleitend zu diesem Buch etablieren wir die digitale Plattform *os.haufe.com*, auf der Sie, werte Leserin und werter Leser, Ihre Erfahrungen mit anderen teilen und von den Erfahrungen anderer profitieren können.

- Adams, J. S. (1965). *Inequity in social exchange*. In: L. Berkowitz (Hrsg.), Advances in experimental social psychology, 2. Academic Press, 267–299.

- Anthony, S. D., Duncan, D. S., & Siren, P. M. A. (2015). *Ein 90-Tage-Plan für Innovationen*. Harvard Business Manager, 37 (3), 24–35.

- Arnold, H. (2014). *Einsichten zu Social Media Recruiting: Wie Sie Netzwerke wirklich richtig nutzen* (2. überarbeitete Auflage). Haufe.

- Arnold, H. (2015). *Why bosses should step down – regularly*. TEDx Berlin. Abgerufen von http://tiny.cc/TEDxHermann bzw. https://www.youtube.com/watch?v=v9w0Lra2DgU

- Arnold, H. (2016). *Hifi process @ Haufe-umantis*. Wordpress. Abgerufen von https://hermannarnold.me/2016/01/22/hifi-process-haufe-umantis

- Ashby, W. R. (1956). *An Introduction to Cybernetics*. Chapman & Hall.

- Ballou, M. (1899). *Edge-tools of speech*. Houghton.

- Beer, S. (1959). *Cybernetics and Management*. English Universities Press.

- Bergmann, R., & Garrecht, M. (2008). *Organisation und Projektmanagement*. Physica-Verlag.

- Blanding, M. (2015). *Wikipedia Or Encyclopædia Britannica: Which Has More Bias?* Forbes. Abgerufen von http://www.forbes.com/sites/hbsworkingknowledge/2015/01/20/wikipedia-or-encyclopaedia-britannica-which-has-more-bias/

- Bock, L. (2015). *Work Rules: Insights from Inside Google That Will Transform How You Live and Lead*. Twelve.

- Bolman, L. G., & Deal, T. E. (2013). *Reframing Organizations* (5. Auflage). Jossey-Bass.

- Bonchek, M., & Fussell, C. (2012). *Can Bigger Be Faster?* Harvard Business Review. Abgerufen von https://hbr.org/2012/11/can-bigger-be-faster

- Boudreau, J. W., Jesuthasan, R., & Creelman, D. (2015). *How IBM Leads the Work*. In: Lead the Work: Navigating a World Beyond Employment. Jossey-Bass.

- Buckingham, M., & Coffman, C. W. (1999). *How Managers Trump Companies*. Gallup Business Journal. Abgerufen von http://www.gallup.com/businessjournal/523/how-managers-trump-companies.aspx

- Bundesagentur für Arbeit (2015). *Sozialversicherungspflichtig und geringfügig Beschäftigte nach Wirtschaftszweigen der WZ 2008 Deutschland.* Bundesagentur für Arbeit. Abgerufen von https://statistik.arbeitsagentur.de/Statistikdaten/Detail/201506/iiia6/beschaeftigung-sozbe-wz-heft/wz-heft-d-0-201506-xlsx.xlsx

- Chaiken, A., Sigler, E., & Derlega, V. (1974). *Nonverbal mediators of teacher expectancy effects.* Journal of Personality and Social Psychology, 30, 144–149.

- Coase, R. (1937). *The Nature of the Firm.* Economica, 4(16): 386–405, Blackwell Publishing.

- Collins, J. (2001). *Good to Great.* HarperBusiness.

- Covey, S. R. (2013). *The 7 Habits of Highly Effective People: Powerful Lessons in Personal Change.* Simon & Schuster.

- Covey, S. R., Merrill, A. R., & Merrill, R. R. (1996). *First Things First.* Free Press.

- Davenport, T. H. (2005). *Thinking for a Living: How to Get Better Performance and Results from Knowledge Workers.* Harvard Business School Press.

- Dorenbosch, L., van Engen, M. L., & Verhagen, M. (2005). *On-the-job innovation: The impact of job design and human resource management through production ownership.* Creativity and Innovation Management, 14(2), 129–141.

- Drucker, P. F. (1957). *Landmarks of Tomorrow.* Transaction Publishers (dt. Erstausgabe: 1959 *Gedanken für die Zukunft*. Econ-Verlag).

- Drucker, P. F. (1974). *Management.* Harper & Row (revidierte Auflage: Peter Drucker 2008).

- Drucker, P. F. (2008). *Management* (revidierte Auflage). HarperBusiness.

- Duhigg, C. (2016a). *Smarter Faster Better: The Secrets of Being Productive in Life and Business.* Random House.

- Duhigg, C. (2016b). *What Google Learned From Its Quest to Build the Perfect Team.* New York Times. Abgerufen von http://www.nytimes.com/2016/02/28/magazine/what-google-learned-from-its-quest-to-build-the-perfect-team.html

- Edmondson, A. (1999). *Psychological Safety and Learning Behavior in Work Teams.* Administrative Science Quarterly, 44, 350–383.

- Eisenhower, D. D. (1954). *Address at the Second Assembly of the World Council of Churches*. The American Presidency Project. Abgerufen von http://www.presidency.ucsb.edu/ws/?pid=9991

- Endenburg, G. (1998). *Sociocracy: The Organization of Decision-making: "no Objection" as the Principle of Sociocracy*. Eburon.

- Europäische Kommission (2015). *The 2015 EU Industrial R&D Investment Scoreboard*. European Commission. Abgerufen von http://iri.jrc.ec.europa.eu/scoreboard15.html

- Executive Discovery LLC (2002). *The Science of Lego Serious Play*. Executive Discovery LLC. Abgerufen von http://seriousplaypro.com/docs/Science_of_Lego_Serious_Play.pdf

- Fehr, E., & Fischbacher, U. (2005). *The Economics of Strong Reciprocity*. In: H. Gintis, S. Bowles, R. T. Boyd, & E. Fehr (Hrsg.), Moral Sentiments and Material Interests: The Foundations of Cooperation in Economic Life. The MIT Press.

- Fehr, E., & Gaechter, S. (2000). *Cooperation and Punishment in Public Goods Experiments*. American Economic Review, 90(4), 980–994.

- Fehr, E., & Gächter, S. (2002). *Altruistic punishment in humans*. Nature, 415(6868), 137–140.

- Fehr, G., Kamm, A., & Jäger, M. (2014). *The Behavioral Change Matrix – A Tool for Evidence-Based Policy Making*. In: A. Samson (Hrsg.): The Behavioral Economics Guide 2014. Abgerufen von http://www.behavioraleconomics.com/BEGuide2014.pdf

- Fiedler, F. E. (1967). *A Theory of Leadership Effectiveness*. McGraw-Hill.

- GCR (2011). *A LIFE encapsulated*. GCR. Abgerufen von http://www.mocoffee.com/upload/media/13/gcr_a_life_encapsulated_3.pdf

- Gebert, D., & von Rosenstiel, L. (2002). *Organisationspsychologie: Person und Organisation*. Kohlhammer.

- Gladwell, M. (2002). *The Tipping Point: How Little Things Can Make a Big Difference*. Back Bay Books.

- Goldsmith, M. (2015). *Triggers: Creating Behavior That Lasts–Becoming the Person You Want to Be*. Crown Business.

- Gombolay, M. C., Gutierrez, R. A., Sturla, G. F., & Shah, J. A. (2015). *Decision-Making Authority, Team Efficiency and Human Worker Satisfaction in Mixed Human-Robot Teams.* Autonomous Robots, 39(3), 293–312.

- Gomez, P., & Probst, G. (2007). *Die Praxis des ganzheitlichen Problemlösens: Vernetzt denken – Unternehmerisch handeln – Persönlich überzeugen* (3. Auflage). Haupt Verlag.

- Grossman, N., & Woyke, E. (2015). *Serving Workers in the Gig Economy. Emerging Resources for the On-Demand Workforce.* O'Reilly. Abgerufen von http://www.oreilly.com/iot/free/serving-workers-gig-economy.csp

- Hackman, J. R., & Oldham, G. R. (1975). *Development of the Job Diagnostic Survey.* Journal of Applied Psychology, 60(2), 159–170.

- Hamel, G., & Prahalad, C. K. (1994). *Competing for the Future.* Harvard Business School Press.

- Harris, K. J., Wheeler, A. R., & Kacmar, K. M. (2009). *Leader-member exchange and empowerment: Direct and interactive effects on job satisfaction, turnover intentions, and performance.* Leadership Quarterly, 20(3), 371–382.

- Hayman, L. (2010). *HR ... Polite to Police to Partner to Player*, Wordpress. Abgerufen von https://leshayman.wordpress.com/2010/08/26/hr-polite-to-police-to-partner-to-player/

- Herzberg, F. (1959). *The motivation to work.* Wiley.

- Hsieh, T. (2013). *Delivering Happiness: A Path to Profits, Passion, and Purpose.* Grand Central Publishing.

- Jobs, S. (2005). *‚You've got to find what you love', Jobs says.* Stanford Report. Abgerufen von http://news.stanford.edu/news/2005/june15/jobs-061505.html

- Kahneman, D. (2011). *Thinking, fast and slow.* Farrar, Straus and Giroux.

- Kaplan, A. (1964). *The conduct of inquiry: methodology for behavioral science.* Chandler Pub. Co.

- Kauffeld, S., Ianiro, P. M., & Sauer, N. C. (2011). *Führung.* In S. Kauffeld (Hrsg.), Arbeits-, Organisations- und Personalpsychologie. Heidelberg: Springer, 67–92.

- Kelly, L., & Medina, C. (2014). *Rebels at Work: A Handbook for Leading Change from Within.* O'Reilly Media.

- Kippels, D. (1999). *Bei Porsche regiert schlanke Produktion.* Abgerufen von http://www.ingenieur.de/Themen/Produktion/Bei-Porsche-regiert-schlanke-Produktion

- Koch, G. (2007). *Kompliziert oder komplex?* Society, 4, 22.

- Kotter, J. P. (2015). *Die Kraft der zwei Systeme.* Harvard Business Manager, Sonderausgabe 1/2015.

- Kuhn, Thomas S. (1970), *The Structure of Scientific Revolutions.* The University of Chicago Press, Chicago

- Laloux, F. (2014). *Reinventing Organizations: A Guide to Creating Organizations Inspired by the Next Stage in Human Consciousness.* Nelson Parker.

- Lao, T. (2006). *Tao Te Ching: A New English Version (Perennial Classics).* Harper Perennial Modern Classics.

- Laurence J. P., & Raymond, H. (1969). *The Peter Principle. Why Things Always Go Wrong.* Morrow.

- Learned, E. P., Christensen, C. R., Andrews, K., & Book, W. D. (1969). *Business Policy, Text and Cases.* R.D. Irwin.

- Lington, R. (1696). *A letter of advice to a young gentleman leaving the university concerning his behaviour and conversation in the world.* McAufliffe & Booth.

- Luhmann, N. (1999). *Funktionen und Folgen formaler Organisation.* Duncker & Humblot.

- McChrystal, S. (2015). *Team of Teams: New Rules of Engagement for a Complex World.* Portfolio.

- Mendelow, A. L. (1981). *Environmental Scanning: The Impact of Stockholder Concept.* In: Proceedings of the second International Conference on Information Systems, Dec. 7–9, 1981, Cambridge, 407ff.

- Moore, G. A. (2014). *Crossing the Chasm: Marketing and Selling Disruptive Products to Mainstream Customers.* Harper Business.

- Muller, M., Geyer, W., Soule, T., Daniels, S., & Cheng, L.-T. (2013). *Crowdfunding inside the enterprise: employee-initiatives for innovation and collaboration,* In: CHI 13 Proceedings of the SIGCHI Conference on Human Factors in Computing Systems, ACM New York, 503–512.

- Neuberger, O. (2002). *Führen und führen lassen*. Lucius & Lucius.

- New York Times (2008). *At Kodak, Some Old Things Are New Again*. Abgerufen von http://www.nytimes.com/2008/05/02/technology/02kodak.html

- Nykänen, P., & Salminen, M. (2014). *Operaatio Elop*. Teos.

- OECD (2015). *The ABC of Gender Equality in Education: Aptitude, Behaviour, Confidence*. OECD Publishing.

- Oldham, G. R., & Cummings, A. (1996). *Employee creativity: Personal and contextual factors at work*. Academy of Management Journal, 39, 607–634.

- Parker, S. K., Williams, H. M., & Turner, N. (2006). *Modeling the antecedents of proactive behavior at work*. Journal of Applied Psychology, 91(3), 636–652.

- Pink, D. H. (2011). *Drive: The Surprising Truth About What Motivates Us*. Riverhead Books.

- Rank, J., Carsten, J. M., Unger, J. M., & Spector, P. E. (2007). *Proactive customer service performance: Relationships with individual, task, and leadership variables*. Human Performance, 20(4), 363–390.

- Ries, E. (2011). *The Lean Startup: How Today's Entrepreneurs Use Continuous Innovation to Create Radically Successful Businesses*. Crown Business.

- Schneier, B. (2008). *How to Prevent Digital Snooping*. The Wall Street Journal. Abgerufen von http://www.wsj.com/articles/SB122877438178489235

- Schumpeter, Joseph (1950). *Capitalism, Socialism and Democracy* (3. Auflage). Allen & Unwin.

- Seibert, S. E., Wang, G., & Courtright, S. H. (2011). *Antecedents and consequences of psychological and team empowerment in organizations: A meta-analytic review*. Journal of Applied Psychology, 96(5), 981–1003.

- Semler, R. (1989). *Managing without Managers*. Harvard Business Review. Abgerufen von https://hbr.org/1989/09/managing-without-managers

- Semler, R. (1995). *Maverick: The Success Story Behind the World's Most Unusual Workplace*. Grand Central Publishing.

- Sensei, M. (2009). *Rotten apple in Scrum team*. Yahoo Groups. Abgerufen von https://groups.yahoo.com/neo/groups/scrumdevelopment/conversations/topics/35585

- Sievers, D. (2010). *How to start a movement*. TED-Talk. Abgerufen von https://www.ted.com/talks/derek_sivers_how_to_start_a_movement

- Sloan, A. P. Jr. (1963). *My Years with General Motors.* Doubleday.

- Snyder, M., Tanke, E.D., & Berscheid, E. (1977). *Social perception and interpersonal behavior: On the self-fulfilling nature of social stereotypes.* Journal of Personality and Social Psychology, 35(9), 656–666.

- Spreitzer, G. M. (1995). *Psychological empowerment in the workplace: Dimensions, measurement, and validation.* Academy of Management Journal, 38(5), 1442–1465.

- Spreitzer, G. M., Kizilos, M. A., & Nason, S. W. (1997). *A dimensional analysis of the relationship between psychological empowerment and effectiveness satisfaction, and strain.* Journal of Management, 23(5), 679–704.

- Sprenger, Reinhard K. (2014). *Mythos Motivation* (20. Auflage). Campus Verlag.

- Stegmann, S., Dick, R. V., Ullrich, J., Charalambous, J., Menzel, B., Egold, N., & Wu, T. T. C. (2010). *Der Work Design Questionnaire.* Zeitschrift für Arbeits- und Organisationspsychologie, 54(1), 1–28.

- Stoffel, M. (2015). *Farewell to competitiveness – companies need a new operating system.* TEDx Zurich. Abgerufen von http://tiny.cc/TEDxMarc bzw. https://www.youtube.com/watch?v=TOWRoDey6Xk

- Sturman, M. C. (2003). *Searching for the inverted u-shaped relationship between time and performance: Meta-analyses of the experience/performance, tenure/performance, and age/performance relationships.* Journal of Management, 29, 609–640.

- Sturman, M. C., Cheramie, R. A., & Cashen, L. H. (2005). *The impact of job complexity and performance measurement on the temporal consistency, stability, and testretest reliability of employee job performance ratings.* Journal of Applied Psychology, 90(2), 269–283.

- Taylor, F. W. (1997). *The Principles of Scientific Management.* Dover Publications.

- Tierney, P., & Farmer, S. M. (2002). *Creative self-efficacy: Its potential antecedents and relationship to creative performance.* Academy of Management Journal, 45(6), 1137–1148.

- Tutu, D. (2011). *God Is Not a Christian: And Other Provocations.* HarperOne.

- Ulich, E. (2005). *Arbeitspsychologie* (6. Auflage). Schäffer-Poeschel.

- Ulrich, H. (1968). *Die Unternehmung als produktives soziales System.* Haupt.

- Unterrainer, C. (2012). *Organisationale Demokratie. Der Einfluss von strukturell verankerter und individuell wahrgenommener Mitbestimmung auf demokratieförderliche Handlungsbereitschaften der ArbeitnehmerInnen in Wirtschaftsbetrieben.* (Unveröffentlichte Dissertation). Leopold-Franzens-Universität Innsbruck. Fakultät für Psychologie und Sportwissenschaft.

- US Army (2004). *Be, Know, Do: Leadership the Army Way, Adapted from the Official Army Leadership Manual.* Jossey-Bass/Leader to Leader Institute.

- Voegtlin, C., Boehm, S. A., & Bruch, H. (2015). *How to empower employees: using training to enhance work units' collective empowerment.* International Journal of Manpower, (36)3, 354–373.

- Wall Street Journal (2015). *At Zappos, Banishing the Bosses Brings Confusion.* Abgerufen von http://www.wsj.com/articles/at-zappos-banishing-the-bosses-brings-confusion-1432175402

- Watzlawick, P. (1983). *Anleitung zum Unglücklichsein.* Verlag Piper.

- Wegge, J., & von Rosenstiel, L. (2004). *Führung.* In: H. Schuler, Lehrbuch Organisationspsychologie. Huber, 475–513.

- White House (2009). *Citizen's Briefing Book.* White House. Abgerufen von https://www.whitehouse.gov/assets/documents/Citizens_Briefing_Book_Final.pdf

- Wikipedia (2016a). *Protection policy.* Wikipedia. Abgerufen von https://en.wikipedia.org/wiki/Wikipedia:Protection_policy

- Wikipedia (2016b). *Verifiability.* Wikipedia. Abgerufen von https://en.wikipedia.org/wiki/Wikipedia:Verifiability

- Wikipedia (2016c). *Community portal.* Wikipedia. Abgerufen von https://en.wikipedia.org/wiki/Wikipedia:Community_portal

- Wikipedia (2016d). *Citizen's Briefing Book.* Wikipedia. Abgerufen von https://en.wikipedia.org/wiki/Citizen%27s_Briefing_Book

- Wittgenstein, L. (1963). *Tractatus logico-philosophicus: Logisch-philosophische Abhandlung.* Suhrkamp.

- Wolff, C. (2005). *Stabilität und Flexibilität von Kooperationen: Entwicklung einer wettbewerbs-orientierten Flexibilitätstheorie am Beispiel der Automobilbranche.* Deutscher Universitätsverlag.

- Woywode, M., & Beck, N. (2006). *Evolutionstheoretische Ansätze in der Organisationslehre.* In: A. Kieser & M. Ebers (Hrsg.), Organisationstheorien. Stuttgart.

- Zeit Online (2015). *Mädchen trauen sich Mathe nicht zu.* Abgerufen von http://www.zeit.de/gesellschaft/schule/2015-03/mathematik-maedchen-studie-schule-oecd